U0211202

复杂建筑网格钢结构体系创新与工程实践

Complex Building Grid Steel Structure System
Innovation and Engineering Practice

王震　杨学林　瞿浩川　叶俊◎著

ZHEJIANG UNIVERSITY PRESS
浙江大学出版社
·杭州·

图书在版编目（CIP）数据

复杂建筑网格钢结构体系创新与工程实践／王震等

著. -- 杭州：浙江大学出版社，2025.3. -- ISBN 978-

7-308-25983-5

Ⅰ. TU391

中国国家版本馆 CIP 数据核字第 2025W52A88 号

内容提要

　　本书以复杂建筑网格钢结构构造模式为主线，针对超高层、现代空间和多高层三类复杂钢结构，结合工程案例，对复杂建筑网格钢结构体系创新、设计分析、施工建造关键技术以及应用进行了系统研究。全书共 6 章，分别为绪论、复杂建筑网格钢结构体系分类概述及构造原理、超高层复杂建筑网格钢结构体系创新与工程实践、现代空间复杂建筑网格钢结构体系创新与工程实践、多高层复杂建筑网格钢结构体系创新与工程实践、复杂建筑网格钢结构细部构造技术创新与工程实践。本书结构严谨、内容翔实，配有大量与设计和构造分析相关的图表，旨在帮助读者快速而深入地了解复杂建筑网格钢结构体系在构造、设计和实践过程中的关键作用，培养读者对该类复杂结构体系设计与分析的基本能力及创新能力。

　　本书可作为高等院校结构工程、建筑学等专业的教师与学生学习钢结构设计的教学及科研参考书，亦可为广大建筑结构相关专业领域的科研及设计人员提供参考与借鉴。

复杂建筑网格钢结构体系创新与工程实践

王　震　杨学林　瞿浩川　叶　俊　著

责任编辑	陈　宇
责任校对	赵　伟
封面设计	雷建军
出版发行	浙江大学出版社
	（杭州市天目山路 148 号　邮政编码 310007）
	（网址：http://www.zjupress.com）
排　　版	杭州星云光电图文制作有限公司
印　　刷	杭州宏雅印刷有限公司
开　　本	710mm×1000mm　1/16
印　　张	16.5
字　　数	315 千
版 印 次	2025 年 3 月第 1 版　2025 年 3 月第 1 次印刷
书　　号	ISBN 978-7-308-25983-5
定　　价	98.00 元

序

随着我国新型城镇化进程的加快,人们对大型公共建筑的造型和功能需求趋于复杂化、多样化,建筑钢结构体系的选型和构造也随之趋于复杂,实现复杂建筑钢结构受力、造型和功能三者间的平衡至关重要。网格钢结构具有整体承载力高、侧向刚度大、抗扭性能好等优点,是实现复杂建筑钢结构体系的有效解决方案。

王震于2008—2013年在浙江大学空间结构研究中心攻读博士学位,毕业后在浙江省建筑设计研究院从事建筑结构设计和分析,后入职浙大城市学院。他在浙江大学学习期间参与了多项国家自然科学基金项目及重大工程技术研究,并高质量完成了博士学位论文。在浙江省建筑设计研究院工作期间,王震博士在总工程师杨学林的指导下,主要从事复杂建筑工程的结构设计分析工作,参与了宁波国华金融大厦、杭州奥克斯中心、杭州运河大剧院、杭州国际体育中心等数十项大型地标性公共建筑的设计和分析工作,在复杂建筑钢结构设计、分析与建造技术领域具有较高的学术造诣和经验积累。多年来,王震博士立足本职、脚踏实地,一直保持学术活跃状态和科研创新精神,在超高层、大跨空间和多高层复杂建筑钢结构领域产出了较多高水平的论文、专利等成果。近年来,王震博士专注于金属结构增材制造、智能建造机器人等现代智能建造技术领域,致力于建筑钢结构新结构、新材料和新体系的开拓性研究及应用,取得了丰硕成绩。

本书立足我国新型城镇化进程中复杂钢结构地标建筑的绿色可持续发展重大战略需求,以复杂建筑钢结构体系存在的科学技术问题为导向,以建筑网格钢结构构造模式为主线,针对复杂建筑网格钢结构体系,结合王震博士完成的数十项大型公共建筑工程案例,基于工程需求探讨了新型体系的创新技术特点,并开展了应用研究。

在建筑钢结构领域中,这是一本理论分析与工程应用相结合的创新著作,希望这样的论著能多多出版问世,为我国建筑钢结构的技术创新和发展作出积极贡献。

董石麟

中国工程院院士

2024年于浙江大学求是园

前　言

本书立足于我国新型城镇化进程中复杂钢结构地标建筑的绿色可持续发展重大战略需求，以复杂建筑钢结构体系存在的科学技术问题为导向，以建筑网格钢结构构造模式为主线，通过体系研发、理论分析、数值模拟、模型试验和工程实践等方式，针对超高层、现代空间和多高层钢结构这三类复杂建筑钢结构体系，借助典型工程案例，系统研究了复杂建筑钢结构的体系创新、设计分析、施工建造等关键技术及应用。研究成果不仅能为复杂建筑造型的网格型钢结构体系提供多样化选择，还能为其设计和施工过程提供安全保障，有效提高工程减灾水平。

本书由十余项国家、省、市级科研课题和数十项复杂建筑钢结构实际工程项目支撑下开展的研究工作总结形成，涉及的科研项目包括浙江省公益技术应用项目"基于深度学习的大跨索杆梁膜成形预测及精准控制技术研究"（LGG22E080005）、"浙大城市学院科研培育基金资助课题"（X-202201）等，涉及的工程项目包括宁波国华金融大厦、湖州体育场、浙江大学医学院附属第一医院余杭院区行政楼、杭州运河大剧院在内的多项地标性大型公共建筑项目。

本书在撰写过程中得到了中国工程院院士董石麟教授、浙江省工程勘察设计大师陈志青教授级高级工程师等人的指导、建议和帮助，在此表示衷心的感谢！特别感谢浙江省建筑设计研究院袁升、中建三局第一建设工程有限责任公司许翔、中建科工集团有限公司季泽华等人在资料收集、图表绘制以及计算分析等方面付出的辛勤劳动。同时，在此一并对本书涉及的相关工程技术人员和合作单位表示诚挚的感谢。

本书第1章、第2章由王震和杨学林撰写；第3章至第5章由王震撰写；第6章由王震、瞿浩川、叶俊撰写。由于作者的水平、能力及可获得的资料有限，书中难免存在不妥之处，敬请各位专家、同行和读者批评指正。

王震

2024 年于浙大城市学院

目　录

第1章
绪　论

1.1　研究背景

　　我国正处于城市综合体、机场、车站、医疗中心、体育场馆等大型公共建筑的建设高峰期。随着国家体育场(2008年)、北京中信大厦(2018年)和北京大兴国际机场(2019年)等一系列重大工程项目的落成,我国逐渐成为世界性地标公共建筑的建设主战场。钢结构体系具有自重轻、施工效率高、抗震性能好、低碳、节能、环保等优点,在大型公共建筑领域获得了越来越广泛的工程应用。

　　随着城市化进程的加快,人们对大型公共建筑的造型与功能需求趋于多样化和复杂化,建筑钢结构体系的选型和构造也随之趋于复杂化,实现复杂建筑钢结构体系受力、造型和功能三者间的平衡至关重要,如图1.1-1所示。复杂建筑钢结构

|大型公共建筑的建设高峰期
我国正处于城市综合体、机场、车站、医疗中心、体育场馆等大型公共建筑的建设高峰期|
|建筑需求多样化和复杂化
建筑造型与功能需求呈现多样化、复杂化特征|
|钢结构体系的选型和构造趋于复杂化
实现复杂建筑钢结构体系受力、造型和功能三者间的平衡至关重要|
|关键性研究课题
体系创新、设计建造关键技术及工程应用|

(a) 研究背景逻辑关系　　　　　　　(b) 复杂钢结构建筑示例(杭州)

图 1.1-1　研究背景及工程示例

体系根据结构形式,主要分为超高层复杂建筑网格钢结构体系、现代空间复杂建筑网格钢结构体系和多高层复杂建筑网格钢结构体系三大类。网格钢结构具有整体承载力高、侧向刚度大和抗扭性能好等优点,是实现复杂建筑钢结构体系的一种合理且高效的解决方案。

1.2 国内外研究现状

1. 超高层复杂建筑网格钢结构体系

超高层复杂建筑网格钢结构的形式多种多样,包括巨柱-斜撑钢结构、斜交网格钢结构、框架-核心筒钢结构、框支-剪力墙钢结构等。超高层结构具有土地利用率高、容积率大、景观效果好、适于生活和工作等特点,因此被广泛应用于商业综合体、办公楼等大型公共建筑中[1-5]。

斜交网格超高层钢结构是其中的一类新型建筑结构,集中出现在21世纪的前10年,它由斜柱与水平环梁围合而成,给建筑外立面设计带来了极大的新意[6-8]。根据建筑平面形式的不同,斜交网格超高层钢结构可分为类圆形平面(如北京保利国际广场)、类矩形平面(如纽约赫斯特大厦)、类三角形平面(如广州西塔)和异形平面(如阿联酋首都之门)[9-10]等。

斜交网格钢结构具有较大的抗侧刚度,斜交构件主要通过轴力同时承担竖向和水平的作用力,因而在超高层钢结构建筑中获得了广泛应用[11-13]。然而,目前对斜交网格钢结构的研究还相当少,且缺乏系统性[14-15];对于在地震区采用超高层复杂建筑网格钢结构体系的适用性及关键设计要点也缺乏丰富的工程实践经验,有待于进一步研究。

2. 现代空间复杂建筑网格钢结构体系

现代空间复杂建筑网格钢结构是近年来迅速发展起来的一种新型结构,包括刚性空间结构(如管桁架结构)、柔性空间结构(如索网结构)、杂交空间结构(如张弦结构)等。现代空间复杂建筑网格钢结构具有质量轻、覆盖面广、受力合理及造型优美等特点,被广泛应用于体育场馆、会展中心等大型公共建筑中[16-20]。

综观经典现代空间复杂建筑钢结构案例,无不体现了使用功能强大、形体优美、受力合理的协调一致性。现代空间复杂建筑钢结构形式丰富多样,往往可凭借合理的形态来实现结构的高效率使用[21-22]。现代空间复杂建筑钢结构的构造方案虽然千差万别,但分解之后均主要包括开洞、形变、预应力以及组合模式。开洞本质上是拓扑优化,如板构件的开洞形成网架和网壳[23-24];形变本质上是形状变化,如平面形变为折板和壳[25-26];引入预应力可提供结构的整体刚度,如张拉索桁架[27-28]。

现代空间网格钢结构是一类典型的建筑结构。现代空间网格钢结构跨度大或者存在索和膜,因此往往需要考虑二阶效应甚至大变形,同时需要分析非线性整体稳定性[29-30]。不同的构造模式会产生丰富多样的现代空间网格结构。为契合多样化、复杂化的建筑造型需要,应对其进行理论分析、实验研究以及工程应用的合理性和有效性研究。

3. 多高层复杂建筑网格钢结构体系

多高层建筑有平立面大开洞、高位转换等幕墙造型和建筑功能的需要,因此往往需要结合复杂钢框架、钢桁架、钢支撑和混凝土剪力墙(核心筒)等结构来实现,特殊结构还涉及拉索桁架等[31-32]。多高层钢结构的形式多种多样,主要依照建筑造型而定,被广泛应用于商业综合体、文化场馆和医疗建筑等大型公共建筑[33-35]。

大跨度大悬挑结构是一类应用较广的多高层复杂建筑钢结构,包括多层高位上承桁架支撑和多层下挂式屋顶桁架两类较为重要的结构[36-40]。竖向地震作用及负风压引起的风载作用对这种结构的动力性能影响较为敏感,不可忽略[41-43]。目前对该类结构的研究主要集中于水平地震作用,性能化分析时往往也只是将设防烈度提高而已;而对于该类结构的由竖向地震作用、风吸力引起的风载动力作用研究成果相对较少。

基于此,有必要对多高层复杂建筑钢结构的体系构造、细部构造、整体性能和风载性能等进行系统性研究,以获得结构薄弱部位和加强构造方式[44-45]。这既能为该类项目的设计分析和建造提供指导,也能为该类结构体系的后续设计提供参考。

第2章
复杂建筑网格钢结构体系分类概述及构造原理

本章先对超高层、现代空间和多高层这三类复杂建筑网格钢结构体系分别进行分类概述,进而分析本书中各体系创新形式的构造原理和模式思路。

2.1 超高层复杂建筑网格钢结构体系

2.1.1 分类概述

超高层复杂建筑网格钢结构的形式多种多样,主要包括钢结构和混合结构两大类。钢结构可分为钢框架结构、钢框架-支撑结构、钢框架-钢板剪力墙结构、筒体结构、钢板组合剪力墙结构、钢框架-钢板组合剪力墙(核心筒)结构等,混合结构可分为筒体结构、斜交网格筒结构、巨型框架-核心筒结构等。实际应用时,可根据不同建筑的高度、功能和造型,分别选用不同的超高层钢结构或它们的组合。

2.1.2 构造原理

1. 斜交网格超高层钢结构体系

在斜交网格钢结构体系中,结构的竖向荷载和水平荷载主要通过斜柱构件的轴力作用来承载。基于此,提高斜柱交汇节点的抗震性能和抗风承载性能的有效思路为:通过截面等效的斜柱交汇节点设计方案和板件焊接拼装工艺,使斜柱交汇节点始终处于强核心、弱构件的合理受力状态;通过分析使用状态和极限状态性能,使斜柱交汇节点承载始终以弹性阶段为主,局部进入塑性阶段,提高了承载富余度,以防斜柱交汇节点出现轴压屈曲失稳的脆性破坏。具体体系构成及技术方案详见第3.1节。

2. 立面大菱形网格巨型斜柱超高层体系

在立面大菱形网格巨型斜柱体系中,巨型斜柱构成网格尺度较大的空间大菱形形状,大菱形网格巨型斜柱的立面形式、平面形状是影响整体结构承载性能的重要因素。单个大菱形网格尺度较大,因此其内部通过网格次斜柱进行竖向网格细分,设置有效的网格次斜柱布置方式及竖向网格细分间距可保证楼层跨度的实施可行性、造型美观和造价节省。当超高层底部有大空间需求时,应在底部设置转换桁架进行上抬支撑,以实现竖向巨柱转换。具体体系构成及技术方案详见第 3.2 节。

3. 斜切边桁-框-核组合超高层体系

钢框架-核心筒体系是指在钢框架、核心筒之间通过楼面钢梁连接组成的超高层结构体系,当建筑平面范围较大或存在通高露天中庭时,可将多组小核心筒分散布置于建筑楼电梯周边。在多组小核心筒之间和沿建筑高度间隔楼层多处设置平面、立面多区域多层大跨桁架,可实现建筑功能引起的局部楼层大空间的需求。对于存在通高露天中庭的斜切边建筑造型,可采用由内环、外环组成的双环斜切边界桁架结构进行封边兼承载处理。具体体系构成及技术方案详见第 3.3 节。

4. 弧形钢框架-支撑双环组合超高层体系

钢框架-支撑体系是指在钢框架柱之间布置斜支撑的高层钢结构体系。环形平面超高层建筑通过内、外环斜支撑来提高抗侧刚度,同时利用建筑楼电梯间对称布置的多个钢支撑小框筒来减小斜支撑产生的影响。随立面变化的弧形钢框架-支撑形式的超高层可适应弧形曲面的需要;产生的水平侧向推力可通过设置对称的单榀钢支撑平面框架进行加强,同时可加强外环、内环周圈钢梁以抵抗水平拉力。中庭屋盖设置交叉钢梁、网壳和网架结构。具体体系构成及技术方案详见第 3.4 节。

5. 内圆外方双筒斜交网格超高层体系

双筒斜交网格体系是斜交网格体系中特殊的一类,该体系中的斜交内筒、斜交外筒均由钢斜柱构件交叉组成。鉴于建筑底部的开敞造型和功能需要,建筑底部有时需要设置大悬挑缩进。具体可采用建筑底部的上抬转换多层悬挑桁架,以支撑一部分的上部非落地楼层竖向荷载;也可采用在建筑顶部设置下挂来连接多层悬挑桁架以承载另一部分的下部非落地楼层竖向荷载。当非落地楼层需要局部存在大跨空间时,可通过局部中断非落地楼层框架柱,并设置大跨钢梁来实现。具体体系构成及技术方案详见第 3.5 节。

2.2　现代空间复杂建筑网格钢结构体系

2.2.1　分类概述

现代空间复杂建筑网格钢结构是近年来迅速发展起来的一种新型大跨度结

构,主要包括刚性空间结构、柔性空间结构和杂交空间结构三大类。刚性空间结构由杆、梁、板和壳等刚性构件组成,可分为空间桁架结构、网壳结构、网架结构、折板结构和薄壳结构等;柔性空间结构由索、膜等柔性构件组成,可分为索网结构、膜结构和索膜结构等;杂交空间结构由刚性构件、柔性构件共同组成,可分为拉索-网架结构、拉索-网壳结构、拱-索结构、张弦结构、索桁架结构和张拉整体结构等。实际应用时,可根据不同的建筑跨度、曲面造型和开洞模式,分别选用不同的现代空间钢结构形式或它们的组合形式。

2.2.2 构造原理

1. 大跨度外切边双屋面叠合网壳体系

落地弧形管桁架体系由贯通的大截面主管和多根相贯焊接的小截面支管组成,通过屋盖管桁架进行弧形延伸至地面并固定,构成整体受力模式,使其可在较小自重下跨越极大空间跨度。双层叠合网壳体系可较好地解决由多榀落地弧形管桁架构成的存在单层网壳、多层网壳的层高较高、构件密集等缺陷。两个单层网壳体系在重合区域的腹杆处连接形成整体双层叠合网壳体系,而在非重合区域,则仍各自呈现为单层网壳形式。具体体系构成及技术方案详见第4.1节。

2. 悬吊钢柱大空间板柱-抗震墙体系

为充分体现建筑的大空间功能和竖向支撑造型意象,需将板柱-抗震墙体系的墙、柱进行结合并优化为统一的树状墙柱支撑。树状墙柱支撑的板柱-抗震墙体系以树状墙柱为主要抗侧力构件,具有极大的整体抗侧力刚度。楼面承载体系一般为空心楼板,柱与柱之间通过同楼板高的暗梁进行连接,吊挂空心楼板的悬吊钢柱主要承受轴拉作用。当涉及局部大跨度无柱空间时,可通过设置预应力大跨弧板和端部支座梁来实现。具体体系构成及技术方案详见第4.2节。

3. 外悬挑大跨弧形变截面箱形钢梁体系

当建筑空间跨度达到20~80m且构件高度受到限制时,采用箱形截面钢梁是相对于桁架更为经济且简便的方式。大跨度箱形钢梁一般结合大悬挑使用,延伸段外悬挑的设置可有效减小内跨大跨度钢梁的挠度变形。还可进一步根据外悬挑大跨箱形钢梁不同位置的受力情况,进行变截面优化,从而形成渐变建筑美感。当建筑屋盖立面为弧形曲面时,大跨箱梁还可变化为弧形曲线形式。圆形平面的大跨箱形钢梁内圈设置内环钢梁进行交汇。具体体系构成及技术方案详见第4.3节。

4. 双向斜交组合轮辐式张拉索桁架体系

张拉自平衡体系是指由按一定规则组合的拉力构件与边界受压的刚性构件共

同构成的自平衡结构体系,轮辐式张拉索桁架体系是其中一类典型体系,但存在整体抗扭刚度相对较弱的问题。双向斜交组合形式的轮辐式张拉索桁架布置可有效解决该问题,双向对称设置的斜向索桁架与平面交汇处的共用撑杆可构成整体受力模式。屋盖整体曲面造型可通过曲线构造的内环拉索或外环压梁来实现,局部屋面造型则可通过局部索拱、弧梁支撑等形式来处理。具体体系构成及技术方案详见第 4.4 节。

5.螺旋递升式大空间混合结构体系

大空间钢-混凝土混合结构体系是由钢、混凝土构件组成的一种混合体系。螺旋造型是一种实现难度较大但造型美观且实用的外立面形式,螺旋坡道必然造成错层构件交汇。局部大空间的屋顶通过大跨屋盖桁架来覆盖,有时还需设置桁架抬柱结构来保证建筑底层的大空间。屋顶竖向长悬挑桁架可支撑屋顶幕墙、构造螺旋递升式幕墙造型,为平面管桁架形式;桁架宽度可根据幕墙造型变化趋势进行对应位置调整。具体体系构成及技术方案详见第 4.5 节。

2.3　多高层复杂建筑网格钢结构体系

2.3.1　分类概述

出于平立面大开洞、高位转换等幕墙造型和建筑功能的需要,多高层复杂建筑网格钢结构往往需要通过组合复杂钢框架、钢桁架、钢支撑和混凝土剪力墙(核心筒)等结构来实现,特殊结构还涉及拉索桁架等构造。实际应用时,根据建筑不同的复杂表现形式,多高层复杂钢结构可分为高位转换、错层结构、连体结构、悬挑结构、竖向收进和加强层构造等结构形式。大跨度大悬挑结构体系是一类应用较广的多高层复杂钢结构体系,其中多层高位上承式桁架支撑体系、多层下挂式屋顶桁架体系、多层桁架结合斜拉式是较为重要的几种结构体系。

2.3.2　构造原理

1.高位转换穿层悬挑空腹桁架体系

建筑底部的空间大跨度是高位转换桁架体系需要实现的基本功能,由于造型上的需求,横向大悬挑也是一个经常出现的问题。在双层大跨度大悬挑桁架体系中,由于建筑内部的功能布置需要,为弱化斜撑构件的影响,部分桁架斜腹杆有时需要采用竖向加密腹杆的结构形式进行替换,穿层斜支撑构件是有效的处理方式。而当楼层层高不均匀时,楼面结构可能会与桁架层在竖向立面上错开,因此楼面结构的处理也是一个需要考虑的因素。具体体系构成及技术方案详见第5.1节。

2. 立面大开洞钢支撑筒-下挂式桁架体系

钢支撑筒-下挂式桁架体系的下挂式桁架位于高层建筑的屋面顶部,它可基于多层桁架斜撑形式构成刚度极大的大跨度楼面水平支撑体系,下部框架楼层则通过悬吊钢柱的形式进行吊挂连接。立面弧形大开洞的曲面造型可通过在主体结构上悬吊单层网壳或采用落地弧形斜柱来实现。悬吊单层网壳并不直接支撑于落地端,其双向结构构件也无需区分主次,因而可采用截面相近的构件形式来实现复杂曲面造型,以达到建筑美观的目的。具体体系构成及技术方案详见第5.2节。

3. 螺旋递升式竖向长悬挑桁架体系

屋顶竖向长悬挑桁架体系的桁架宽度可由底部至顶部适当收缩或根据幕墙造型的变化对应调整。长悬挑桁架的底部为刚性柱脚,竖向桁架体系的各榀基本单元之间设置环向连接钢梁构成整体受力模式,以提供侧向支撑。对于超过10m的超长竖向悬挑桁架,桁架中部还可增设环向连接钢梁,并提供侧向支撑结构。对应悬挑超高幕墙造型的螺旋布置及其顶部的标高位置变化,可采用一系列多圈螺旋递升渐变形式的竖向长悬挑桁架。具体体系构成及技术方案详见第5.3节。

4. 弧形悬挑桁架斜拉索承组合连廊体系

双组立面弧形落地悬挑桁架支撑是一种下部桁架支撑体系。该体系为两侧对称立面弧形悬挑结构形式,因此落地端的支撑构造尤为重要,且需为可承担部分弯矩的固定端;悬挑桁架根据受力大小可考虑为下大上小的三角形式。两侧立面弧形悬挑桁架支撑的连廊结构无法实现超大跨度、超大悬挑的通道空间功能,通过双组立面弧形悬挑桁架在连廊上部的斜拉索吊挂,可构成两侧支撑组合悬挑形式。具体体系构成及技术方案详见第5.4节。

5. 下挂式高位双向交叉斜连廊钢桁架体系

下挂式钢桁架通过将钢桁架设置在顶部楼层区域达到了对其下部楼面层的吊挂,同时避免了下部楼面层中的过多斜撑影响内部功能布置。吊挂楼面层作为下挂式钢桁架的下方吊挂结构时,可作为主体结构的一部分参与整体抗侧性能,也可作为附属结构,避免影响钢桁架的整体抗侧性能。而当吊挂楼面层为斜坡形式时,受力不对称可能会引起侧向推力,此时可通过两侧主体结构的较强刚度支撑、内部交叉组合的自平衡方式进行不对称受力消除。具体体系构成及技术方案详见第5.5节。

第3章
超高层复杂建筑网格钢结构体系创新与工程实践

本章基于多个典型的超高层钢结构项目(宁波国华金融大厦、杭州奥体望朝中心、杭州 OPPO 总部大楼、湖州太阳酒店、杭州奥体中心综合训练馆),针对超高层复杂建筑网格钢结构进行结构体系和节点形式的创新研发,以指导项目的设计分析和施工过程。成果获得多项国家发明专利[46-50]。

3.1　斜交网格超高层钢结构体系

3.1.1　创新体系概述

斜交网格体系是由建筑周圈外表面的斜柱构件多向交叉并规则布置构成的竖向网状结构,外表面形状新颖、抗侧刚度极大,主要应用于超高层建筑中的外斜柱框筒。

外斜柱框筒的巨大抗侧刚度使其能够承受极大的水平荷载(如地震、风载等)。在总水平力不变的前提下,内部核心筒的有效抗侧刚度可通过弱连梁连接来相应减小,从而使建筑有更好的房间布局。然而,斜交网格体系中结构的竖向荷载和水平荷载主要通过斜柱构件的轴力来承载,因此斜柱构件及交汇节点的轴压破坏属于脆性破坏,一旦轴力超过失稳极限值,大幅失稳变形会引起结构后续不能持续承载,导致结构抗震延性不足。同时,外斜柱框筒相对于内部核心筒的巨大侧向刚度,往往先出现破坏,成为抗震设防的第二道防线,因此应对其轴压下的弹塑性承载性能有更高的要求。此外,斜柱交汇节点存在交汇构件众多、节点板件构造复杂、节点受力变形复杂以及板件焊接拼装制作工艺复杂等问题,合理、有效的交汇节点设计也是保证其承载性能的一个重要因素。

本节结合截面等效技术方案和极限状态承载分析,提出一种由箱形钢管焊接组成的 DK 形空间交汇节点、X 形立面交汇节点设计方法,以应用于超高层建筑结构角部空间位置、边部立面位置的斜柱构件有效连接及承载[46]。

3.1.2　创新体系构成及技术方案

（1）创新体系构成

图 3.1-1 和图 3.1-2 分别为箱形钢管焊接组成的 DK 形空间交汇节点和 X 形立面交汇节点的整体结构示意图、竖向主分隔板示意图、主分隔板组合体（不含竖向主分隔板）示意图和内部竖向支撑肋示意图。

本技术方案中 DK 形空间交汇节点和 X 形立面交汇节点的图注可共用，仅（27、28）有差异，图 3.1-1、图 3.1-2 中未出现的图注可对应在图 3.1-4～图 3.1-11 中查看。

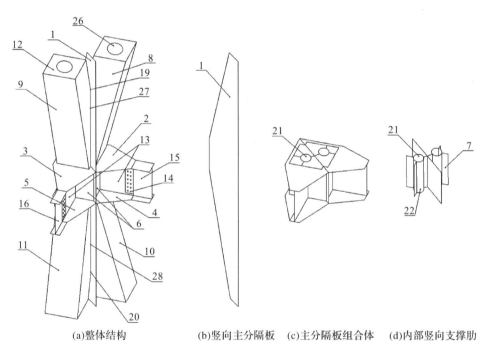

(a)整体结构　　　　(b)竖向主分隔板　　(c)主分隔板组合体　　(d)内部竖向支撑肋

1.竖向主分隔板；2.上翼缘水平板一；3.上翼缘水平板二；4.下翼缘水平板一；5.下翼缘水平板二；6.周圈竖向外壁板；7.内部支撑肋板；8.斜柱一；9.斜柱二；10.斜柱三；11.斜柱四；12.端头横隔板；13.接头加劲腹板；14.腹板螺栓连接；15.周边抗弯钢梁一；16.周边抗弯钢梁二；17.铰接钢梁三；18.中心定位点；19.上斜柱相交点；20.下斜柱相交点；21.上翼缘板流通孔；22.下翼缘板流通孔；23.环补强板；24.封回盖板；25.侧边浇灌孔；26.横隔板浇灌孔；27.DK 形：上斜柱外侧相交线（X 形：竖向主分隔板流通孔）；28.DK 形：下斜柱外侧相交线（X 形：铰接钢梁腹板螺栓）；29.斜柱板件一；30.斜柱板件二；31.斜柱板件三；32.斜柱板件四；33.打底焊；34.全熔透坡口焊。

图 3.1-1　DK 形空间交汇节点示意

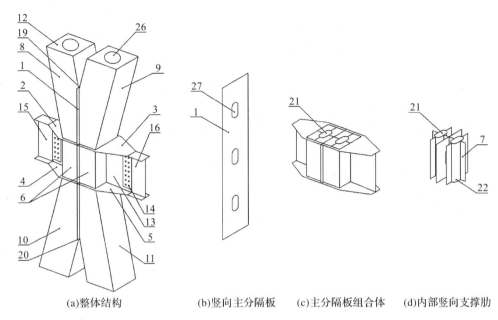

(a)整体结构　　　　(b)竖向主分隔板　　(c)主分隔板组合体　　(d)内部竖向支撑肋

图 3.1-2　X 形立面交汇节点示意

　　本技术方案提供的箱形钢管焊接组成的 DK 形空间交汇节点、X 形立面交汇节点包括主分隔板组合体、斜柱对接接头、钢梁栓焊接头和内部支撑肋板。主分隔板组合体为中心支撑构架，能将斜柱对接接头和钢梁栓焊接头分隔开；斜柱对接接头为由板件焊接组成的箱形钢管接头，能与主分隔板组合体对接焊接；钢梁栓焊接头位于 DK 形空间、X 形立面交汇节点的主分隔板组合体水平两侧，用于和周边抗弯钢梁刚性栓焊；内部支撑肋板位于主分隔板组合体内部，作为节点内部的板件局部侧向支撑。

　　DK 形、X 形节点构造的板件拼装流程如图 3.1-3 所示，具体流程如下。

　　1)竖向主分隔板(1)为主受力构件，将下翼缘水平板(4、5)焊接于竖向主分隔板(1)上，将周圈竖向外壁板(6)相互拼装，并焊接于竖向主分隔板(1)和下翼缘水平板(4、5)上。

　　2)将内部支撑肋板(7)焊接于下翼缘水平板(4、5)、竖向主分隔板(1)和周圈竖向外壁板(6)上，将上翼缘水平板(2、3)与步骤 1)所述的各板件焊接连接，形成中心支撑构架。

　　3)将接头加劲腹板(13)开设螺栓孔，并焊接于步骤 2)所述的中心支撑构架上，形成节点核心区板件体系。

　　4)斜柱(8～11)均为箱形构件，由斜柱板件(29～32)焊接组成，其中斜柱板件(29、30)与竖向主分隔板(1)相邻边缘为斜边焊接。

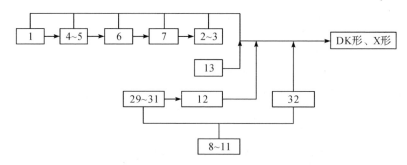

图 3.1-3　DK 形、X 形节点构造的板件拼装流程

图 3.1-4 是 DK 形、X 形节点的斜柱板件焊接组装示意和小夹角焊接大样。斜柱(8～11)中组成板件(29～32)的焊接顺序依次为斜柱板件(29～31)的组装焊接、端头横隔板(12)、斜柱板件四(32)。当斜交焊接角度小于 30°时,需做锐角侧打底焊(33)、钝角侧全熔透焊(34)。

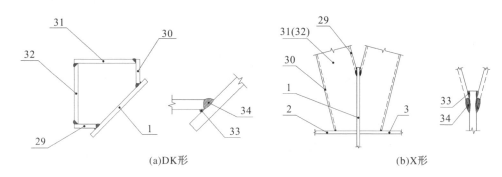

(a)DK形　　　　　　　　　　　　　　　　(b)X形

图 3.1-4　DK 形、X 形节点的斜柱板件焊接组装示意和小夹角焊接大样

(2)创新技术特点

本技术方案提供的由箱形钢管焊接组成的 DK 形空间交汇节点、X 形立面交汇节点设计方法,节点构造合理,可以实现斜交网格体系矩形平面超高层建筑结构角部空间位置、边部立面位置的斜柱构件有效连接,充分发挥斜交网格体系的巨大抗侧性能优点。节点通过竖向主分隔板将斜柱、钢梁分隔并交汇,基于截面等效的节点技术方案可保证强核心、弱构件的合理受力状态。开设浇灌孔并采用内部支撑肋板的局部稳定加强方式,可进一步保障该节点的力学承载性能,避免出现脆性破坏。交汇节点的组成模块明确,传力清晰,节点承载力高,在斜交网格体系中具有良好的应用前景。

（3）具体技术方案

图 3.1-5 是 DK 形节点的正交侧视图、45°斜交侧视图［即将图 3.1-1(a)中的结构按图 3.1-7(b)进行 A-A 剖切］。

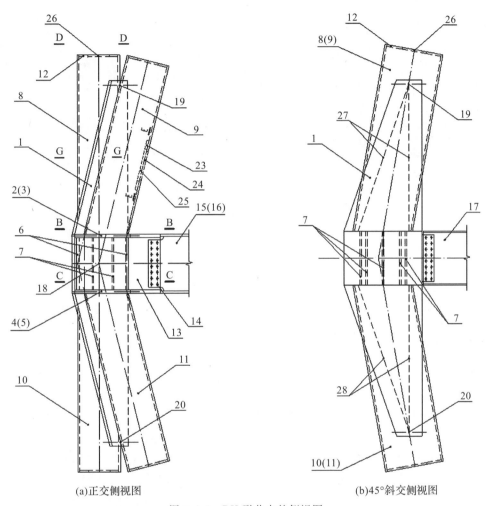

(a)正交侧视图　　　　(b)45°斜交侧视图

图 3.1-5　DK 形节点的侧视图

图 3.1-6 是 X 形节点的正交侧视图一、正交侧视图二［即将图 3.1-2(a)中的结构按图 3.1-6(a)进行 A-A 剖切］。

图 3.1-7 是图 3.1-5(a)中(DK 形节点)主分隔板组合体的 B-B、C-C 剖切俯视图,图 3.1-8 是 3.1-6(a)中(X 形节点)主分隔板组合体的 B-B、C-C 剖切俯视图。

图 3.1-9 是图 3.1-5(a)、图 3.1-6(a)中斜柱接头横隔板浇灌孔位置的 D-D 剖切图,图 3.1-10 是图 3.1-5(a)、图 3.1-6(a)中上斜柱侧面浇灌孔位置的 E-E 剖切图,图 3.1-11 是上斜柱侧面浇灌孔位置采用内环补强板或外环补强板时的 F-F 剖切图。

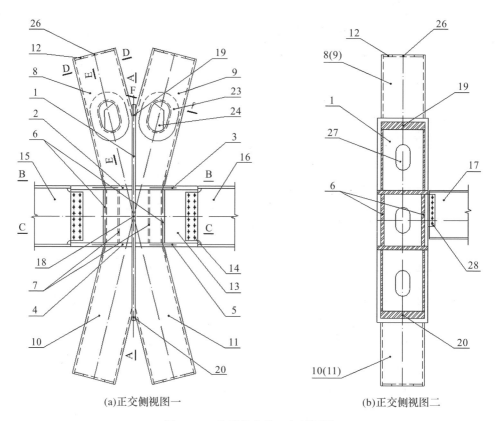

(a)正交侧视图一　　　　　　　　(b)正交侧视图二

图 3.1-6　X 形节点的正交侧视图

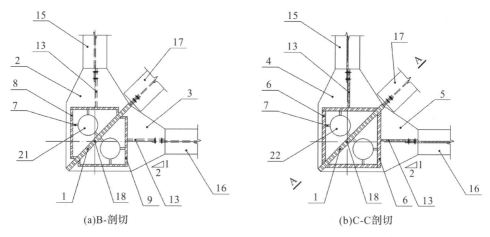

(a)B-剖切　　　　　　　　(b)C-C剖切

图 3.1-7　DK 形节点的剖切俯视图

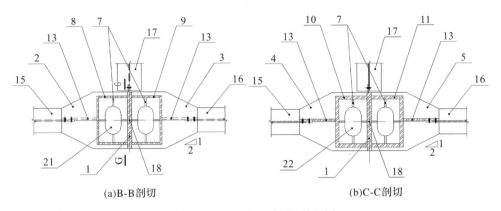

(a)B-B剖切　　　　　　　　　　　　(b)C-C剖切

图 3.1-8　X 形节点的剖切俯视图

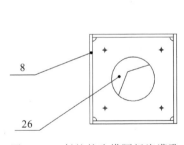

图 3.1-9　斜柱接头横隔板浇灌孔

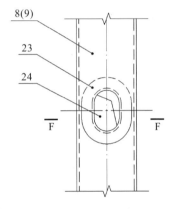

图 3.1-10　上斜柱侧面浇灌孔

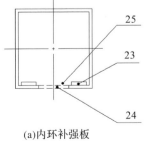

(a)内环补强板

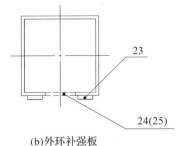

(b)外环补强板

图 3.1-11　环补强板示意

如图 3.1-5～图 3.1-7 所示,上、下翼缘水平板(2～5)与斜柱对接接头中斜柱(8～11)为斜交对接焊,斜柱对接接头中端头横隔板(12)设有浇灌孔(见图 3.1-7),便于混凝土的自密实流动。

出于经济性考虑,应对斜柱交汇节点内部浇灌混凝土进行性能加强。对于 DK 形节点,在上、下翼缘水平板(2～5)与斜柱对接接头中斜柱(8～11)的相交范围内开设混凝土流通孔,该流通孔位于竖向主分隔板(1)的两侧,并相互独立;对于 X 形节点,在上、下翼缘转换板(2～5)、竖向主分隔板(1)与斜柱对接接头中斜柱(8～11)的相交范围内均开设混凝土流通孔,使该节点各处均能达到混凝土相互流通。

如图 3.1-5～图 3.1-8 所示,主分隔板组合体以竖向主分隔板(1)为中心支承受力板件,两侧焊接组装上翼缘水平板(2～3)、下翼缘水平板(4～5)和周圈竖向外壁板(6),形成中心支撑构架。基于节点交汇构造的截面等效技术方案,竖向主分隔板(1)为主受力板件,存在沿厚度 z 方向的受压作用,厚度不小于各斜柱构件最大壁厚的 2.0 倍;上、下翼缘水平板(2～5)和周圈竖向外壁板(6)为主要构成部分,厚度不小于各斜柱(8～11)最大壁厚的 1.5 倍;上、下翼缘水平板(2～5)位于竖向主分隔板(1)的两侧,呈 45°斜交焊接(DK 形)或 T 形对接焊接(X 形);对于 DK 形节点,上、下翼缘水平板(2～5)的中心位置分别开设直径为 250mm 的圆孔,以便内部混凝土的自密实流动(见图 3.1-7);对于 X 形节点,上下翼缘水平板(2～5)的中心、竖向主分隔板(1)的中心及两端位置分别开设直径为 250mm 的长圆孔,以便内部混凝土的自密实流动[见图 3.1-6(b)、图 3.1-8]。

如图 3.1-4 所示,所述斜柱对接接头由四块板件焊接组合而成,为箱形截面,分别位于主分隔板组合体的四个空间方位。焊接时,竖向主分隔板(1)、上下翼缘水平板(2～5)之间为 T 形交叉焊接,竖向交叉焊接角度小于 30°,需做内部打底焊(33),四个斜柱接头中线交汇于主分隔板组合体(18)的中心处。

如图 3.1-1、图 3.1-2 所示,接头加劲腹板(13)作为节点核心区的构成部件,与周边抗弯钢梁(15～16)的腹板进行螺栓连接,其上开设螺栓孔;接头加劲腹板(13)、上下翼缘水平板(2～5)的端部组成钢梁 H 形牛腿接头作为钢梁栓焊接头。钢梁栓焊接头位于主分隔板组合体的两侧,相互垂直(DK 形)或相互平行(X 形),接头翼缘板为上、下翼缘水平板(2～5)的延伸缩窄段,与钢梁连接时,延伸缩窄段与钢梁翼缘焊接,接头加劲腹板(13)与钢梁栓接连接。侧向 45°水平支撑(DK 形)或 90°水平支撑(X 形)的铰接钢梁三(17)位于斜交节点内侧,与竖向主分隔板(1)之间为铰接螺栓连接。

如图 3.1-7～图 3.1-8 所示,内部支撑肋板(7)位于主分隔板组合体的内部,厚度不小于各斜柱(8～11)的最大壁厚和 25mm 中的较大者;内部支撑肋板(7)作为上、下翼缘水平板(2~5)在开设浇灌孔而强度削弱之后的侧向局部支撑,以避免节点板件的局部屈曲失稳。

本技术方案的箱形钢管焊接组成的 DK 形空间交汇节点、X 形立面交汇节点,可分别应用于矩形平面斜交网格超高层体系的空间角部和边部立面结构拼装。

图 3.1-12 为 DK 形空间交汇节点、X 形立面交汇节点的线性摄动轴压失稳变形图(正弦波形),图 3.1-13 为 DK 形空间交汇节点、X 形立面交汇节点的双重非线性轴压稳定荷载收敛曲线图(极值点)。

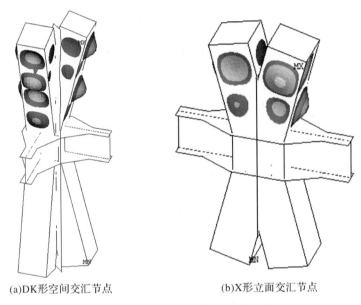

(a)DK形空间交汇节点　　　　　(b)X形立面交汇节点

图 3.1-12　线性摄动轴压失稳变形

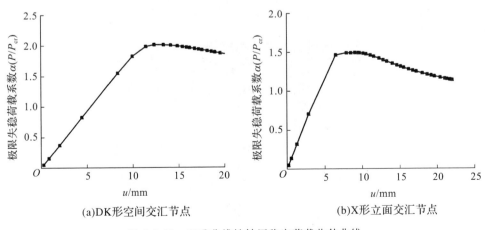

(a)DK形空间交汇节点　　　　　(b)X形立面交汇节点

图 3.1-13　双重非线性轴压稳定荷载收敛曲线

如图 3.1-12 所示,DK 形空间交汇节点、X 形立面交汇节点的首阶线性摄动轴压失稳变形均为正弦波形,该波形作为交汇节点的初始几何缺陷施加,缺陷幅值为斜柱构件边长的 1/150。

如图 3.1-13 所示,DK 形空间交汇节点、X 形立面交汇节点的双重非线性轴压稳定荷载收敛曲线均为极值点失稳破坏,失稳后不能持续承载。本例中,未计入内部混凝土加强作用的极限失稳荷载系数分别为 2.10、1.60,因此该技术体系具有较好的线弹性承载性能,抗震性能富余度较为充足。

3.1.3 工程应用案例

本节的创新体系及节点可应用于矩形平面超高层斜柱体系的空间角部、立面边部结构拼装中的有效节点构造连接,超高层是指高度不小于 100m 的高层公共建筑。该体系及节点已在宁波国华金融大厦项目中获得应用和借鉴,项目已于 2020 年竣工,目前已投入使用[51-53]。

(1)工程概况

宁波国华金融大厦位于宁波市东部新城中央商务区的延伸区域,距离宁波市中心约 6km。设计方案为一栋带裙楼的超高层塔楼,塔楼与裙楼相互独立并通过钢连廊连通,总建筑高度为 206.1m,总建筑面积约 15 万 m²。塔楼地上有 43 层,主要功能为办公,结构主屋面高度为 197.8m,平面外轮廓尺寸为 61.8m×35.7m,建筑面积约 9.6 万 m²,典型层高为 4.3m;地下有 3 层(含 1 个夹层),主要功能为停车库和设备用房。塔楼外立面为斜交网格结构形式,每 4 层形成 1 个斜交网格节点,塔楼中部和顶部分别设有 2 处空中花园区、1 处屋顶设备区,每处覆盖斜交点之间的 4 层范围。项目的建筑设计方案由美国 SOM 建筑设计事务所完成。图 3.1-14 为建筑效果图,图 3.1-15 为现场施工实景图。

图 3.1-14　建筑效果

(a)实景一　　　　　　　　　　　　　　　(b)实景二

图 3.1-15　现场施工实景

（2）设计参数

主体结构的设计基准期和使用年限均为 50 年，建筑结构安全等级为二级，结构重要性系数为 1.0。抗震设防烈度为 6 度(0.05g)，设计地震分组为第一组，场地类别为Ⅳ类，建筑抗震设防类别为标准设防类（丙类）。

1）风荷载。采用《建筑结构荷载规范》（GB 50009—2012)[54]中的风荷载进行结构设计。验算塔楼位移时，基本风压 w_0 按 50 年一遇标准取 0.50kN/m²。塔楼从首层到主屋面高度为 197.8m，到女儿墙高度为 206.1m。验算承载力时，按《高层建筑混凝土结构技术规程》（JGJ 3—2010)[55]第 4.2.2 条，对基本风压放大 1.1倍，同时考虑到场地周围拟建建筑的群体效应，又额外考虑了 1.1 倍的荷载放大系数，因此实际基本风压取为 0.605kN/m²。风压高度变化系数采用 B 类地面粗糙度获得，风荷载体型系数取为 1.4。

2）地震作用。《地震安全评估报告》和《建筑抗震设计规范》（GB 50011—2010)[56]提供的小震反应谱的最大水平地震影响系数分别为 0.0758 和 0.0400。综合考虑这两种小震反应谱进行塔楼结构的小震弹性分析和设计。结合《超限高层建筑工程抗震设防专项审查技术要点》的相关要求，中震和大震采用规范反应谱进行分析。小震计算时考虑周期折减系数为 0.8，中震和大震时周期不折减；小震和中震时阻尼比取 0.04，大震时阻尼比取 0.05。

(3)结构体系

1)结构选型

塔楼结构体系由抗侧力系统和重力支承系统组成。抗侧力系统包括外围连续的斜交网格钢结构体系和内部的钢筋混凝土核心筒,组合形成筒中筒结构类型。重力支承系统包括横跨在核心筒与外围斜交网格之间的钢梁以及钢梁支承的钢筋桁架组合楼承板。节点层为斜交网格交叉节点所在的楼层,每4层为1节点层,其他楼层均为非节点层。

2)结构模型

结构模型如图3.1-16所示,其中图3.1-16(a)为塔楼和裙楼组成的整体结构模型。典型结构平面布置如图3.1-17所示。

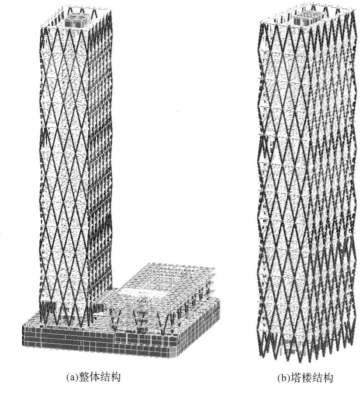

(a)整体结构　　　　　　　　(b)塔楼结构　　　　　　　　(c)塔楼正视图

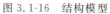

图3.1-16　结构模型

钢筋混凝土核心筒:核心筒采用现浇混凝土,强度等级为C40~C60,底部加强区为1~3层(标高-0.050~21.350m),抗震等级为一级。东西方向仅设置2道核心筒外墙,厚度变化为1100mm~600mm;南北方向设置4道剪力墙,外侧和内

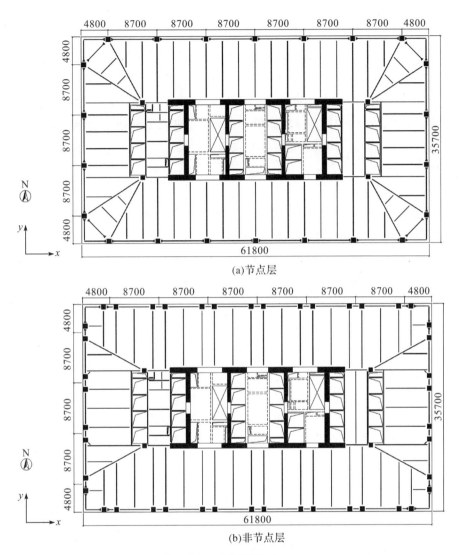

(a)节点层

(b)非节点层

图 3.1-17　典型结构平面图

侧墙厚分别为 800mm 和 600mm。核心筒通过连梁来连接各片剪力墙,连梁最大高度为 800mm,该方案在满足核心筒抗侧刚度要求的同时,避免了各种设备管线等可能造成的剪力墙开洞,核心筒内部也不存在各种小的剪力墙,结构形式简单明确。核心筒和外框架间设置 4 根钢管混凝土柱进行过渡连接,截面尺寸变化为 950mm×700mm～600mm×400mm,壁厚变化为 85mm～20mm,内灌混凝土强度等级变化为 C60～C40。

斜交网格外框架:外围连续的斜交网格钢结构体系具有较大的抗侧刚度,考虑每4层为1个节点层,节点层相邻节点的平面间距为8.7m;节点层之间为4层通高斜柱,其竖向高度为17.2m。斜柱为钢管混凝土柱,其截面为焊接箱形截面,尺寸变化为750mm×750mm~500mm×500mm,壁厚变化为40~20mm,材料为Q345B钢。为保证结构力学性能得到充分发挥的同时达到材料最省的经济目标,通过比较分析,选择对18层以下箱形截面钢管混凝土斜柱内浇灌混凝土,混凝土强度等级为C60。斜交网格外框架斜柱在地下室转换为竖向的"王字形"型钢混凝土柱,传力机制为从斜向轴力过渡为竖向压力,并通过局部剪力墙连接加强。

(4)结构措施

1)斜交网格节点

采用等效面积的方式确保节点承载力大于交汇于节点处的斜交网格构件的承载力之和,即强节点弱构件。节点中间的竖向加劲板为最主要的板件,其厚度为节点箱形截面钢管最大壁厚的2.0倍,而节点上、下翼缘板和四周壁板厚度则为节点箱形截面钢管最大壁厚的1.5倍。根据斜交网格节点的位置,主要有中部平面斜交节点和角部空间斜交节点,它们的竖向高度分别为4.3m、6.8m,斜交构件的夹角分别为28.4°、20.0°。该斜交节点构件夹角小、内部隔板多,且18层以下内部浇灌混凝土,焊接工艺复杂。

2)斜交网格外框架

斜交网格外框架的18层以下箱形钢管内部浇灌强度等级为C60混凝土,以获得相对较大的承载力和刚度;要求斜交网格构件和节点层抗拉周边梁在大震下不屈服;控制斜交网格节点大震下为弹性,要求节点核心区在大震下不屈服;斜交网格外框架全高采用全熔透坡口等强焊接。

3)核心筒剪力墙

底部加强区和空中花园区剪力墙抗震等级为一级,严格控制底部加强区构件轴压比不超过0.5;核心筒墙体按照中震不屈服进行设计,抗剪截面条件满足大震不屈服的性能目标。

4)弹性楼板和转换吊柱

节点层楼板采用弹性膜计算,厚度加大为150mm,配筋根据计算结果进行放大;高层转换吊柱(空中花园区、屋顶设备区的楼板缩进后的周边竖向支承)等构件设计时要考虑冗余度。

(5)性能分析

进行大震作用下塔楼结构的动力弹塑性时程分析,研究各类构件的内力变化和内外筒刚度变化。底部受力较大楼层的各类构件屈服时刻和破坏模式如图3.1-18所示。

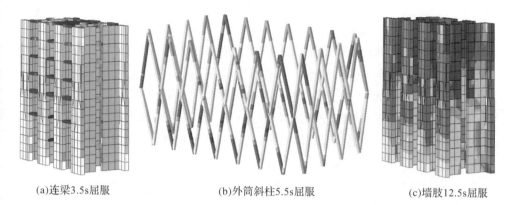

(a)连梁3.5s屈服　　　　(b)外筒斜柱5.5s屈服　　　　(c)墙肢12.5s屈服

图 3.1-18　各类构件屈服时刻

随着地震时程的作用,主要构件的屈服顺序依次为 RC 内筒连梁、斜交网格外筒斜柱、RC 内筒剪力墙墙肢。该顺序与传统筒中筒体系主要构件的屈服顺序不同,这可能是由于斜交网格外筒构件主要承受轴力,构件在轴向拉压作用下的塑性变形较受弯作用下形成塑性铰转动时小,即该体系外筒的延性小于传统筒中筒体系的外筒。因此,相较于传统筒中筒体系的外筒,斜交网格外筒承担基底剪力比例较高,致使外筒斜柱先于内筒剪力墙墙肢屈服。

3.2　立面大菱形网格巨型斜柱超高层体系

3.2.1　创新体系概述

斜交网格-核心筒体系是由双向斜柱构件交叉刚接成的斜交网格外筒结合核心筒而成的超高层结构体系,具有自重轻、抗侧刚度大等优点。抗侧刚度是判定该类结构体系力学性能的重要因素。该结构体系广泛应用于集商业、办公等功能于一体的超高层公共建筑。

大菱形网格斜柱是斜交外筒中的一类特例,是由巨型斜柱构件构成网格尺度较大的空间大菱形形状。根据建筑造型,斜交外筒的平面形状可分为矩形、多边形、圆形等。对于矩形或多边形平面,各边部、角部均可由单个大菱形网格构成,并交汇组成平面四角切边或多角切边的组合超高层结构形式;对于单个大菱形网格,其内部通过网格次斜柱进行竖向网格细分,使斜柱之间楼层梁跨度减小。网格次斜柱可沿立面贯通设置,在节点层高度折角转换,两端交汇于大菱形网格巨型斜柱的斜交节点。

当超高层建筑底部有大空间需求时,可设置底部转换桁架对网格次斜柱进行上抬支撑。底部转换桁架形式需适应建筑功能要求,可为空腹桁架或斜腹杆桁架,网格次斜柱的底部通过铰接连接,支撑在底部转换桁架上,以充分释放弯矩。因而合理的底部转换桁架形式及网格次斜柱的连接方案,可实现整体结构受力和竖向荷载的有效转换。此外,大菱形网格巨型斜柱超高层体系存在节点连接构造复杂、部件构成复杂以及承载性能差和刚度弱等问题,合理的底部转换的立面大菱形网格巨型斜柱超高层结构形式、设计方法及构成方案可有效保证其承载和使用。

本节提出一种底部转换的立面大菱形网格巨型斜柱超高层结构的形式及设计方法,可应用于底部大空间巨柱转换和立面大菱形网格巨型斜柱的四角切边组合双筒建筑造型超高层结构体系及承载[47]。

3.2.2 创新体系构成及技术方案

(1)创新体系构成

图 3.2-1 是底部转换的立面大菱形网格巨型斜柱超高层结构的示意图。本技术方案提供的底部转换的立面大菱形网格巨型斜柱超高层结构包括大菱形网格斜柱、核心筒、网格次斜柱、节点层周圈钢梁、底部转换桁架和其他楼面钢梁。大菱形网格斜柱[图 3.2-1(b)]由双向巨型斜柱构件交叉连接,通高落地设置,构成平面为四角切边组合的立面空间大菱形网格斜交外筒;核心筒[图 3.2-1(c)]位于大菱形网格斜柱内侧中心,通高落地设置,由四角切边的围合剪力墙和连梁组成,并与大菱形网格斜柱共同构成双筒抗侧力支撑构架;网格次斜柱[图 3.2-1(d)]位于大菱形网格斜柱的立面网格面内,单个大菱形网格均沿立面贯通设置并进行竖向网格细分,这样可有效减小斜柱之间楼层梁的跨度,其底部支撑在底部转换桁架而构成非落地形式;节点层周圈钢梁[图 3.2-1(e)]位于斜交节点层,沿立面空间大菱形网格斜交外筒水平整圈布置并刚接连接,节点层周圈钢梁与网格次斜柱相连接处为次斜柱贯通,节点层周圈钢梁沿水平面将每个立面空间大菱形网格均分成两个平面三角形网格;底部转换桁架[图 3.2-1(f)]位于底部大跨度转换层,沿立面空间大菱形网格斜交外筒底部水平整圈布置并与斜交节点刚接连接,进而对网格面内次斜柱进行转换上抬支撑,以实现底部大空间的竖向构件转换功能;其他楼面钢梁[图 3.2-1(g)]包括非节点层周圈钢梁、所有楼层(节点层和非节点层)内外筒连接钢梁,均为铰接连接并作为楼层分隔和内外筒连接的辅助钢梁,节点层、非节点层钢梁分别为整体结构的必要构件和非必要构件。

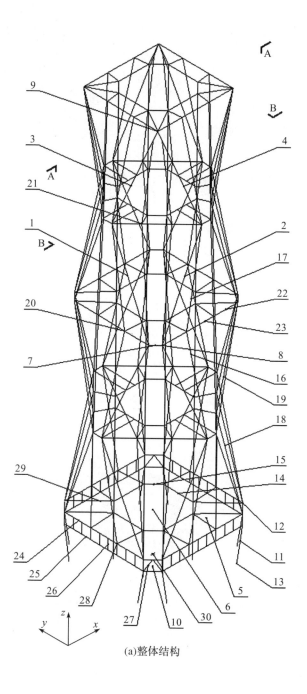

(a)整体结构

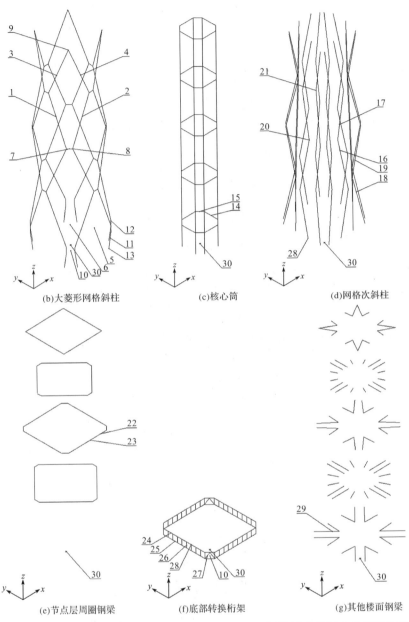

1.菱形网格斜柱一;2.菱形网格斜柱二;3.菱形网格斜柱三;4.菱形网格斜柱四;5.边部菱形网格;6.角部菱形网格;7.中部连接短梁;8.两端交汇节点;9.顶部交汇节点;10.底部连接桁架;11.巨型落地斜柱;12.转换层分支节点;13.底部刚性支座;14.核心筒四边中部;15.核心筒切边角部;16.边部下三角次斜柱一;17.边部上三角次斜柱二;18.角部下三角次斜柱一;19.角部上三角次斜柱二;20.边部次斜柱贯通点;21.角部次斜柱贯通点;22.端部刚接梁;23.中部刚接梁;24.转换桁架上弦杆;25.转换桁架下弦杆;26.转换桁架竖腹杆;27.转换桁架角部斜腹杆;28.柱铰转换节点;29.铰接连接钢梁;30.中心定位点;31.内部加劲板;32.节点加劲板。

图 3.2-1　立面大菱形网格巨型斜柱超高层结构示意

图 3.2-2 是底部转换的立面大菱形网格巨型斜柱超高层结构的构成流程,具体如下。

1)菱形网格斜柱一(1)、菱形网格斜柱二(2)、菱形网格斜柱三(3)和菱形网格斜柱(4)交叉连接并通高设置,组成边部菱形网格(5)和角部菱形网格(6),然后基于中心定位点(30)对称外圈布置,交汇构成平面为四角切边组合的立面空间大菱形网格斜交外筒。

2)斜交节点处的交汇形式包括中部连接短梁(7)和两端交汇节点(8)的组合形式、顶部交汇节点(9)以及底部连接桁架(10)三种,节点处通过内部加劲板(31)加强。

3)大菱形网格斜柱底部的巨型落地斜柱(11)为大空间巨柱角部布置,落地斜柱(11)底部支撑在底部刚性支座(13)上,顶部通过转换层分支节点(12)对网格次斜柱进行分支支撑。

4)四边中部(14)和切边角部(15)组成核心筒,并与大菱形网格斜柱共同构成双筒抗侧力支撑构架。

5)网格次斜柱对空间大菱形网格进行竖向网格划分,由边部下三角次斜柱一(16)、边部上三角次斜柱二(17)、角部下三角次斜柱一(18)和角部上三角次斜柱二(19)组成。

6)网格次斜柱为贯通设置,边部次斜柱(16、17)、角部次斜柱(18、19)分别在边部次斜柱贯通点(20)、角部次斜柱贯通点(21)处折角转换。

7)节点层周圈钢梁对空间大菱形网格进行平面三角形网格划分,包括端部刚接梁(22)、中部刚接梁(23)。

8)转换桁架上弦杆(24)、转换桁架下弦杆(25)、转换桁架竖腹杆(26)和转换桁架角部斜腹杆(27)组成底部转换桁架。

9)底部转换桁架通过柱铰转换节点(28)对边部网格次斜柱的底端进行上抬转换支撑,转换桁架上弦杆(24)处设置节点加劲板(32)进行加强。

10)端部刚接梁(22)、中部刚接梁(23)、铰接连接钢梁(29)和非节点层钢梁组成楼面钢梁。

(2)创新技术特点

本技术方案提供的底部转换的立面大菱形网格巨型斜柱超高层结构体系,构造合理,组成模块明确,传力清晰,符合整体受力及承载模式的设计原则,能充分发挥整体结构体系的底部大空间转换、高抗侧力学性能,可实现底部大空间巨柱转换和立面大菱形网格的四角切边组合双筒超高层建筑造型功能。

本技术方案的设计思路是将大菱形网格巨型斜柱和核心筒结合组成双筒抗侧

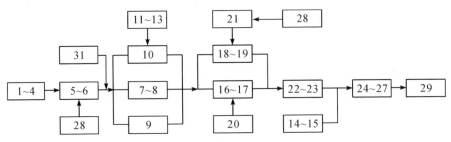

图 3.2-2　立面大菱形网格巨型斜柱超高层结构的构成流程

力支撑构架,并通过网格次斜柱、节点层周圈钢梁分别实现空间大菱形网格的竖向网格细分、平面三角形网格划分,通过底部转换桁架上抬支撑网格次斜柱以实现底部大空间竖向构件转换,从而构成整体受力的模式,以达到在减轻自重和保证承载性能的同时,实现底部大空间转换、高抗侧性能和大菱形网格的四角切边组合双筒超高层建筑造型及功能;基于承载性能分析,通过控制构件应力、变形刚度和抗扭周期比等指标,进一步保障整体结构体系的合理有效。

　　(3)具体技术方案

　　图 3.2-3、图 3.2-4 和图 3.2-5 分别是立面大菱形网格巨型斜柱超高层结构的整体平面图、整体正视图和整体 45°侧视图,分别对应图 3.2-1(a)中的 A-A 剖切示意图、B-B 剖切示意图和图 3.2-1(a)中按图 3.2-3 的 C-C 剖切示意图。

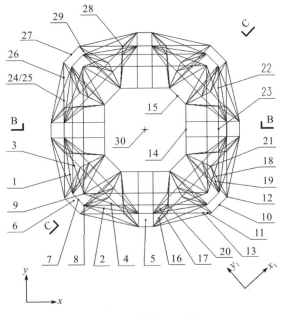

图 3.2-3　整体平面图

如图 3.2-3～图 3.2-5 所示,大菱形网格斜柱由顺向组、逆向组巨型斜柱构件交叉交汇连接,包括菱形网格斜柱一(1)、菱形网格斜柱二(2)、菱形网格斜柱三(3)和菱形网格斜柱四(4),对应不同位置分别组成边部菱形网格(5)和角部菱形网格(6),进而组合构成平面为四角切边组合的立面空间大菱形网格斜交外筒。

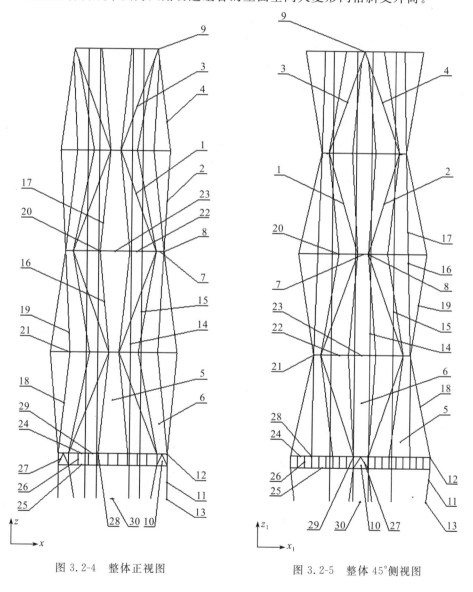

图 3.2-4　整体正视图　　　　图 3.2-5　整体 45°侧视图

大菱形网格斜柱以中心定位点(30)为中心,平面为双轴对称布置;斜柱交叉处均呈现空间外凸的斜交节点形式,包括巨型斜柱构件交汇于两端交汇节点(8)并通过中部连接短梁(7)连接组合的斜交节点、巨型斜柱构件交汇于顶部交汇节点(9)

的斜交节点及巨型斜柱构件交汇于底部连接桁架(10)的斜交节点三种,分别位于超高层中部、顶部及底部位置;斜交节点处设置内部加劲板(31)加强;斜交节点形式较少,便于制作组装和现场安装施工。

由于斜交节点均为空间外凸形式,竖向荷载作用下斜交节点处存在向外推力,斜交节点需要通过铰接连接钢梁(29)连接至核心筒进行水平外推力的承载;对应钢梁应考虑拉应力作用而适当加强截面,楼面钢筋也应适当加大、加密,以避免楼板混凝土出现开裂。

图 3.2-6(a)、图 3.2-6(b)分别为大菱形网格斜柱、网格次斜柱的 B-B 剖切正视图。图 3.2-7(a)、图 3.2-7(b)分别大菱形网格斜柱、节点层周圈钢梁的 A-A 剖切平面图。

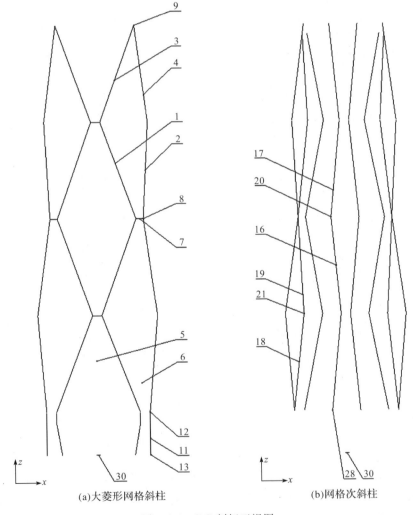

(a)大菱形网格斜柱   (b)网格次斜柱

图 3.2-6   B-B 剖切正视图

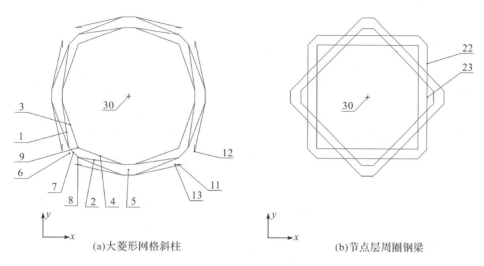

(a)大菱形网格斜柱　　　　　　　　(b)节点层周圈钢梁

图 3.2-7　A-A 剖切平面图

如图 3.2-6、图 3.2-7 所示,大菱形网格斜柱的平面形式为矩形,平面各边中部在斜交节点高度处略有外凸设置;在矩形每个侧边和每个角部均仅设置单个大菱形斜交网格,各个楼层高度处沿周圈均对应为四个大菱形网格的下三角网格和四个大菱形网格的上三角网格,即楼层平面剖切均呈现为四角切边组合形式。

大菱形网格斜柱一(1)与大菱形网格斜柱二(2)之间、大菱形网格斜柱三(3)与大菱形网格斜柱四(4)之间的夹角为 30°~70°,斜柱的最大间距为 30~50m;单组斜交节点的覆盖楼层高度为 4~6 层,对应单组菱形网格的覆盖楼层高度为 8~12层;斜柱的横截面为箱形,横截面边长为 1000~2000mm,受力较大时可在内部浇灌混凝土进行加强。

如图 3.2-3 所示,核心筒的平面为矩形,由核心筒四边中部(14)和核心筒切边角部(15)组成,厚度为 800~1400mm。当需要提高刚度时,核心筒角部可在适当楼层内嵌型钢柱加强。

如图 3.2-6 所示,对应于边部菱形网格(5),网格次斜柱包括边部下三角次斜柱一(16)和边部上三角次斜柱二(17),两者在节点层高度处的边部次斜柱贯通点(20)进行折角转换;对应于角部菱形网格(6),网格次斜柱包括角部下三角次斜柱一(18)和角部上三角次斜柱二(19),两者在节点层高度处的角部次斜柱贯通点(21)进行折角转换。

如图 3.2-4~图 3.2-5 所示,对于大菱形网格斜柱,单个菱形网格尺度较大,斜柱之间跨度过大,网格次斜柱有效起到竖向网格细分,使斜柱之间楼层梁跨度有效减小;网格次斜柱中部在节点层高度处折角转换并立面贯通,其两端则交汇于大菱形网格斜柱的斜交节点。

网格次斜柱的底部连接设置有两种形式：一种为角部菱形网格区域的角部上三角次斜柱二(19)的底部，交汇于大菱形网格斜柱；另一种为边部菱形网格区域的边部上三角次斜柱二(17)的底部，通过柱铰转换节点(28)支撑在底部转换桁架上，构成非落地形式，以实现底部大空间功能。

网格次斜柱的横截面为箱形，横截面边长为 600～1000mm；网格次斜柱与大菱形网格斜柱的连接处，通过延伸大菱形网格巨型斜柱的相交板件进行承载的过渡转换，延伸长度为大菱形网格巨型斜柱的截面边长的 1.0～1.5 倍。

如图 3.2-7 所示，节点层周圈钢梁位于立面大菱形网格的斜交节点层，由端部刚接梁(22)和中部刚接梁(23)组成；对应不同的斜交节点层高度位置，节点层周圈钢梁均为平面矩形，对应转角则有所不同。

图 3.2-8 是网格次斜柱与底部转换桁架的连接节点（即柱铰转换节点）的构造示意，图 3.2-9 是大菱形网格斜柱中典型斜交节点的构造示意。

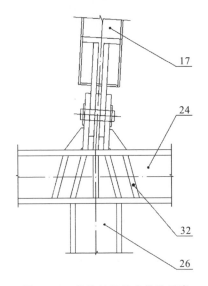

图 3.2-8　柱铰转换节点构造示意

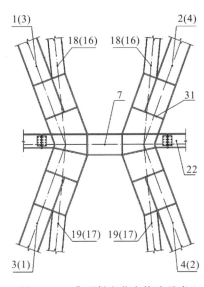

图 3.2-9　典型斜交节点构造示意

如图 3.2-8 所示，柱铰转换节点的连接形式为沿垂直桁架方向的单向可转动的柱铰铰接，这样可充分释放桁架面外方向弯矩对底部转换桁架的面外稳定不利影响。对应柱铰支撑位置的转换桁架上弦杆(24)设置节点加劲板(32)进行刚度加强。

如图 3.2-9 所示，节点层周圈钢梁沿立面空间大菱形网格斜交外筒处为水平整圈布置并采用刚接连接，节点层周圈钢梁在边部次斜柱贯通点和角部次斜柱贯通点处均为断开设置并采用栓焊刚接连接;节点层周圈钢梁沿水平将每个立面空间大菱形网格均分成两个平面三角形网格;节点层周圈钢梁的横截面为 H 形钢,横截面高度为 700~900mm。

图 3.2-10(a)、图 3.2-10(b)分别是底部转换桁架的结构示意、D-D 剖切示意。

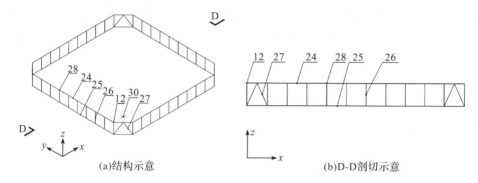

(a)结构示意　　　　　　　　　(b)D-D剖切示意

图 3.2-10　底部转换桁架结构

如图 3.2-10 所示,底部转换桁架由转换桁架上弦杆(24)、转换桁架下弦杆(25)、转换桁架竖腹杆(26)和转换桁架角部斜腹杆(27)组成,其平面为四角切边的矩形布置,矩形各边均为竖腹杆加密的空腹桁架,转换桁架竖腹杆(26)设置在矩形各边,角部为人字形斜撑杆的桁架,转换桁架角部斜腹杆(27)设置在矩形角部。

如图 3.2-4、图 3.2-10 所示,巨型落地斜柱(11)位于矩形平面的角部,每个角部均有两根落地斜柱,它们通过角部为人字形斜撑杆的桁架进行刚性连接;巨型落地斜柱(11)之间的边部区域为大跨度的空腹转换桁架。巨型落地斜柱(11)的顶端为转换层分支节点(12),即大菱形网格斜柱和网格次斜柱的底部交汇节点;巨型落地斜柱(11)的底端为底部刚性支座(13),通过地下室柱转移竖向荷载至基础。

边部区域采用大跨度的空腹转换桁架,对边部上三角次斜柱二(17)的底端进行转换上抬支撑,以实现底部大空间的竖向构件转换建筑功能;底部转换桁架高度一般按楼层数取 1~2 层,对应桁架高度为 4~10m;转换桁架上弦杆(24)、转换桁架下弦杆(25)、转换桁架竖腹杆(26)和转换桁架角部斜腹杆(27)的横截面为 H 形钢,横截面高度为 500~800mm。

如图 3.2-4~图 3.2-5 所示,其他楼面钢梁包括非节点层周圈连接钢梁以及所有楼层(节点层和非节点层)内外筒铰接钢梁,均为铰接。铰接连接钢梁(29)是整体体系构造时的必要构件,除承受竖向楼面荷载外还承受较大拉应力,即将大菱形网格斜柱的斜交节点的外推力转移至核心筒进行水平力承载,其横截面为 H 形钢,横截面高度为 500~700mm。

3.2.3 工程应用案例

本创新体系可应用于底部大空间巨柱转换和立面大菱形网格斜柱的四角切边组合双筒建筑造型超高层结构体系设计及承载,超高层是指结构高度不小于100m,底部大空间巨柱转换是指底部最大空间跨度不小于30m。该体系已在杭州奥体望朝中心项目中获得应用和借鉴,项目已于2023年竣工,目前已投入使用[57]。

(1)工程概况

杭州奥体望朝中心位于杭州市萧山区盈丰路东侧、市心北路北侧,属于钱江世纪城板块。设计方案为1幢带10层裙楼的57层超高层塔楼结构,塔楼与裙楼相互独立并通过钢结构连廊进行连通,总建筑高度为288.0m,总建筑面积约为16.2万 m^2。塔楼地上57层,主要功能为酒店、办公和商业综合体,结构主屋面高度为249.9m,平面外轮廓尺寸随高度变化为59m×59m~29m×29m,典型楼层层高为4.2m,主要结构跨度为9~10m;主体结构采用异形钢管混凝土巨型斜柱框架-钢筋混凝土核心筒结构体系;地下为4层,主要功能为车库及设备用房,地下室最深处为16.8m。项目的建筑设计方案由美国SOM建筑设计事务所完成。图3.2-11为建筑效果,图3.2-12为现场施工实景。

图 3.2-11　建筑效果

(2)设计参数

主体结构的设计基准期和使用年限均为50年,建筑结构安全等级为二级,结构重要性系数为1.0。抗震设防烈度为6度(0.05g),设计地震分组为第一组,场地类别为Ⅲ类,塔楼的建筑抗震设防类别为重点设防类(乙类)。

1)风荷载:承载力验算时,基本风压 w_0 按 50 年一遇标准的 1.1 倍取为 $0.45kN/m^2 \times 1.1 = 0.495kN/m^2$;计算舒适度时,风压取 $0.30kN/m^2$;风压高度变化系数采用 B 类地面粗糙度;由于塔楼的立面曲线造型复杂,其体型系数根据风洞试验结果确定。基本雪压 w_1 按 100 年一遇标准取为 $0.50kN/m^2$。

2)地震作用:小震作用下的最大水平地震影响系数取 0.04,特征周期取 0.45s,作为混合结构体系的塔楼、裙楼的阻尼比分别取 0.04、0.03。由于塔楼为超 B 级高度超高层,因此还需要进行大震弹塑性分析计算。主塔楼中不含大跨度和悬挑结构,不考虑竖向地震作用。

(a)实景图一

(b)实景图二

图 3.2-12　现场施工实景

(3)结构体系

1)结构选型

塔楼采用钢管混凝土抗弯框架-钢筋混凝土核心筒体系。塔楼抗侧力体系由位于中央的钢筋混凝土核心筒墙和周边的钢管混凝土抗弯框架组成。在塔楼下层,核心筒外墙呈八角形,电梯、楼梯和后勤空间之间有直线隔墙。在塔楼顶部,随着八角形外墙逐渐减少,留下一个矩形的核心。外筒墙体厚度随建筑高度变化为 $450\sim1000mm$,内筒墙体厚度随建筑高度变化为 $350\sim500mm$,混凝土强度等级为 C40~C60。

周边的钢管混凝土抗弯框架由钢管混凝土柱以及 $700\sim800mm$ 高的边钢梁组成。随着柱间距的逐渐变大,边梁的长度也随之变化。在角柱趋于融合的节点层布置平面内支撑,与边梁相结合,解决了这些楼层存在的张力和压缩力。

钢管混凝土柱包括圆柱和马蹄形柱,钢材为 Q345~Q460,钢管内部填充强度等级为 C60 的混凝土。随着塔楼高度的增加,主角柱直径从 1600mm 变化到 600mm,次柱的直径从 1200mm 变化到 450mm。位于塔楼周边的角柱和次柱共同承担重力。八个外围角柱沿两个方向倾斜,满足塔楼的建筑外观设计要求。随着角柱的逐步分开,次柱与角柱也逐渐分开,以保持相等的柱间距。在层与层之间,角柱保持直线形态,但总体随着建筑表现形态而弯曲,通过楼面系统的主梁与核心筒连接固定。

底层大厅上方设计了三榀 38m 跨度的空腹桁架用于转换西侧、北侧和南侧的次柱,形成一个敞开的 12m 宽的通高大堂空间。塔楼地震作用按 6 度抗震计算,抗震构造措施按 7 度加强。抗震等级:钢筋混凝土核心筒为一级,钢管混凝土框架柱为一级,其余钢结构为三级。

2)结构模型

塔楼结构模型如图 3.2-13 所示。塔楼竖向传力途径:非融合区的斜角柱和斜次柱各自承担竖向荷载和水平荷载产生的轴力,至融合区合为一根斜角柱共同受力,并依靠融合柱之间的短梁和楼面斜撑承担侧向分力。非融合区和融合区经多次交替后,最终在下部大堂空间处的次柱通过空腹桁架将轴力传递至斜角柱。典型的结构平面布置如图 3.2-14 所示。

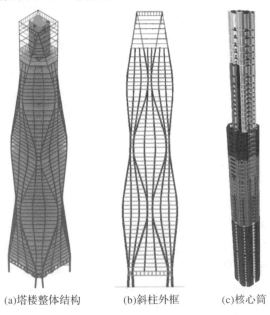

(a)塔楼整体结构　　　(b)斜柱外框　　　(c)核心筒

图 3.2-13　结构模型

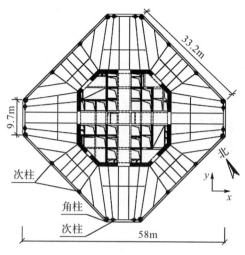

图 3.2-14　典型的结构平面布置

（4）结构措施

1）外框斜柱和转换桁架

外框斜柱和转换桁架均按照中震弹性设计，保证在大震下剪切和轴压不屈服；核心筒区（从底层到 5 层楼板之间）的剪力墙设计为轴力和弯矩作用下的中震不屈服与抗剪中震弹性，以及大震抗剪、抗弯不屈服；有外框柱融合的楼层，在相应楼板区域增加水平支撑以增加楼板刚度。

2）异形融合柱及分叉柱的设计

主楼融合柱是空间连续斜柱外框架的关键构件，为异形的马蹄形柱，分叉柱为圆柱，两者的连接形状不规则，柱身角度也不一致，有多个方向的钢梁同时与之连接，受力复杂。应对融合柱、分叉柱、钢梁和钢柱内混凝土进行统一的有限元分析，同时考虑轴力、剪力、弯矩和扭矩的联合作用。结果表明，异形柱钢应力和混凝土应力符合要求。马蹄形柱按一级焊缝要求进行检测，整体加工，整体吊装。

3）主楼结构加强措施

加强 3～4 层处的空腹转换桁架构件截面，使其在大震时上、下弦杆和腹杆均只出现轻微的塑性应变，大部分处于弹性阶段。加大 8 根落地转换柱的壁厚，使其在大震时不损坏。提高连梁的配箍率，增强其延性和耗能能力。加强楼板配筋，并增大核心筒内的楼板厚度。

（5）性能分析

进行大震下的动力弹塑性分析。塔楼的框架整体、剪力墙整体及剪力墙收进处墙体损伤如图 3.2-15 所示。其中，整体损伤的程度根据混凝土损伤因子 D_c（无量纲)进行划分:$D_c<0.2$ 为无损坏,$D_c=0.2\sim0.6$ 为中度损坏(包括轻微、轻度、中度),$D_c=0.6\sim0.8$ 为重度损坏,$D_c>0.8$ 为严重损坏。最大弹塑性层间位移角 x 向、y 向分别为 1/175、1/203,均小于框架-核心筒结构 1/100 的限值,大震时,结构在天然波和人工波作用下仍保持直立,表明结构抗震性能良好。由图 3.2-15(a)~(b)可知,框架整体以及除 45 层以外的剪力墙损伤不大。由图 3.2-15(c)可知,核心筒在 45 层处有较大收进,并因刚度突变而造成应力集中,相邻楼层剪力墙损伤程度有所加大,个别墙体局部出现中度损坏,连梁均屈服。

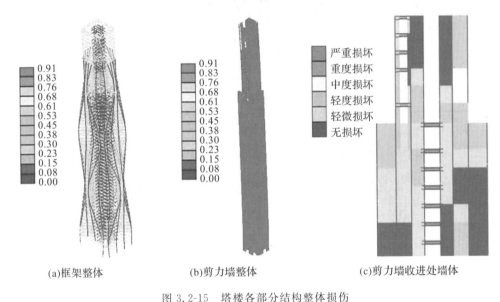

(a)框架整体　　　　　(b)剪力墙整体　　　　　(c)剪力墙收进处墙体

图 3.2-15　塔楼各部分结构整体损伤

3.3　斜切边桁-框-核组合超高层体系

3.3.1　创新体系概述

钢框架-核心筒体系是指钢框架、核心筒之间通过楼面钢梁连接组成的超高层结构体系,具有自重轻、刚度大、高度高、施工快等优点,抗侧向刚度是评定该类体系力学性能的一个重要因素。该结构体系广泛应用于拥有商业办公、总部大楼等功能的超高层大型公共建筑中。

当建筑平面范围较大或存在通高中庭时,可在建筑楼电梯周边分散布置多组不同位置的小核心筒,以减小对建筑功能的影响,对称均匀的布置方式可提高建筑的整体抗扭。在多组小核心筒之间和沿建筑高度间隔楼层多处设置多区域多层大跨桁架,可实现局部楼层大空间需求。在平面上,小核心筒之间的多层桁架实现了局部大空间且有效缩短跨度,避免了多层桁架受力过大;在立面上,由于多层桁架同时起到吊挂下部楼层、上抬上部楼层的作用,每个多层桁架实际承载的楼层数量会有效减少。

对于存在通高露天中庭的超高层建筑,为满足建筑绿化台阶、采光照射等需求,可采用内环、外环的双环斜切边边界桁架结构进行封边兼承载处理。为避免楼层里较多倾斜墙面导致的不可使用空间,控制内环、外环斜切边边界桁架的相对空间位置,可保证斜切边的多方位桁架-框架-核心筒组合超高层体系的承载性能和实施可行性。此外,斜切边的多方位桁架-框架-核心筒组合超高层结构存在节点连接构造复杂、部件拼装复杂以及抗侧、抗扭承载性能要求高等问题,合理的斜切边的多方位桁架-框架-核心筒组合超高层体系的形式设计及拼装方案,可保障其承载性能和正常使用。

本节提出一种 O 形斜切边的多方位桁架-框架-核心筒组合超高层结构的形式及设计方法,已应用于 O 形斜切边建筑外立面边界造型和平面、立面多区域多方位局部大空间功能的桁架-框架-核心筒组合超高层结构体系及承载[48]。

3.3.2　创新体系构成及技术方案

(1)创新体系构成

图 3.3-1 是 O 形斜切边的多方位桁架-框架-核心筒组合超高层的结构示意。本技术方案提供的 O 形斜切边的多方位桁架-框架-核心筒组合超高层结构包括支撑核心筒、落地框架、大跨多层桁架、斜切边界桁架和非落地框架。支撑核心筒[图3.3-1(b)]为竖向抗侧力主体构件,由若干组沿平面环向均匀、对称且分散布置的小核心筒组成,小核心筒顶部高度随斜切边边界高度而变化;落地框架[图 3.3-1(c)]位于各个小核心筒的周边附近区域,结合小核心筒组成局部单体结构,并共同作为多方位大跨多层桁架的端部竖向支撑结构;大跨多层桁架[图 3.3-1(d)]包括平面、立面的不同方位布置,在平面上连接环向分散的小核心筒以构成整体受力结构,在立面上间隔若干楼层设置以同时起到吊挂下部楼层和上抬上部楼层的作用,且使单个大跨多层桁架承载的楼层数减少;斜切边界桁架[图 3.3-1(e)]位于结构顶部斜外立面,通过内环、外环的双环斜切边边界桁架结构进行封边兼承载处理,通过控制内环、外环斜切边边界桁架的相对空间位置,减少倾斜墙面导致的不可使用空间的出现;非落地框架[图 3.3-1(f)]位于多方位大跨多层桁架所在的平面范围,采用局部大跨度非落地框架结构以实现建筑底部、空中等存在的局部大跨空间楼层区域。

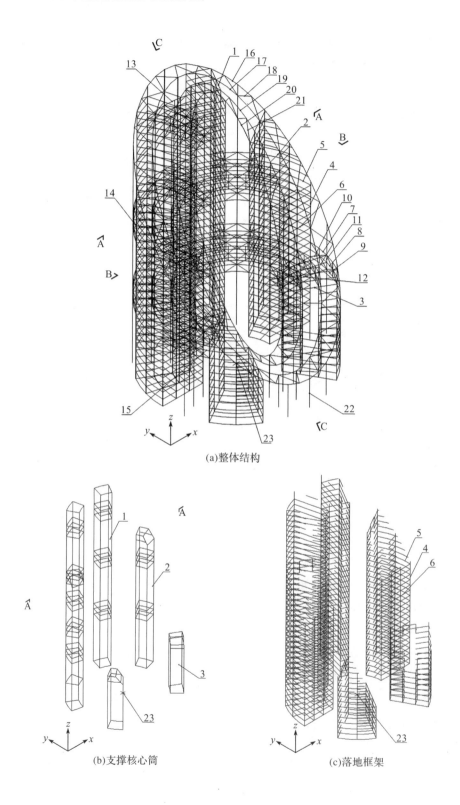

(a)整体结构

(b)支撑核心筒

(c)落地框架

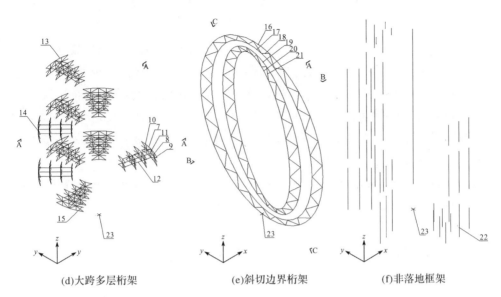

(d)大跨多层桁架　　　(e)斜切边界桁架　　　(f)非落地框架

1.高区筒;2.中区筒;3.低区筒;4.落地框柱;5.环向框梁;6.径向框梁;7.环向桁架上弦;8.环向桁架中弦;9.环向桁架下弦;10.环向桁架斜杆;11.环向桁架竖杆;12.径向支撑钢梁;13.高区多层桁架;14.中区多层桁架;15.低区多层桁架;16.外环边界桁架外弦杆;17.外环边界桁架内弦杆;18.外环边界桁架斜腹杆;19.内环边界桁架外弦杆;20.内环边界桁架内弦杆;21.内环边界桁架斜腹杆;22.非落地框架;23.中心定位点;24.下挂吊柱;25.局部大跨梁;26.非落地框梁;27.上抬框柱;28.节点加劲板。

图 3.3-1　斜切边桁架-框架-核心筒组合超高层结构示意

图 3.3-2 是多方位桁架-框架-核心筒组合超高层结构的构成流程,具体如下。

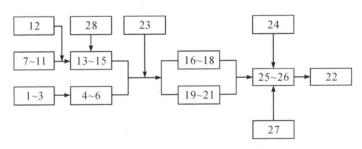

图 3.3-2　斜切边桁架-框架-核心筒组合超高层构成流程

1)高区筒(1)、中区筒(2)和低区筒(3)组成支撑核心筒,构成竖向抗侧力主体构件,并以中心定位点(23)为中心分散、均匀且对称布置。

2)支撑核心筒周边附近的落地框柱(4)、环向框梁(5)、径向框梁(6)组成落地框架,并与支撑核心筒共同构成竖向抗侧力结构体系。

3)环向桁架上弦(7)、环向桁架中弦(8)、环向桁架下弦(9)、环向桁架斜杆

(10)、环向桁架竖杆(11)、径向支撑钢梁(12)组成多方位布置的大跨多层桁架单体,为多层单斜杆桁架形式。

4)大跨多层桁架单体在平面、立面上多方位布置,平面上环向连接支撑核心筒,立面上吊挂下部部分楼层或上抬上部部分楼层,分为高区多层桁架(13)、中区多层桁架(14)、低区多层桁架(15),桁架节点处增设节点加劲板(28)进行加强。

5)在结构顶部斜面上设置斜切边界桁架,包括外环、内环斜切边界桁架,外环斜切边界桁架由外环边界桁架外弦杆(16)、外环边界桁架内弦杆(17)、外环边界桁架斜腹杆(18)组成。

6)内环斜切边界桁架由内环边界桁架外弦杆(19)、内环边界桁架内弦杆(20)、内环边界桁架斜腹杆(21)组成,外环、内环斜切边界桁架呈空间曲面双环结构形式。

7)立面上相邻两个大跨多层桁架单体之间设置非落地框架(22),包括下挂部分、上抬部分的非落地框架;下挂部分的非落地框架由下挂吊柱(24)、局部大跨梁(25)、非落地框梁(26)组成。

8)上抬部分的非落地框架由上抬框柱(27)、局部大跨梁(25)、非落地框梁(26)组成。

(2)创新技术特点

本技术方案提供的O形斜切边的多方位桁架-框架-核心筒组合超高层结构,体系构造合理,可实现O形斜切边建筑外立面边界造型和平面、立面多区域多方位局部大空间功能的桁架-框架-核心筒组合超高层结构体系设计及承载,充分发挥了该桁架-框架-核心筒组合超高层结构的高抗侧刚度、高承载性能、高结构高度和斜切边外立面独特造型功能优点。

本技术方案的设计思路:以多组分散均匀布置的小核心筒及周边落地框架结合对应多区域多方位布置的大跨多层桁架组成支撑核心构架,通过斜切边空间边界桁架实现建筑外立面造型,通过非落地框架实现局部楼层大空间功能构成整体受力模式,达到在减轻自重和保证承载性能的同时,实现高抗侧、高承载、高建筑高度和斜切边边界造型及功能;基于承载性能分析,通过承力力、整体刚度和抗扭性能等指标控制,进一步保障整体结构体系的合理有效。

(3)具体技术方案

图3.3-3、图3.3-4和图3.3-5分别是多方位桁架-框架-核心筒组合超高层结构的整体平面图、整体正视图和整体左视图,即对应图3.3-1(a)的A-A、B-B和C-C剖切示意。

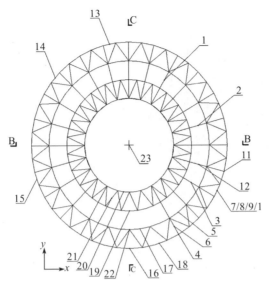

图 3.3-3　整体平面图

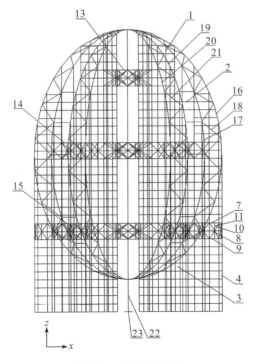

图 3.3-4　整体正视图

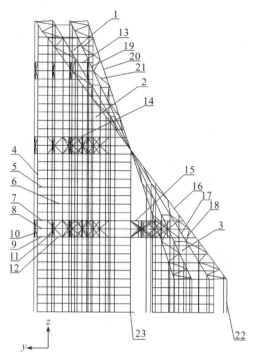

图 3.3-5　整体左视图

　　图 3.3-6(a)、图 3.3-6(b)分别是支撑核心筒、大跨多层桁架的 A-A 剖切平面图。

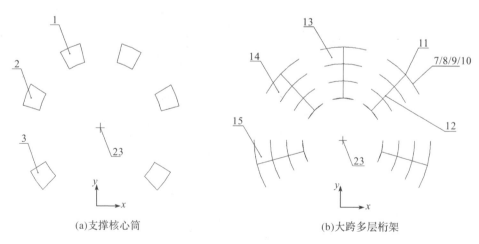

(a)支撑核心筒　　　　　　　　　(b)大跨多层桁架

图 3.3-6　A-A 剖切平面图

如图 3.3-3～图 3.3-6 所示,支撑核心筒由多组沿平面环向均匀、对称且分散布置的小核心筒组成,包括高区筒(1)、中区筒(2)、低区筒(3);多组小核心筒布置在建筑平面楼梯、电梯周边,有效减小了通高核心筒剪力墙对建筑空间和功能的影响;多组小核心筒以中心定位点(23)为中心,采用均匀、对称且分散布置的形式,有效提高了结构体系的整体抗扭转性能。

支撑核心筒的剪力墙厚度为 400～800mm;支撑核心筒的各个小核心筒顶部由于存在 O 形斜切面,因此当存在较大尖角和陡坡时,可在适当高度位置收顶后,再设置上抬钢柱处理;为提高结构整体刚度,支撑核心筒的小核心筒角部也可设置混凝土角柱或内嵌型钢柱加强。

如图 3.3-3～图 3.3-5 所示,落地框架位于支撑核心筒的各个小核心筒周边附近区域,由落地框柱(4)、环向框梁(5)和径向框梁(6)组成;落地框架结合对应位置的小核心筒构成分散且均匀布置的局部单体结构,作为多方位大跨桁架的两端竖向支撑结构基本单元。

对于环形平面超高层结构,外环比内环的轴网间距要大得多,外环、内环分别按一个、两个轴网间距设置一根落地框柱(4);落地框柱(4)的实际柱间距为 8～15m,应避免大跨度的出现;落地框柱(4)采用箱形截面、圆形截面的钢柱或钢管混凝土柱,作为普通框柱时为 800～1200mm,作为多方位大跨多层桁架的两端支撑框柱时为 1000～1400mm。

如图 3.3-3～图 3.3-6 所示,多方位大跨多层桁架由位于平面、立面上的多个不同方位布置的大跨多层桁架单体所组成,包括高区多层桁架(13)、中区多层桁架(14)、低区多层桁架(15)。

图 3.3-7(a)、图 3.3-7(b)分别是单个大跨多层桁架的结构示意、D-D 剖切示意。

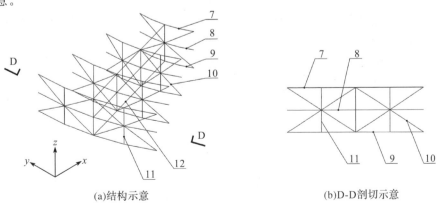

(a)结构示意 (b)D-D 剖切示意

图 3.3-7 单个大跨多层桁架示意

　　如图 3.3-7 所示,大跨多层桁架单体为两层及以上,由环向桁架上弦(7)、环向桁架中弦(8)、环向桁架下弦(9)、环向桁架斜杆(10)、环向桁架竖杆(11)和径向支撑钢梁(12)构成。

　　如图 3.3-3～图 3.3-5 所示,大跨多层桁架单体沿环向由若干榀不同网格、不同间距和相同高度的弧面桁架基本单元构成,沿径向且仅由径向支撑钢梁(12)进行侧向支撑。在平面上,每个大跨多层桁架单体连接了相邻端部的环向分散且均匀布置的小核心筒,以构成整体受力模式;在立面上,大跨多层桁架单体间隔若干楼层,以同时起到吊挂下部楼层和上抬上部楼层的作用,使大跨多层桁架单体承载的楼层数有效减少,最大间隔楼层数为 8～12 层。

　　图 3.3-8(a)、图 3.3-8(b)分别为斜切边界桁架的管桁架节点构造示意、大跨多层桁架的 H 形钢桁架节点构造示意。

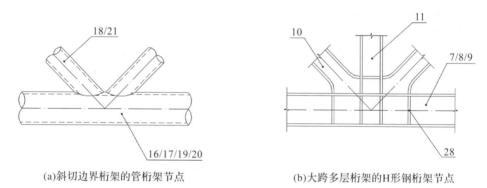

(a)斜切边界桁架的管桁架节点　　　　　(b)大跨多层桁架的H形钢桁架节点

图 3.3-8　典型节点构造示意

　　大跨多层桁架为 H 形截面钢构件,构件截面高度为 500～800mm,跨度为 15～30m,桁架节点处设置节点加劲板(28)进行加强。

　　如图 3.3-3～图 3.3-5 所示,斜切边界桁架位于结构顶部倾斜外立面的位置,包括外环斜切边界桁架、内环斜切边界桁架两部分,为双层单斜杆桁架形式。外环、内环的双环斜切边界桁架结构封边兼承载使用,以适用于建筑绿化台阶、采光照射等引起的斜切边建筑外立面造型和功能需求。

　　图 3.3-9(a)、图 3.3-9(b)和图 3.3-9(c)分别是斜切边界桁架的 A-A 剖切示意图、C-C 剖切左视图、B-B 剖切正视图。

　　如图 3.3-9 所示,外环、内环斜切边界桁架呈现为空间曲面形式,可通过控制内环、外环斜切边界桁架的相对空间位置,避免支撑筒顶部由于倾斜墙面出现局部不可用空间。

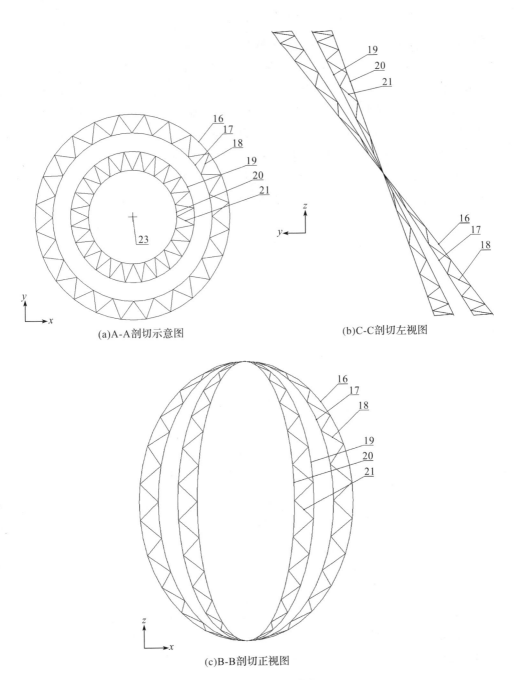

(a)A-A剖切示意图

(b)C-C剖切左视图

(c)B-B剖切正视图

图 3.3-9　斜切边界桁架

外环斜切边界桁架由外环边界桁架外弦杆(16)、外环边界桁架内弦杆(17)、外环边界桁架斜腹杆(18)组成,内环斜切边界桁架由内环边界桁架外弦杆(19)、内环边界桁架内弦杆(20)、内环边界桁架斜腹杆(21)组成。

如图 3.3-8、图 3.3-9 所示,外环、内环斜切边界桁架在平面图上为圆形的双环桁架形式,在斜面图上为椭圆形的空间曲面双环桁架形式。斜切边界桁架的倾斜角度为 40°～70°,构件截面为圆钢管,构件直径为 700～1000mm,壁厚为 20～60mm,斜杆形式为人字形支撑,桁架节点为管桁架相贯节点形式。

如图 3.3-3～图 3.3-5 所示,非落地框架(22)在平面上位于多方位大跨多层桁架的相邻两大跨多层桁架单体之间,在立面上位于上、下两大跨多层桁架单体之间;非落地框架采用大跨度的非落地框架结构形式,以实现建筑底部、空中等存在的局部大跨空间楼层区域。

图 3.3-10 是沿立面两个相邻多方位大跨多层桁架之间的非落地框架典型剖面结构示意。

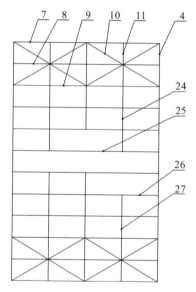

图 3.3-10 非落地框架典型剖面结构示意

如图 3.3-10 所示,非落地框架包括大跨多层桁架单体下挂的非落地框架部分、大跨多层桁架单体上抬的非落地框架部分,下挂部分的非落地框架由下挂吊柱(24)、局部大跨梁(25)、非落地框梁(26)组成,上抬部分的非落地框架由上抬框柱(27)、局部大跨梁(25)、非落地框梁(26)组成,局部大空间功能通过下挂部分和上抬部分的交界层、局部大跨梁来实现。

3.3.3　工程应用案例

本创新体系可应用于斜切边建筑外立面边界造型和平面、立面多区域多方位局部大空间功能的桁架-框架-核心筒组合超高层结构体系设计及承载,超高层是指高度不小于 100m 的高层公共建筑。该体系已在 OPPO 全球移动终端研发总部(杭州 OPPO 总部大楼)项目的结构设计中获得应用,项目设计已于 2020 年开始,目前在建中[58]。

(1)工程概况

OPPO 全球移动终端研发总部项目位于杭州市余杭区未来科技城,塔楼为一幢超高层大型公共建筑。塔楼的建筑面积约为 16.1 万 m²,建筑高度为 174.15m,结构高度为 166.88m,结构地上 36 层,标准层高为 4.5m,主要功能为底部商业、上部办公。塔楼北面为一幢 6 层裙房,主要功能为商业,标准层高为 5.6m,裙房建筑高度为33.15m。地下共 4 层,塔楼区域地下室顶板下方设夹层,结构基础总埋深约 19m,主要功能为停车库和设备用房,局部兼做人防。项目的建筑设计方案由丹麦 BIG 建筑事务所完成。图 3.3-11 为建筑效果。

(a)效果图一　　　　　　　　　　　　　(b)效果图二

图 3.3-11　建筑效果

(2)设计参数

主体结构的设计使用年限为 50 年,建筑结构安全等级为二级,结构重要性系数为 1.0。抗震设防烈度为 6 度(0.05g),设计地震分组为第一组,场地类别为 Ⅱ 类,抗震设防类别为标准设防类(丙类)。

1)风荷载:由于建筑体型特殊,风荷载取值参考风洞试验结果综合确定。x 向风荷载为 $1.02\times10^4\sim6.99\times10^4\,\mathrm{kN}$,$y$ 向风荷载介于 $1.79\times10^4\sim1.12\times10^4\,\mathrm{kN}$。$x$ 向风荷载最大值与荷载规范计算值(体型系数取 1.4)的比值为 0.823,y 向风荷载最大值与荷载规范计算值(体型系数取 1.4)的比值为 0.942;场地类别为 C 类,塔楼主体结构的风荷载按照 1.1 倍的 50 年一遇基本风压对应的荷载分区取值,阻尼比取 0.03。

2)地震作用:小震作用下特征周期为 0.35s,大震作用下特征周期为 0.40s;小震、中震和大震作用下的地震影响系数 a_{max} 分别为 0.04、0.12 和 0.28;小震作用下周期折减系数为 0.85,中震与大震作用下不折减;小震、中震和大震下结构阻尼比分别为 5%、6% 和 7%。

(3)结构体系

1)结构选型

结构方案设计阶段,考虑塔楼结构采用桁架-框架-核心筒组合超高层钢结构体系,结构模型如图 3.3-12(a)所示。施工图设计阶段,考虑到造价、施工难度等因素,不再采用斜切边界桁架的结构构造,改用楼面梁悬挑并配合幕墙的做法来实现斜切边建筑造型,塔楼结构采用框架-核心筒混凝土结构体系,局部大空间通过设置转换桁架来实现,结构模型如图 3.3-12(b)所示。

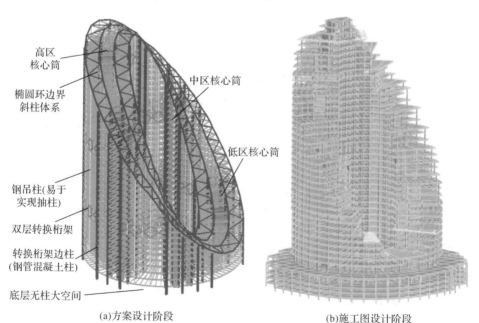

(a)方案设计阶段   (b)施工图设计阶段

图 3.3-12 结构模型

2)结构模型

典型结构平面布置如图 3.3-13 所示。

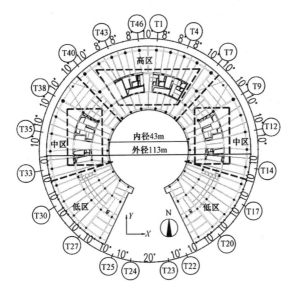

图 3.3-13　典型结构平面布置

(4)结构措施

1)O 形立面造型

出于 O 形立面造型需要,塔楼高度于南侧逐步降低,结构最高处约为 173m,最低处约为 24m,南北高度差约为 149m,O 形曲面在塔楼顶部连续布置形成塔冠。

2)首层大通道

首层大通道由于拔柱,3 层及以上各层的平面跨度超过 18m,增大梁截面高度对建筑净高影响较大,因此在第 9 层(避难层)设置 2 层通高的转换桁架进行结构转换。在转换桁架跨中竖腹杆下设置吊柱,承担 9 层以下楼面荷载。同时在转换桁架跨中竖腹杆上设置型钢柱,承担上部楼层的荷载,并传递至桁架两侧转换柱上。

3)转换桁架

转换柱、转换桁架、转换梁的抗震措施抗震等级提高至特一级。转换桁架上、下弦杆周边楼板加厚至 150mm,双层双向配筋,配筋率不小于 0.25%。转换桁架上、下弦杆按零板厚进行内力复核。转换梁、转换桁架、大悬挑梁(悬挑大于 4m)考虑竖向地震组合工况。

4）分区刚度协同

计算主体结构高、中、低区的抗震参数，协调各分区刚度。对各分区间楼板进行应力分析，控制楼板应力水平，以满足中震作用下抗拉、抗剪不屈服要求。

5）中庭退台

28～31层中庭退台刚好位于首层大通道上方，退台悬挑较大，为将悬挑长度降至合理范围，在28层楼板上增加两根转换柱来支撑上层楼面荷载。利用第27层（避难层）设置2道1层高转换桁架来支承转换柱，通过转换结构，27～31层梁截面高度均可控制在1m以内。

（5）性能分析

对结构进行大震弹塑性分析，并以材料的损伤因子为基准对不同的结构构件进行损伤统计计算。构件性能水平与损伤对应关系见表3.3-1。

表 3.3-1　构件性能水平与损伤的对应关系

序号	性能水平	框架梁、柱			剪力墙		
		$\varepsilon_p/\varepsilon_y$	d_c	d_t	$\varepsilon_p/\varepsilon_y$	d_c	d_t
1	无损伤	0	0	0	0	0	0
2	轻微损伤	0.001	0.001	0.2	0.001	0.001	0.2
3	轻度损伤	1	0.001	1	1	0.001	1
4	中度损伤	3	0.2	1	3	0.2	1
5	重度损伤	6	0.6	1	6	0.6	1
6	严重损伤	12	0.8	1	12	0.8	1

注：$\varepsilon_p/\varepsilon_y$ 为钢筋塑性应变与屈服应变之比；d_c 为混凝土受压损伤系数；d_t 为混凝土受拉损伤系数，数值为各构件各性能水平指标下的限值。

结构平面为圆环形，底层平面周长约为355m，综合建筑功能要求，未设置结构缝，因此属于超长结构，设计时需考虑温度作用。参考浙江省气象中心、杭州市气象局资料，截至2023年底，杭州常年平均气温为16.20℃，极端最高气温为41.20℃（2013年7月14日），极端最低气温为-10.00℃（2016年1月9日）。根据《建筑结构荷载规范》（GB 50009—2012）与项目实际情况，将地上部分赋予升温30℃，降温37.5℃，地下部分不施加温度荷载。采用YJK软件进行整体结构分析时，全楼楼板设置为弹性膜。图3.3-14为升温工况下典型楼层楼板的温度应力云图，图中正值为拉应力，负值为压应力。

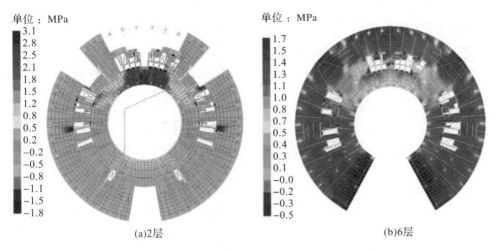

图 3.3-14 升温工况下典型楼层楼板温度应力云图

3.4 弧形钢框架-支撑双环组合超高层体系

3.4.1 创新体系概述

钢框架-支撑体系是指在钢框架基础上,通过在部分框架柱之间布置斜支撑来提高承载及侧向刚度的高层钢结构体系,具有自重轻、侧向刚度大和承载力高等优点,广泛应用于商业、办公等高层公共建筑。

钢框架-支撑体系分为中心支撑和偏心支撑。中心支撑的侧向刚度较大,以拉压构件为主,会对梁柱产生附加轴力,适用刚度需求较大、抗震需求一般的超高层建筑;偏心支撑的侧向刚度相对较小,构件耗能以梁段受剪为主,同时支撑受拉压,对梁柱产生附加轴力,适用刚度需求一般、抗震需求较高的超高层建筑。对于环形平面建筑,设置内、外环斜支撑来提高抗侧刚度可能会对外立面透光、造型美观及建筑功能造成影响。为减小斜支撑影响,同时保证侧向刚度,可利用楼电梯间设置对称布置的多个钢支撑小框筒。

超高层建筑立面造型有时需设置弧形曲面,采用随立面变化的弧形钢框架-支撑形式可满足抗侧刚度要求。弧形立面会引起楼面水平侧向推力,因此要在合适平面位置设置对称的单榀钢支撑平面框架进行加强,同时加强外环、内环周圈钢梁以抵抗楼面水平侧向拉力。建筑中庭屋盖根据跨度可分为交叉钢梁、网壳和网架结构等。此外,双环组合超高层结构存在节点连接构造复杂、部件构成复杂以及承载性能和刚度要求高等问题,合理的基于立面弧形钢框架-支撑的双环组合超高层结构形式设计及构成方案可保障其承载性能和正常使用。

本节提出一种基于立面弧形钢框架-支撑的双环组合超高层结构的形式及设计方法,以应用于双环组合楼面空间和内部通高中庭的弧形立面建筑造型超高层结构体系及承载[49]。

3.4.2　创新体系构成及技术方案

(1)创新体系构成

图 3.4-1 是立面弧形钢框架-支撑双环组合超高层的结构示意。本技术方案提供的基于立面弧形钢框架-支撑的双环组合超高层结构包括钢支撑小框筒、钢支撑平面框架、内外环周圈钢梁、无支撑钢梁柱、屋顶转换桁架、单层穹顶网壳和底部基座结构。钢支撑小框筒[图 3.4-1(b)]位于建筑楼平面四角方位的电梯井处,由单跨双向的钢框架-支撑组成立面弧形的单个钢支撑小框筒,沿环向双轴对称布置并支撑于底部基座结构上,构成由多组单个钢支撑小框筒组成的抗侧力核心支撑构架。钢支撑平面框架[图 3.4-1(c)]位于平面两侧,由单跨单向钢框架-支撑组成立面弧形的单榀钢支撑平面框架,沿环向两侧对称布置并支撑于底部基座结构上,构成由多个单榀钢支撑平面框架组成的抗侧力辅助支撑构架,同时减小整体结构的钢框架支撑间距。内外环周圈钢梁[图 3.4-1(d)]位于钢支撑小框筒的内环和外环,沿周圈刚性连接钢支撑小框筒、钢支撑平面框架和无支撑钢梁柱,同时通过受拉作用部分分担弧形立面引起的水平外推力。无支撑钢梁柱[图 3.4-1(e)]包括无支撑框架柱、径向框架梁和悬挑端环向铰接梁,主要用于减小柱间跨度、楼面支撑和悬挑段封闭。屋顶转换桁架[图 3.4-1(f)]位于钢框架-支撑顶部,设有径向穿层斜柱和环向周圈斜腹杆,可作为屋顶钢框架-支撑之间的连接加强结构和单层穹顶网壳的支座结构。单层穹顶网壳[图 3.4-1(g)]位于内部通高中庭的顶部,为单层网壳屋盖结构,周圈边界支撑在屋顶转换桁架上。底部基座结构[图 3.4-1(h)]位于底部,可作为钢框架-支撑底部的竖向支撑转换结构,通过全范围楼层梁柱结构设置以提高基座结构的整体刚度。

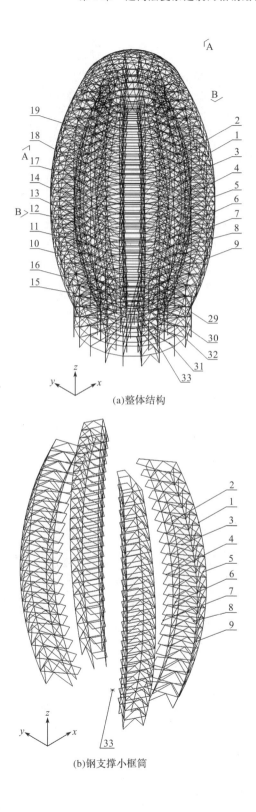

(a)整体结构

(b)钢支撑小框筒

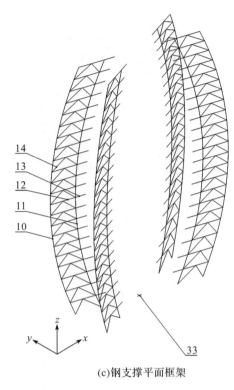

(c)钢支撑平面框架

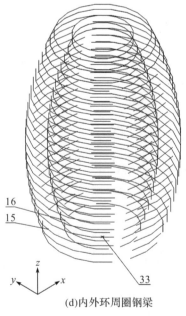

(d)内外环周圈钢梁

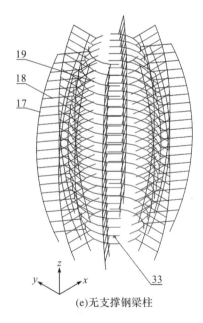

(e)无支撑钢梁柱

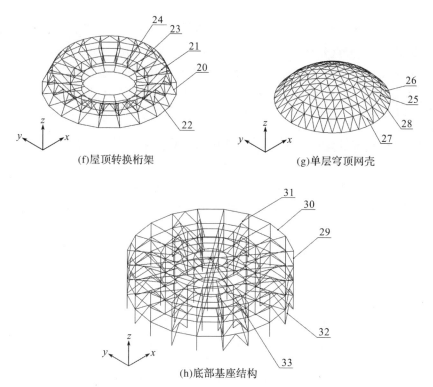

(f)屋顶转换桁架　　　　(g)单层穹顶网壳

(h)底部基座结构

1.框筒外弧框柱;2.框筒内弧框柱;3.框筒径梁框筒段;4.框筒径梁悬挑段;5.框筒外环钢梁;6.框筒内环钢梁;7.框筒悬挑端环梁;8.框筒径向支撑;9.框筒外环支撑;10.框架外弧框柱;11.框架内弧框柱;12.框架径梁框架段;13.框架径梁悬挑段;14.框架径向支撑;15.外环周圈钢梁;16.内环周圈钢梁;17.无支撑框架柱;18.径向框架梁;19.悬挑端铰接环梁;20.转换桁架外弧框柱;21.转换桁架径向穿层斜柱;22.转换桁架环向斜腹杆;23.转换桁架径向钢梁;24.转换桁架上抬小钢梁;25.网壳环向杆;26.网壳径向杆;27.网壳斜腹杆;28.网壳支座节点;29.基座柱;30.基座环向框梁;31.基座径向框梁;32.基座斜支撑;33.中心定位点;34.桁架节点加劲板;35.支座节点加劲板。

图 3.4-1　弧形钢框架-支撑双环组合超高层结构

图 3.4-2 是基于立面弧形钢框架-支撑的双环组合超高层结构的构成流程,具体如下。

1)框筒外弧框柱(1)、框筒内弧框柱(2)、框筒径梁框筒段(3)、框筒径梁悬挑段(4)、框筒外环钢梁(5)、框筒内环钢梁(6)、框筒悬挑端环梁(7)、框筒径向支撑(8)、框筒外环支撑(9)组成单个钢支撑小框筒。

2)框架外弧框柱(10)、框架内弧框柱(11)、框架径梁框架段(12)、框架径梁悬挑段(13)、框架径向支撑(14)组成单榀钢支撑平面框架。

3)由步骤1)生成的单个钢支撑小框筒,基于中心定位点(33)沿环向双轴对称并支撑于底座基座结构上,构成抗侧力核心支撑构件;由步骤2)生成的单榀钢支撑平面框架,基于中心定位点(33)沿环向两侧对称并支撑于底部基座结构上,构成抗侧力辅助支撑构架。

4)抗侧力核心支撑构架、抗侧力辅助支撑构架间隔布置并共同构成竖向抗侧力支撑结构,桁架节点处设置桁架节点加劲板(34)进行刚度加强。

5)沿平面外环、内环,分别通过外环周圈钢梁(15)、内环周圈钢梁(16),将步骤3)生成的钢支撑小框筒和钢支撑平面框架、无支撑框架柱(17)进行周圈刚性连接成整体。

6)无支撑框架柱(17)、径向框架梁(18)、悬挑端铰接环梁(19)组成无支撑钢梁柱。

7)转换桁架外弧框柱(20)、转换桁架径向穿层斜柱(21)、转换桁架环向斜腹杆(22)、转换桁架径向钢梁(23)、转换桁架上抬小钢柱(24)组成屋顶转换桁架,连接并支撑在步骤4)生成的竖向抗侧力支撑结构顶部。

8)网壳环向杆(25)、网壳径向杆(26)、网壳斜腹杆(27)组成单层穹顶网壳,并通过网壳支座节点(28),支撑在步骤7)生成的屋顶转换桁架上,支座处通过支座节点加劲板(35)加强。

9)基座框柱(29)、基座环向框梁(30)、基座径向框梁(31)、基座斜支撑(32)构成底部基座结构,以支撑步骤1)～步骤8)生成的上部结构。

10)钢支撑小框筒、钢支撑平面框架对应平面位置,设置基座斜支撑(32)或剪力墙进行竖向转换。

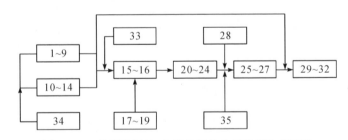

图 3.4-2　弧形钢框架-支撑双环组合超高层构成流程

(2)创新技术特点

本技术方案提供的基于立面弧形钢框架-支撑的双环组合超高层结构,体系构造合理,可实现双环组合楼面空间和内部通高中庭的弧形立面建筑造型超高层结构体系设计及承载,能充分发挥双环组合超高层结构的高承载、高抗侧和弧形立面双环组合建筑造型功能优点。

本技术方案的设计思路是将钢支撑小框筒和钢支撑平面框架结合为弧形立面双环组合超高层整体结构形式,并通过内外环周圈钢梁和屋顶转换桁架实现钢框架-支撑之间的环向整体刚性连接和屋盖结构的支座转换,通过单层穿顶网壳和底部基座结构实现通高中庭的屋盖封顶和底部的竖向支撑转换,从而构成整体受力模式,达到在减轻自重和保证承载性能的同时,实现高承载、高抗侧和弧形立面双环组合超高层建筑造型及功能;基于承载性能分析,通过控制承载力、整体刚度和抗扭性能等指标,进一步保障整体结构体系的合理有效。

（3）具体技术方案

图 3.4-3、图 3.4-4 和图 3.4-5 分别是立面弧形钢框架-支撑双环组合超高层结构的整体平面图、整体正视图和整体右视图,对应图 3.4-1(a)的 A-A 剖切示意图、B-B 剖切示意图和 C-C 剖切示意图;图 3.4-6 是钢支撑小框筒和钢支撑平面框架的位置关系平面图。

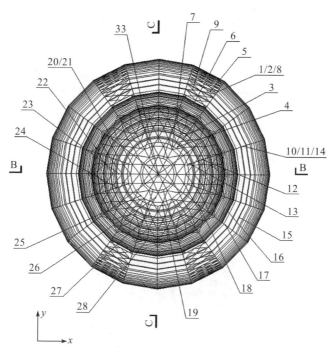

图 3.4-3　整体平面图

如图 3.4-3～图 3.4-6 所示,钢支撑小框筒由多组单个钢支撑小框筒组成,绕中心定位点(33)沿环向双轴对称布置并支撑于底部基座结构上,构成竖向抗侧力核心支撑构架;各单个钢支撑小框筒位于平面四角方位的楼电梯井位置,以降低其斜支撑对建筑功能分区的影响;单个钢支撑小框筒均为含内侧悬挑段的单跨双向钢框架-支撑结构形式,包括钢框架-中心支撑、钢框架-偏心支撑两种类型,立面根据建筑造型为弧形曲面设置。

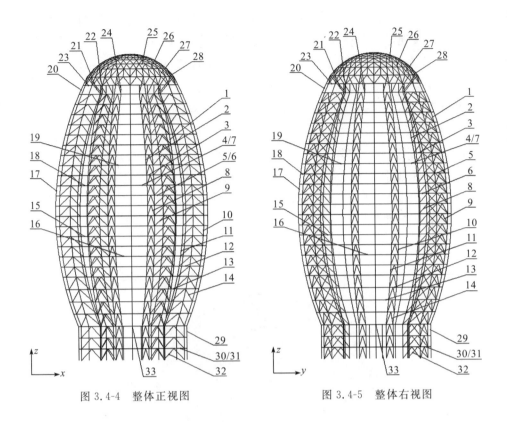

图 3.4-4　整体正视图　　　　　　　　图 3.4-5　整体右视图

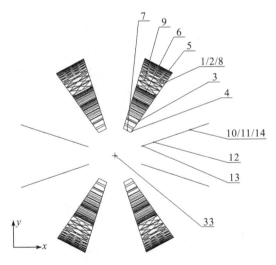

图 3.4-6　钢支撑小框筒和钢支撑平面框架的位置关系

图 3.4-7 是单个钢支撑小框筒的结构示意。

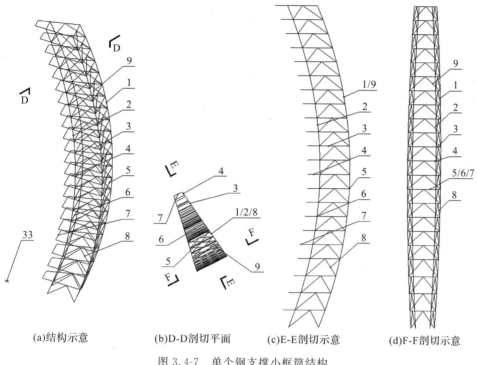

(a)结构示意　　(b)D-D剖切平面　　(c)E-E剖切示意　　(d)F-F剖切示意

图 3.4-7　单个钢支撑小框筒结构

如图 3.4-4、图 3.4-5 和图 3.4-7 所示,单个钢支撑小框筒包括框筒外弧框柱(1)、框筒内弧框柱(2)、框筒径梁框筒段(3)、框筒径梁悬挑段(4)、框筒外环钢梁(5)、框筒内环钢梁(6)、框筒悬挑端环梁(7)、框筒径向支撑(8)、框筒外环支撑(9),构成抗侧力核心支撑构架单体;单个钢支撑小框筒内、外弧位置分别为框筒内弧框柱(2)和框筒外弧框柱(1),框筒内弧框柱(2)与框筒外弧框柱(1)之间设置框筒径梁框筒段(3),框筒内弧框柱(2)内侧设置框筒径梁悬挑段(4),框筒径梁框筒段(3)的外环位置设置框筒外环钢梁(5),框筒径梁框筒段(3)的内环位置设置框筒内环钢梁(6),框筒径梁悬挑段(4)的内端设置框筒悬挑端环梁(7),框筒径梁框筒段(3)的两侧和外环位置分别设置框筒径向支撑(8)和框筒外环支撑(9)。

单个钢支撑小框筒的支撑结构形式为人字形、单斜杆、交叉形等,与水平钢梁的支撑夹角为 30°～60°;框筒径向支撑(8)用以形成径向抗侧刚度,并部分抵抗立面弧形引起的水平外推力;框筒环向支撑(9)用以形成环向抗侧刚度,并部分抵抗整体体系的平面扭转;框筒径梁框筒段(3)的内环位置,出于建筑过道功能考虑,可不设置环向的内环斜撑;单个钢支撑小框筒的内侧悬挑段作为建筑内环走道功能使用。

　　如图 3.4-4～图 3.4-6 所示,钢支撑平面框架由沿环向、两侧对称布置的多组单榀钢支撑平面框架组成,支撑于底部基座结构上以构成竖向抗侧力辅助支撑构架,位于平面左右两侧以减小整体结构的钢框架-支撑之间的柱间间距;单榀钢支撑平面框架均为含内侧悬挑段的单跨单向钢框-支撑结构形式,包括钢框架-中心支撑、钢框架-偏心支撑,其支撑类型应与钢支撑小框筒相同;钢支撑平面框架的立面根据建筑造型为弧形曲面设置。

　　图 3.4-8 是单榀钢支撑平面框架的结构示意。

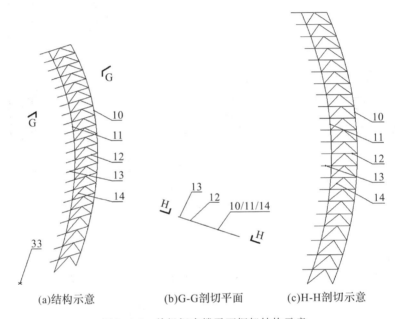

(a)结构示意　　　(b)G-G剖切平面　　　(c)H-H剖切示意

图 3.4-8　单榀钢支撑平面框架结构示意

　　如图 3.4-4、图 3.4-5、图 3.4-8 所示,单榀钢支撑平面框架包括框架外弧框柱(10)、框架内弧框柱(11)、框架径梁框架段(12)、框架径梁悬挑段(13)、框架径向支撑(14),构成抗侧力辅助支撑构架单体;单榀钢支撑平面框架内、外弧位置分别为框架内弧框柱(11)和框架外弧框柱(10),框架内弧框柱(11)和框架外弧框柱(10)之间设置框架径梁框架段(12),框架内弧框柱(11)的内侧设置框架径梁悬挑段(13),框架径梁框架段(12)处设置框架径向支撑(14)。

　　单榀钢支撑平面框架仅在框架段内设置框架径向支撑(14),支撑结构形式为人字形、单斜杆、交叉形等,支撑与水平钢梁的夹角为 30°～60°,支撑结构形式应与钢支撑小框筒相同。

　　图 3.4-9 为钢支撑小框筒和钢支撑平面框架中钢桁架支撑节点的构造示意,

图 3.4-10 是屋顶转换桁架和单层穹顶网壳连接处转换桁架支座节点的构造示意。

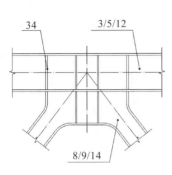

图 3.4-9　钢桁架支撑节点构造

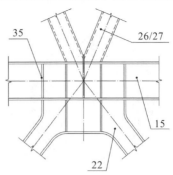

图 3.4-10　转换桁架支座节点构造

如图 3.4-3～图 3.4-5 和图 3.4-9 所示,钢支撑小框筒和钢支撑平面框架共同组成立面弧形的抗侧力支撑构架,主要有两种支撑节点形式,即有竖柱时斜支撑节点、无竖柱时斜支撑节点,支撑节点处设置桁架节点加劲板(34)进行刚度加强。

如图 3.4-7 和图 3.4-8 所示,钢支撑小框筒和钢支撑平面框架的立面弧形框柱设置应保持一致,其弧度倾斜角为 0°～20°,立面弧形框柱的落地间距为 6.0～10.0m,支撑竖向设置为每层一组斜支撑;立面弧形框柱的横截面为箱形,横截面边长为 600～900mm,受力较大时也可在内部浇灌混凝土进行结构加强;钢梁和支撑的横截面均为 H 形,横截面高度为 400～600mm。

如图 3.4-3～图 3.4-5 所示,内外环周圈钢梁包括内环周圈钢梁(16)、外环周圈钢梁(15),分别位于内环、外环,沿周圈环向刚性连接钢支撑小框筒、钢支撑平面框架和无支撑钢梁柱;受立面弧形外观建筑造型的影响,各高度处均会受到向外的水平推力作用,通过适当加强内环周圈钢梁(16)、外环周圈钢梁(15)的横截面,即提高截面面积和抗弯刚度,可有效抵消部分水平外推力,实现整体体系的抗侧刚度需求;最大外环周圈钢梁长度为 8～12m,最小内环周圈钢梁长度为 6～8m;钢梁横截面为 H 形,横截面高度为 500～700mm。

图 3.4-11、图 3.4-12 分别是无支撑钢梁柱、单层穹顶网壳的平面图。

如图 3.4-3、图 3.4-11 所示,无支撑钢梁柱包括无支撑框架柱(17)、径向框架梁(18)和悬挑端铰接环梁(19),主要作为楼面竖向荷载承载系统构件,分别起到减小柱跨度、支撑楼面和封闭悬挑段的作用。其中,无支撑框架柱(17)位于钢支撑小框筒和钢支撑平面框架之间,同时也是辅助的竖向抗侧力构件;无支撑框架柱(17)之间连接径向框架梁(18)并向内侧延伸悬挑段,径向框架梁(18)的内侧延伸悬挑段端部连接悬挑端铰接环梁(19)。

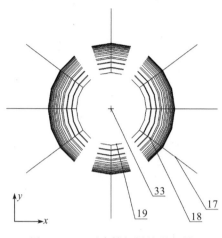

图 3.4-11 无支撑钢梁柱平面图

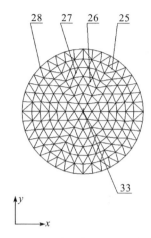

图 3.4-12 单层穹顶网壳平面图

如图 3.4-3～图 3.4-5 所示,屋顶转换桁架位于钢框架-支撑结构的顶部,包括转换桁架外弧框柱(20)、转换桁架径向穿层斜柱(21)、转换桁架环向斜腹杆(22)、转换桁架径向钢梁(23)、转换桁架上抬小钢柱(24);屋顶转换桁架的外弧位置为转换桁架外弧框柱(20),转换桁架外弧框柱(20)之间沿环向设置转换桁架环向斜腹杆(22),转换桁架外弧框柱(20)的上端与内侧的内弧框柱[框筒内弧框柱(2)、框架内弧框柱(11)、无支撑框柱(17)的内弧框柱]顶端连接转换桁架径向穿层斜柱(21),转换桁架外弧框柱(20)、转换桁架径向穿层斜柱(21)的中部高度处设置转换桁架径向钢梁(23)构成中间楼层,并通过内侧的内弧框柱顶端处上抬转换桁架上抬小钢柱(24)进行支撑。

屋顶转换桁架通过设置径向每榀的转换桁架径向穿层斜柱(21)、周圈布置的转换桁架环向斜腹杆(22),以实现屋顶钢框架-支撑之间的结构连接加强,同时也作为单层穹顶网壳的支座支撑结构;屋顶转换桁架的环向斜腹杆(22)的支撑形式为人字形、单斜杆或交叉形等多种形式,支撑与水平钢梁的夹角为 30°～60°;局部楼面通过内侧的转换桁架上抬小钢柱(24)进行竖向支撑。

如图 3.4-3～图 3.4-5、图 3.4-9、图 3.4-10、图 3.4-12 所示,单层穹顶网壳位于内部通高中庭的顶部,为单层网壳屋盖,包括网壳环向杆(25)、网壳径向杆(26)、网壳斜腹杆(27);网壳环向杆(25)与网壳径向杆(26)垂直相接,网壳环向杆(25)的相邻环之间设置网壳斜腹杆(27),单层穹顶网壳通过网壳支座节点(28)支撑在屋顶转换桁架上,支座处通过支座节点加劲板(35)加强;单层穹顶网壳的构件横截面为箱形,横截面高度取跨度的 1/20～1/10,为 200～400mm。

如图 3.4-4～图 3.4-5 所示,底部基座结构位于底部,包括基座框柱(29)、基座环向框梁(30)、基座径向框梁(31)和基座斜支撑(32);底部基座结构的环向为基座环向框梁(30),基座环向框梁(30)与基座径向框梁(31)垂直相接,基座环向框梁(30)和基座径向框梁(31)的相接处设置基座框柱(29);在上部的钢支撑小框筒、钢支撑平面框架对应平面位置的基座框柱(29)之间,设置基座斜支撑(32);底部基座结构作为钢框架-支撑底部的竖向支撑转换结构,通过全范围楼层梁柱设置以提高基座结构的整体刚度;基座斜支撑(32)的支撑形式也可替换为剪力墙支撑形式。

3.4.3　工程应用案例

本创新体系可应用于双环楼面空间和内部通高中庭的弧形立面建筑造型超高层结构体系设计及承载,超高层指结构高度不小于 100m,双环组合指中庭通高的双环组合楼面空间。该体系已在湖州太阳酒店项目中获得应用和借鉴,并进行了改进,该项目于 2023 年竣工,目前已投入使用[59]。

(1)工程概况

湖州太阳酒店项目坐落于南浔镇沈庄漾沿岸,西北侧为湖浔大道,是规划中的沈庄漾休闲服务区中的核心区域,位于南浔最东端,依托沈庄漾,与苏州隔湖相望。酒店总建筑面积约 12.2 万 m^2,其中地上总建筑面积为 8.62 万 m^2,地下室总建筑面积为 3.57 万 m^2。酒店主楼单体的地上部分总层数为 19 层,标准层层高为 3.8m,最高点建筑标高为 97.8m。主体结构高度约为 85.0m,最大外径约 97.0m,最大内径约 67.0m,采用立面弧形钢框架-支撑双环组合超高层结构体系。图 3.4-13 为建筑效果,图 3.4-14 为现场施工实景。

图 3.4-13　建筑效果

(a)实景一   (b)实景二

图 3.4-14 现场施工实景[59]

（2）设计参数

主体结构的设计基准期和使用年限均为 50 年，建筑结构安全等级为二级，结构重要性系数为 1.0。抗震设防烈度为 6 度(0.05g)，设计地震分组为第一组，场地类别为Ⅲ类，抗震设防类别为标准设防类(丙类)。

1)风荷载。承载力验算时，基本风压 w_0 按 50 年一遇标准取 0.45kN/m²；计算舒适度时，风压取 0.30kN/m²；风压高度变化系数采用 B 类地面粗糙度获得，体型系数取为 1.3。基本雪压 w_1 按 50 年一遇标准取 0.45kN/m²。

2)地震作用。小震下的最大水平地震影响系数取 0.04，特征周期取 0.45s；小震、大震时阻尼比分别取 0.03、0.05。主体结构还需进行大震弹塑性分析，抗震等级提高为三级。

（3）结构体系

1)结构选型

主楼地下部分采用现浇钢筋混凝土框架结构，局部设置剪力墙，地上部分为钢框架-中心支撑结构，3 层及以下主体结构呈圆柱形，4 层及以上呈球壳形(内部中庭空间为球形)，主体结构高度约为 87m，中庭上部屋面穹顶结构为联方-凯威特混合型单层球面网壳，跨度约为 59m，矢高为 10m。

整体结构底部楼层(6 层及以下)平面呈闭合的环形，其中仅 2 层(模型第 1 层)在南、北两处存在缺口。结构 7 层及以上因建筑功能需要，每 3 层有 2 层局部存在楼板环向削弱的情况。结构整个平面沿径向均分为 44 个主要开间，结构布置时沿径向共设置有 28 榀纯框架以及 12 榀径向带支撑框架，沿环向外围在楼梯间处竖向设置有 4 道支撑，支撑根据建筑功能沿环形均匀对称布置，框架及支撑沿竖向均为连续，结构顶部设置 1 道环向桁架，用作穹顶的基座并同时加强整体刚度。

2)结构模型

主体结构模型如图 3.4-15 所示。根据建筑体型要求,结构整体呈上大下小的形态,底部三层主体最大外径约为 74.4m,上部球体最大水平外径约为 97.2m,且上部结构存在转换、顶部机房等不利条件或不均匀荷载,故加强底部楼层(1~3 层)及起弧过渡楼层的整体刚度是十分有必要的。因此,1~5 层主要竖向构件(包括4~5层的斜柱及跨层支撑)均为矩形钢管混凝土构件,1~3 层外环向支撑改为 400mm 厚 C40 混凝土剪力墙,加强结构的抗扭刚度,径向支撑均为箱形截面构件,对于 3~4 层直柱变斜柱的折角起弧处考虑采用铸钢节点。

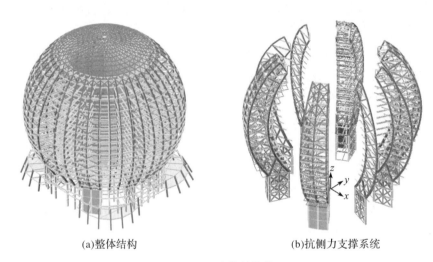

(a)整体结构　　　　　　　(b)抗侧力支撑系统

图 3.4-15　主体结构模型

(4)结构措施

1)转换桁架

根据建筑功能需求,4 层南侧大堂存在 2 层挑空,2 根内环斜柱竖向不连续。结构布置时于 6~7 层设置转换桁架,桁架高度为层高(3.8m)上下弦杆截面箱形900mm×800mm×60mm×60mm(Q390GJ Z15),杆截面为箱形 900mm×600mm×60mm×60mm(Q390GJ Z15),框支柱采用矩形钢管混凝土柱。由于结构为球形,转换桁架沿竖向存在一定倾角,以平衡转换桁架平面外的分力,于上部柱对应柱位平面外设置 1 道桁架,以加强转换部位的整体性。

2)支撑形式优化

支撑的平面由 4 道环向支撑及 12 道径向支撑组成,而关于支撑形式的选择,为保证下部楼层(6 层及以下)的刚度,支撑形式主要以十字形交叉斜杆为主;对上部楼层(6 层以上)的支撑,分别试算了十字形交叉斜杆、人字形斜杆、跨层 X 形支撑、人字形斜杆＋拉链柱等形式。通过计算发现,上部结构支撑形式的变化对于整体结构的刚度影响并不大,因此最终选用了对建筑功能与布置的灵活性影响最小且经济性最佳的跨层 X 形支撑,支撑截面基本上以长细比控制。

3)楼板布置

因建筑功能要求,每层平面均为环状结构,环状板带宽度约为 15.0m(含 3.5m 悬挑部位),各层楼板开洞面积约为 38%～45%(3 层无开洞),并且本结构 4 层以上每榀框架均为弓形结构,对于单榀框架,质心位于刚心外侧,结构在重力荷载的作用下存在外倾的趋势,此时对于内外环梁连续的楼层,内外两道环梁为重要的环向约束;而对于局部外环梁不连续的楼层,环向约束由内环梁单独提供。

(5)性能分析

进行大震下的静力弹塑性分析。在 x 向加载时,结构能力谱与罕遇地震需求谱在第 35 加载步相交,且能顺利穿越需求谱,该交点即为性能点。性能点对应的弹塑性最大层间位移角为 1/358(5 层),小于 1/100 的规范限值。性能点对应的基底剪力为 51651kN,与小震弹性分析基底剪力 11457kN 的比值为 4.51。y 向加载时,结构能力谱与罕遇地震需求谱在第 34 加载步相交,且能顺利穿越需求谱,该交点即为性能点。性能点对应的弹塑性最大层间位移角为 1/316(8 层),小于 1/100 的规范限值。性能点对应的基底剪力为 50175kN,与小震弹性分析基底剪力 12227kN 的比值为 4.10。大震作用下,局部屋顶穿顶及墙肢轻微损伤,框架基本完好,可起到两道防线作用,以确保"大震不倒"。

3.5 内圆外方双筒斜交网格超高层体系

3.5.1 创新体系概述

斜交网格体系由双向或三向的斜柱构件交汇得到,且刚接连接组成的超高层钢结构体系具有自重轻、抗侧刚度大和高度高等优点,抗侧刚度是评定该类体系力学性能的一个重要因素。该结构体系广泛应用于有商业、办公等建筑功能的超高层大型公共建筑中。

双筒斜交网格体系是斜交网格体系中的一类特例,斜交内筒、斜交外筒均由钢斜柱构件交叉组成,有效克服了混凝土核心筒和斜交外筒的变形不一致问题。斜交内筒的内部则可设置为通高中庭建筑功能,以提高采光度;根据建筑造型,斜交内筒、斜交外筒的平面形状可设置为圆形、矩形以及多边形等。因此,合理的斜交内筒、斜交外筒结构立面形式和平面形状可有效保障整体结构体系的承载性能。

建筑底部有时需设置大悬挑缩进,故可采用底部上抬转换多层悬挑桁架、顶部吊挂多层悬挑桁架以承载非落地楼层竖向荷载。通过对底部缩进斜柱构件进行设置,可将上部外侧竖向楼面荷载有效转换至地下室顶板或基础;通过对顶部缩进斜柱构件进行设置,可承载上抬构架,并构成竖向对称建筑造型。非落地楼层局部存在大跨空间时,可通过局部中断非落地楼层框架柱,并设置大跨钢梁来实现。此外,双筒斜交网格超高层结构体系存在节点连接构造复杂、部件构成复杂以及承载性能和刚度差等问题,合理的底部缩进的内圆外方双筒斜交网格超高层结构形式设计及构成方案可有效保证其承载性能和正常使用。

本节提出一种底部缩进的内圆外方双筒斜交网格超高层结构的形式及设计方法,以应用于底部大悬挑缩进和内部通高中庭的内圆外方双筒建筑造型超高层结构体系及承载[50]。

3.5.2　创新体系构成及技术方案

(1)创新体系构成

图 3.5-1 是内圆外方双筒斜交网格超高层的结构示意。本技术方案提供的底部缩进的内圆外方双筒斜交网格超高层结构包括内圆通高斜交筒、外方非落地斜交筒、外环缩进斜柱、角部多层悬挑桁架、非落地框架柱、楼面钢梁。内圆通高斜交筒[图 3.5-1(b)]位于整体结构内侧,由双向斜柱构件交叉连接并通高设置,构成平面圆形的竖向斜交网格内筒;外方非落地斜交筒[图 3.5-1(c)]位于整体结构外侧,由双向斜柱构件交叉连接并非落地设置,构成平面矩形的竖向斜交网格外筒,内圆通高斜交筒和外方非落地斜交筒共同组成竖向抗侧力体系;外环缩进斜柱[图 3.5-1(d)]由底部的落地斜柱网格、顶部的上抬斜柱网格组成;角部多层悬挑桁架[图 3.5-1(e)]位于四角位置,由底部的上抬转换多层悬挑桁架、顶部的下挂连接多层悬挑桁架组成,通过悬挑桁架的转换连接将外侧楼面竖向荷载转移至底部的落地外环缩进斜柱上;非落地框架柱[图 3.5-1(f)]位于外方斜交筒和内圆斜交筒之间的非落地楼层内,起减小柱网跨度作用;楼面钢梁[图 3.5-1(g)]由节点层钢梁和非节点层钢梁组成,节点层钢梁包括内圆刚接钢梁、外方刚接钢梁和内部铰接次梁,为整体结构必要构件,非节点层钢梁均为铰接连接且为非必要构件。中心定位点(28)位于内圆通高斜交筒的底面中心处。

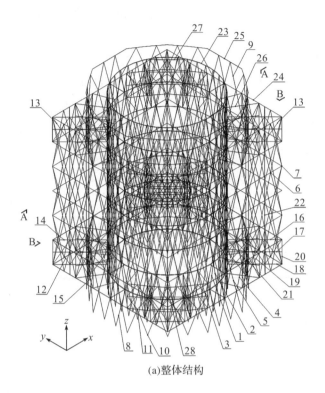

(a)整体结构

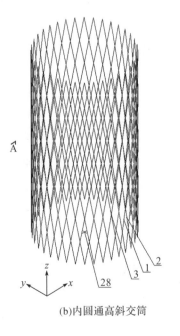

(b)内圆通高斜交筒

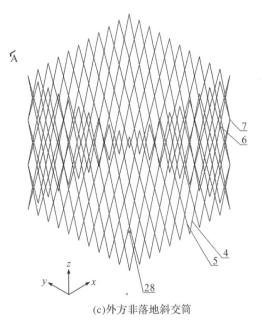

(c)外方非落地斜交筒

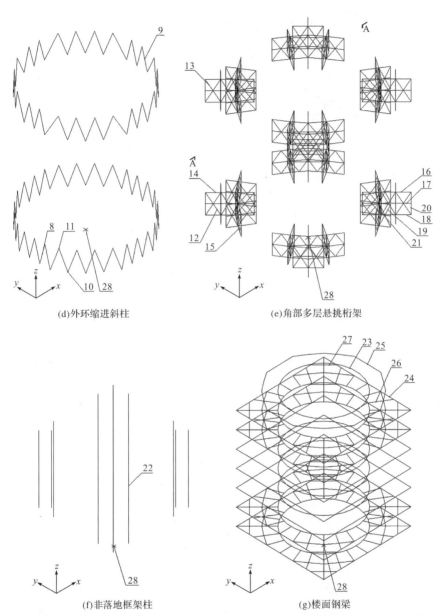

(d)外环缩进斜柱　　　　(e)角部多层悬挑桁架

(f)非落地框架柱　　　　(g)楼面钢梁

1.内斜交筒一向斜柱;2.内斜交筒二向斜柱;3.内斜交筒弧面节点;4.外斜交筒一向斜柱;5.外斜交筒二向斜柱;6.外斜交筒 X 形节点;7.外斜交筒 K 形节点;8.落地外环缩进斜柱;9.上抬外环缩进斜柱;10.底部支座节点;11.端部转接节点;12.底部上抬悬挑桁架;13.顶部下挂悬挑桁架;14.角部径向桁架;15.角部环向桁架;16.角部桁架上弦杆;17.角部桁架中弦杆;18.角部桁架下弦杆;19.角部桁架斜腹杆;20.角部桁架端部竖柱;21.角部桁架中部竖柱;22.非落地框架柱;23.节点层内圆刚接钢梁;24.节点层外方刚接钢梁;25.顶部外环刚接钢梁;26.径向铰接次梁;27.环向铰接次梁;28.中心定位点;29.桁架节点加劲板。

图 3.5-1　内圆外方双筒斜交网格超高层结构

图 3.5-2 是底部缩进的内圆外方双筒斜交网格超高层结构的构成流程,具体如下。

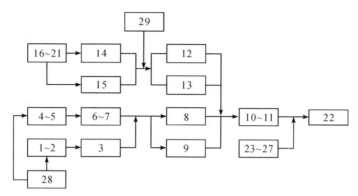

图 3.5-2 内圆外方双筒斜交网格超高层构成流程

1)内斜交筒一向斜柱(1)和内斜交筒二向斜柱(2)交叉连接并通高设置,交叉处为内斜交筒弧面节点(3),基于中心定位点(28)对称内环布置,构成内侧平面圆形的竖向斜交内筒。

2)外斜交筒一向斜柱(4)和外斜交筒二向斜柱(5)交叉连接并非落地设置,外斜交筒的中部和角部交叉处分别为外斜交筒 X 形节点(6)和外斜交筒 K 形节点(7),基于中心定位点(28)对称外环布置,构成外侧平面矩形的竖向斜交外筒。

3)由步骤 1)生成的竖向斜交内筒和由步骤 2)生成的竖向斜交外筒,共同组成竖向抗侧力体系。

4)角部桁架上弦杆(16)、角部桁架中弦杆(17)、角部桁架下弦杆(18)、角部桁架斜腹杆(19)、角部桁架端部竖柱(20)和角部桁架中部竖柱(21)构成单榀的角部多层悬挑桁架,包括角部径向桁架(14)和角部环向桁架(15)两种类型。

5)角部径向桁架(14)和角部环向桁架(15)正交布置组成角部多层悬挑桁架,角部多层悬挑桁架分为底部上抬悬挑桁架(12)和顶部下挂悬挑桁架(13),分别位于外斜交筒的底部和顶部,桁架节点处通过桁架节点加劲板(29)加强。

6)外斜交筒的底部通过底部上抬悬挑桁架(12),将外侧楼面竖向荷载转移至落地外环缩进斜柱(8)上;落地外环缩进斜柱(8)的底端为底部支座节点(10),顶端为端部转接节点(11)。

7)顶部的上抬外环缩进斜柱(9)支撑在顶部下挂悬挑桁架(13)上,进而传递荷载至外斜交筒上。

8)非落地框架柱(22)位于内斜交筒和外斜交筒之间的非落地楼层内,起到减小柱跨的作用。

9)节点层内圆刚接钢梁(23)、节点层外方刚接钢梁(24)、顶部外环刚接钢梁(25)、径向铰接次梁(26)和环向铰接次梁(27)构成节点层钢梁。

10)节点层钢梁和非节点层钢梁共同组成楼面钢梁。

(2)创新技术特点

本技术方案提供的底部缩进的内圆外方双筒斜交网格超高层结构,构造合理,可实现底部大悬挑缩进和内部通高中庭的内圆外方双筒建筑造型超高层体系设计及承载,能充分发挥双筒斜交网格超高层的大悬挑缩进、高抗侧性能和内圆外方双筒建筑造型优点。

本技术方案的设计思路是以内圆通高斜交筒和外方非落地斜交筒结合为双筒斜交超高层整体结构形式,通过外环缩进斜柱和角部多层悬挑桁架实现底部大悬挑缩进的竖向构件转换,通过非落地框架柱和楼面钢梁形成楼面承载体系而构成整体受力模式,可达到在减轻自重和保证承载性能的同时,实现大悬挑缩进、高抗侧性能和内圆外方双筒超高层建筑造型及功能;基于承载性能分析,通过承载力、整体刚度、抗扭性能等指标控制,进一步保障整体结构体系的合理有效。

(3)具体技术方案

图 3.5-3、图 3.5-4 和图 3.5-5 分别是内圆外方双筒斜交网格超高层结构的整体平面图、整体正视图和整体斜视图,即对应图 3.5-1(a)的 A-A 剖切示意图、B-B 剖切示意图和 C-C 剖切示意图。

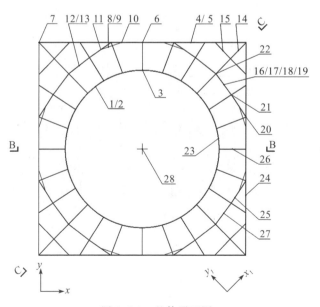

图 3.5-3　整体平面图

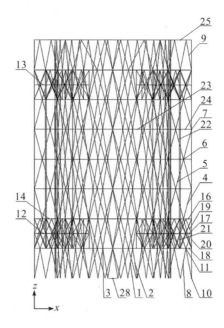

图 3.5-4　整体正视图

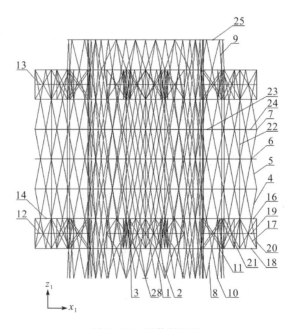

图 3.5-5　整体斜视图

图 3.5-6 是内圆通高斜交筒和外方非落地斜交筒组合的平面图,图 3.5-7 是角部多层悬挑桁架的 A-A 剖切平面图。

如图 3.5-3～图 3.5-6 所示,外方非落地斜交筒由沿平面矩形四边分别间隔一定距离平行布置的顺向组、逆向组斜柱构件交叉交汇连接,包括外斜交筒一向斜柱(4)、外斜交筒二向斜柱(5),构成外环抗侧力结构体系;平面矩形各边的单组斜柱构件榀数由矩形边长和相邻斜柱间距确定;由于斜柱构件绕中心定位点(28)为平面矩形双轴对称布置,斜柱交叉处呈现为外斜交筒 X 形节点(6)、外斜交筒 K 形节点(7)两种节点形式;外斜交筒 X 形节点(6)位于平面矩形四边的中部区域,为平面斜交节点形式;外斜交筒 K 形节点(7)位于平面矩形四边的四个角部区域,为空间斜交节点形式。

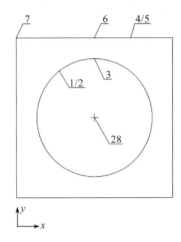

图 3.5-6　内、外斜交筒组合平面图

如图 3.5-3～图 3.5-5 所示,外方非落地斜交筒的底端为四角外悬挑的非落地设置,四角区域斜柱构件通过底部上抬悬挑桁架(12),将外侧楼面竖向荷载转移至落地外环缩进斜柱(8);四边中部区域斜柱构件则局部延伸至地面刚性支座上,并形成落地外环缩进斜柱(8)的一部分;四角区域的底部最大悬挑缩进跨度不小于20m。外方非落地斜交筒的顶端则是支撑上抬外环缩进斜柱(9)。

外方非落地斜交筒和内圆通高斜交筒的网格形式需保持一致,即单组斜交节点的覆盖楼层相同,且各自的斜交节点在平面上位于同一径向位置,以便径向铰接次梁(26)的连接;对应斜交节点的夹角也相近,但会由于节点形式不同而稍有差异;斜柱构件截面为箱形截面,截面边长为 500～1000mm,受力较大时可在内部浇灌混凝土进行加强;外方非落地斜交筒和内圆通高斜交筒共同组成竖向抗侧力核心支撑构架。

外环缩进斜柱由落地外环缩进斜柱(8)、上抬外环缩进斜柱(9)组成,均为双向交叉连接形式的斜柱网格,网格形式与外方落地斜交筒和内圆通高斜交筒均保持一致;落地外环缩进斜柱(8)的底端刚性支撑于底部支座节点(10),进而传力至地下室或基础结构;顶端的端部转接节点(11),则通过竖向支撑底部上抬悬挑桁架(12),进而承载上部楼层的外侧荷载。

上抬外环缩进斜柱(9)支撑在顶部下挂悬挑桁架(13)上,采用局部缩进形式构成竖向立面对称布置。外环缩进斜柱的构件截面为箱形截面,截面边长为500～1000mm,并与相邻的外方非落地斜交筒的斜柱构件截面尺寸保持基本相同。

如图3.5-4、图3.5-5、图3.5-7所示,角部多层悬挑桁架位于外方非落地斜交筒的四角悬挑区域,包括底部上抬悬挑桁架(12)、顶部下挂悬挑桁架(13)两部分,同时承载两者之间的非落地框架楼层的竖向荷载;单个的角部多层悬挑桁架由角部径向桁架(14)和角部环向桁架(15)正交布置构成,共用构件为角部桁架中部竖柱(21)。

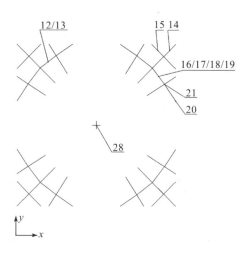

图3.5-7　角部悬挑桁架的A-A剖切平面

图3.5-8是顶部下挂的角部多层悬挑桁架的结构示意,图3.5-9是底部上抬的角部多层悬挑桁架的结构示意。

如图3.5-4、图3.5-5、图3.5-8、图3.5-9所示,单榀的角部径向桁架(14)或角部环向桁架(15)均由角部桁架上弦杆(16)、角部桁架中弦杆(17)、角部桁架下弦杆(18)、角部桁架斜腹杆(19)、角部桁架端部竖柱(20)和角部桁架中部竖柱(21)构成;桁架构件为H形钢截面,截面高度为500～600mm;角部多层悬挑桁架的斜腹杆形式为米字形、菱形设置,具体可根据非落地框架柱、外环缩进斜柱的位置确定。

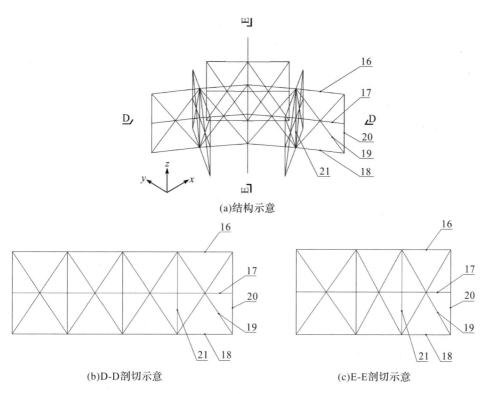

(a)结构示意

(b)D-D剖切示意

(c)E-E剖切示意

图 3.5-8　顶部下挂的角部悬挑桁架结构示意

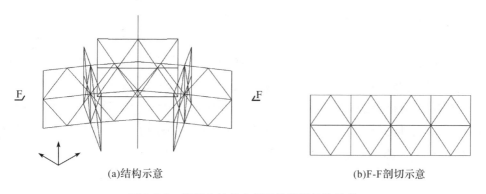

(a)结构示意

(b)F-F剖切示意

图 3.5-9　底部上抬的角部悬挑桁架结构示意

　　图 3.5-10 为角部多层悬挑桁架中 H 形钢桁架节点的构造示意。角部多层悬挑桁架主要有两类钢桁架节点,桁架构件为 H 形截面型钢,节点形式包括有竖柱时钢桁架节点、无竖柱时钢桁架节点,在桁架节点处设置桁架节点加劲板(29)进行加强。

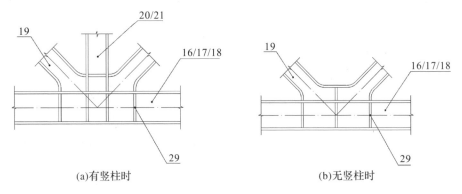

图 3.5-10 H 形钢桁架节点示意

如图 3.5-3～图 3.5-5 所示,非落地框架楼层承受外侧楼面的竖向荷载,上端通过顶部下挂悬挑桁架(13)吊挂承担一部分,下端通过底部上抬悬挑桁架(12)上抬承担一部分;外侧的总竖向荷载通过底部上抬悬挑桁架(12)的转换连接,转移至落地外环缩进斜柱(8)上,进而传力至地下室或基础结构。

非落地框架柱(22)位于外方非落地斜交筒和内圆通高斜交筒之间的非落地楼层内,可有效减小框架柱跨,根据建筑需要可设置局部大跨空间,框架柱构件截面边长为 500～800mm。

楼面钢梁由节点层钢梁和非节点层钢梁组成。节点层钢梁是构成稳定整体结构体系的必要构件,包括连接内斜交筒斜柱的节点层内圆刚接钢梁(23)、连接外斜交筒斜柱的节点层外方刚接钢梁(24)、连接顶部的外环刚接钢梁(25)、连接内斜交筒与外斜交筒的径向铰接次梁(26)和环向铰接次梁(27);非节点层钢梁不是构成稳定整体结构体系的必要构件,非节点层的周围连接钢梁和内环径向连接钢梁均为两端铰接连接设置。

节点层内圆刚接钢梁(23)和节点层外方刚接钢梁(24),除承载楼面竖向荷载外,还承载由外方斜交筒平面矩形夹角引起的楼面拉力作用,它们是整体稳定结构体系的一部分,需进行适当加强,其截面高度为 600～900mm;其他仅承载楼面竖向荷载的径向铰接次梁(26)、环向铰接次梁(27)受力相对较小,截面高度根据跨度的 1/25～1/20 确定,为 400～600mm。

3.5.3 工程应用案例

本创新体系可应用于底部大悬挑缩进和内部通高中庭的内圆外方双筒建筑造型超高层结构体系设计及承载,超高层是指结构高度不小于 100m,底部缩进是指底部最大悬挑缩进跨度不小于 20m。该体系借鉴杭州奥体中心综合训练馆项目结构特点,取得了新的体系及应用改进,项目已于 2021 年竣工,现已投入使用[60]。

（1）工程概况

杭州奥体中心综合训练馆项目位于杭州市萧山区杭州奥体博览城东南角,以良渚文化的玉器代表玉琮为外形设计理念。综合训练馆是"杭州亚运三馆"之一,总建筑面积为 18.45 万 m^2,平面尺寸为 84m×84m。地上共 8 层,包括训练中心、五大中心、运动员宿舍及配套用房等设施,承担杭州亚运会篮球、排球、手球、摔跤和跆拳道五项赛事的专业训练。第 1~7 层层高为 12.60m,第 8 层层高为 10.50m,各楼层间均设置局部夹层。结构屋顶标高为 98.90m,地上建筑面积为 10.65 万 m^2。地下共 2 层,地下 2 层结构标高为 12.80m。主体结构采用斜交网格外筒＋内钢框架＋钢筋混凝土剪力墙结构体系。该项目的建筑设计方案由法国 AREP 设计集团完成。图 3.5-11 为建筑效果,图 3.5-12 为现场施工实景。

图 3.5-11　建筑效果

(a)实景一

(b)实景二

图 3.5-12　现场施工实景[60]

（2）设计参数

主体结构的设计基准期和使用年限均为 50 年,建筑结构安全等级为二级,结构重要性系数为 1.0。抗震设防烈度为 6 度(0.05g),设计地震分组为 Ⅰ 组,场地类别为 Ⅲ 类,抗震设防类别为重点设防类(乙类)。

1)风荷载:承载力验算时,基本风压 w_0 按 50 年一遇标准的 1.1 倍取为 $0.45kN/m^2 \times 1.1 = 0.495kN/m^2$;计算舒适度时,风压取 $0.30kN/m^2$;风压高度变化系数采用 B 类地面粗糙度来获得。

2)地震作用:小震作用下的最大水平地震影响系数取 0.04,特征周期取 0.45s,作为混合体系的主楼阻尼比取 0.04。主塔楼中含大跨度和悬挑结构,考虑竖向地震作用。

（3）结构体系

1)结构选型

主体结构采用斜交网格外筒＋内钢框架＋钢筋混凝土剪力墙结构体系。钢结构主要包括双肢巨型椭圆劲性柱(地下)、斜交钢管网格柱外筒、内钢框架、楼层桁架及楼层坡道。双肢巨型椭圆劲性柱分为边柱和角柱两种形式,柱脚标高为 -7.550m;斜交钢管网格柱外筒由与地面夹角为 56.3° 交叉编织的钢管斜柱、斜交网格节点、水平环梁组成;内钢框架主要由圆管钢柱、劲性 H 形钢柱和钢框架梁组成;楼层桁架共 35 榀,主要分布于各楼层悬挑构件之间;楼层坡道沿主体结构螺旋上升布置,坡道分为上、下两层,下层坡道两端与楼层钢梁连接,中部设有支撑柱;上层坡道吊挂于楼层梁下方。

2)结构模型

塔楼结构模型如图 3.5-13 所示。

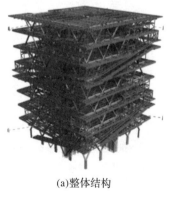 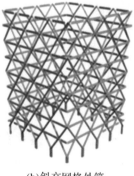 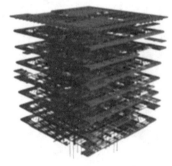

(a)整体结构 　　　(b)斜交网格外筒 　　　(c)内钢框架

图 3.5-13　结构模型

（4）结构措施

1）双肢巨型椭圆劲性柱

双肢巨型椭圆劲性柱分为边柱和角柱两种形式，边柱 12 根，角柱 4 根，柱脚标高均为－7.550m，柱长度为 8.723m。钢柱支撑整个钢外筒，为结构的重要受力构件，柱顶与主楼外筒斜交网格斜柱对接相连，故安装精度至关重要，且钢柱不宜分段。

2）斜交网格节点

斜交网格节点是外筒结构的关键节点，其构造特殊，存在较多的隐蔽焊缝和小夹角相贯焊缝，所有焊缝取为一级全熔透焊缝。斜交网格节点的加工采用"化整为零、分部加工、整体组装"的制作工艺，即先将 4 只斜牛腿和节点箱体分别组拼好，然后将组拼好的 5 个单体进行整体组装。

（5）性能分析

由于结构在施工阶段还未形成稳定的受力体系，因此其受力形式与设计阶段有很大差别，需通过施工过程仿真分析确定钢结构施工过程中的重点区域或部位，控制构件的应力与位移，确定合理的施工方法，以保证施工安全。通过对网格节点的有限元分析表明，设防烈度地震下节点构件的平均应力均小于钢材的设计强度，处于弹性工作状态，如图 3.5-14 所示。

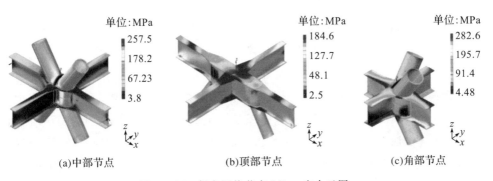

图 3.5-14　斜交网格节点 Mises 应力云图

第4章
现代空间复杂建筑网格钢结构体系
创新与工程实践

本章基于多个典型的现代空间钢结构项目(湖州体育场、华贸图书馆、湖州游泳馆、杭州国际体育中心、杭州中央公园二期),针对现代空间复杂建筑网格钢结构进行结构体系的创新研究,指导项目的设计分析和施工过程。成果获得多项国家发明专利[61-65]。

4.1 大跨度外切边双屋面叠合网壳体系

4.1.1 创新体系概述

管桁架体系是空间大跨度桁架体系,由贯通的大截面主管和多根相贯焊接连接并规则性布置的小截面支管构成,体系轻盈、受力合理、刚度较大、外观优美,主要应用于体育场馆、候机楼和展览馆等现代空间建筑的屋盖体系中。

落地弧形管桁架体系是其中一类重要的空间大跨结构形式。在实际工程中,由于建筑和幕墙外观造型的需要,建筑屋盖和侧墙往往会连为一体且呈现多曲面形式。该体系通过将屋盖管桁架进行弧形延伸至地面并固定,构成整体管桁架形式,整体受力模式使其可在较小自重下跨越极大空间跨度,同时给内部空间功能的设置带来更好的发挥余地。

多榀弧形管桁架构成的整体体系有单层、双层和多层网壳形式。当空间跨度较大时,单层网壳的层高和构件尺寸较大,导致体系刚度、变形挠度难以满足要求,同时也为施工吊装和焊接操作带来了困难。多层网壳由于构件密集、质量大,易引起结构占用空间大、节点复杂和建筑透光性差等问题。双层叠合网壳可较好地解决上述问题。当双层叠合网壳同时涉及大跨度、大悬挑、大开洞等复杂功能时,则会存在交汇构件较多、部件拼装复杂、体系受力复杂以及节点需加强处理等问题,因此,合理的叠合网壳形式设计及拼装方案可有效保障其承载性能。

本节提出一种类椭圆内开口的大跨度外四切边双屋面叠合网壳体系及设计方法,可应用于内部椭圆形露天开口的大跨度复杂空间建筑的屋盖体系及承载[61]。

4.1.2　创新体系构成及技术方案

(1)创新体系构成

图 4.1-1 是类椭圆内开口的大跨度外四切边双屋面叠合网壳体系的结构示意。本技术方案提供的类椭圆内开口的大跨度外四切边双屋面叠合网壳体系包括高网壳、低网壳、网壳间连接腹杆、封闭桁架、钢支撑筒。高网壳[图 4.1-1(b)]位于双层叠合网壳体系的外层,分成 4 个不同圆心定位的圆弧区,是分别间隔一定角度旋转阵列,并将落地端径向移至同一外圆上组成若干榀径向落地弧形管桁架组合体,再经过环向管桁架连接后外四切边处理而成的四角落地网壳;低网壳[图 4.1-1(c)]位于双层叠合网壳体系的内层,构件组成方式同高网壳,并与其相对叠合组成中心支撑构架;连接腹杆[图 4.1-1(d)]是位于高、低网壳之间的平面重合区域,包括径向连接腹杆、环向连接腹杆,用于连接高网壳和低网壳;封闭桁架[图 4.1-1(e)]位于高、低网壳外四切边的 8 个交汇处,由径向桁架、环向桁架、弧边界桁架组成,用于封闭高网壳、低网壳的外四切边交汇处的缺口;钢支撑筒[图 4.1-1(f)]位于高网壳 4 个落地端平面重合区域的西北、西南、东北、东南四个方位,钢支撑筒上端通过球铰支座竖向支撑在低网壳下弦层对应位置节点上。

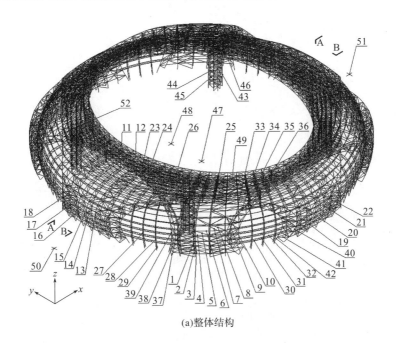

(a)整体结构

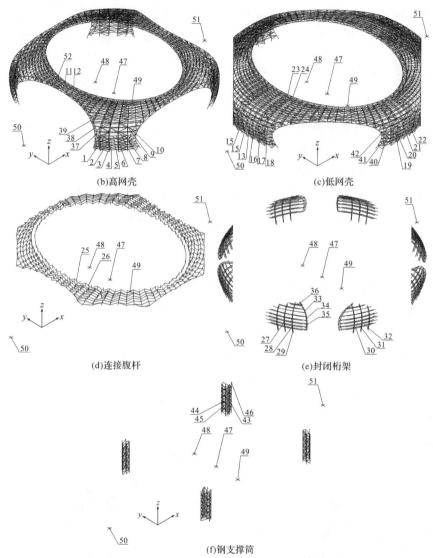

1.高网壳管桁架上弦杆;2.高网壳管桁架腹杆;3.高网壳管桁架下弦杆;4.高网壳环桁架上弦杆;5.高网壳环桁架腹杆;6.高网壳环桁架下弦杆;7.高网壳上弦径向支撑;8.高网壳下弦径向支撑;9.高网壳上弦外环支撑;10.高网壳下弦外环支撑;11.高网壳上弦内环支撑;12.高网壳下弦内环支撑;13.低网壳管桁架上弦杆;14.低网壳管桁架腹杆;15.低网壳管桁架下弦杆;16.低网壳环桁架上弦杆;17.低网壳环桁架腹杆;18.低网壳环桁架下弦杆;19.低网壳上弦径向支撑;20.低网壳下弦径向支撑;21.低网壳上弦外环支撑;22.低网壳下弦外环支撑;23.低网壳上弦内环支撑;24.低网壳下弦内环支撑;25.径向连接腹杆;26.环向连接腹杆;27.封闭桁架径向上弦杆;28.封闭桁架径向腹杆;29.封闭桁架径向下弦杆;30.封闭桁架环向上弦杆;31.封闭桁架环向腹杆;32.封闭桁架环向下弦杆;33.封闭桁架弧边界上弦杆;34.封闭桁架弧边界腹杆;35.封闭桁架弧边界下弦杆;36.边界连接腹杆;37.高网壳外切边上弦杆;38.高网壳外切边腹杆;39.高网壳外切边下弦杆;40.低网壳外切边上弦杆;41.低网壳外切边腹杆;42.低网壳外切边下弦杆;43.支撑筒框柱;44.支撑筒水平梁;45.支撑筒斜支撑;46.顶部转换支座;47.中心定位点;48.定位点一;49.定位点二;50.定位点三;51.定位点四;52.弧线外切边;53.贯通柱墩;54.加强隔板。

图 4.1-1　大跨度外四切边双屋面叠合网壳体系结构示意

上述的相对叠合是指高网壳位于中心支撑构架的上层或外层,低网壳位于中心支撑构架的下层或内层,高网壳、低网壳在平面布置上相互呈 45°夹角。

图 4.1-2 是类椭圆内开口的大跨度外四切边双屋面叠合网壳的构成流程,具体如下。

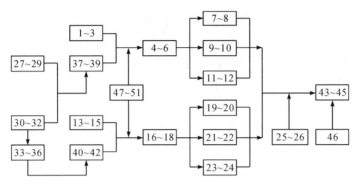

图 4.1-2　大跨度外四切边双屋面叠合网壳构成流程

1)高网壳的管桁架上弦杆(1)、管桁架腹杆(2)、管桁架下弦杆(3)组成高网壳落地弧形管桁架基本单元,低网壳的管桁架上弦杆(13)、管桁架腹杆(14)、管桁架下弦杆(15)组成低网壳落地弧形管桁架基本单元。

2)高网壳的外切边上弦杆(37)、外切边腹杆(38)、外切边下弦杆(39)组成高网壳外切边弧形管桁架,低网壳的外切边上弦杆(40)、外切边腹杆(41)、外切边下弦杆(42)组成低网壳外切边弧形管桁架。

3)步骤 1)生成的高网壳、低网壳落地弧形管桁架基本单元,分成 4 个定位点(48~51)的圆弧区,间隔角度旋转阵列,并径向移至中心定位点(47)的同一外圆,生成落地弧形管桁架组合体;各榀高网壳、低网壳落地弧形管桁架基本单元之间,分别连接环桁架上弦杆(4、16)、环桁架腹杆(5、17)、环桁架下弦杆(6、18)构成高网壳、低网壳整体结构。

4)步骤 3)生成的高网壳、低网壳整体结构,分别以步骤 2)生成的高网壳、低网壳外切边弧形管桁架为外切边,进行结构边界切割处理。

5)在步骤 4)外切边处理后的高网壳、低网壳整体结构基础上,前者设置上、下弦径向支撑(7~8)和外、内环支撑(9~12),后者设置上、下弦径向支撑(19~20)和外、内环支撑(21~24),以提高整体结构扭转刚度。

6)在高网壳、低网壳整体结构的平面叠合区域,连接径向连接腹杆(25)、环向连接腹杆(26),构成双层叠合网壳的整体受力结构。

7)封闭桁架的径向上弦杆(27)、径向腹杆(28)、径向下弦杆(29)拼装为径向桁架,环封闭桁架的环向上弦杆(30)、环向腹杆(31)、环向下弦杆(32)拼装为环向桁架;径向桁架、环向桁架正交布置组装为封闭桁架。

8)封闭桁架的靠近高网壳一端,通过封闭桁架的弧边界上弦杆(33)、弧边界腹杆(34)、弧边界下弦杆(35)拼装的弧边界桁架,直接连接或通过边界连接腹杆(36)连接至高网壳的管桁架下弦杆(3)、环桁架下弦杆(6)、外切边下弦杆(39);封闭桁架的靠近低网壳一端,直接连接至低网壳的外切边上弦杆(40)、外切边腹杆(41)、外切边下弦杆(42)。

9)支撑筒竖框柱(43)、支撑筒水平梁(44)、支撑筒斜支撑(45)组装成钢支撑筒,上端通过顶部转换支座(46)支撑双层叠合网壳体系。

(2)创新技术特点

本技术方案提供的类椭圆内开口的大跨度外四切边双屋面叠合网壳体系,构造合理,组成模块明确,传力清晰,符合整体受力及承载模式的设计原则,能充分发挥双层叠合网壳体系的高整体刚度、高承载性能优点,实现内部类椭圆形露天开口的大跨度复杂空间建筑的屋盖结构造型及建筑功能。

本技术方案的设计思路是基于经类椭圆内开口、外四切边处理的高低双层叠合网壳的有效结合和整体受力模式;以径向布置的落地弧形管桁架为基本单元,分成4个不同圆心定位的圆弧区,通过旋转阵列移至同一外圆并相互环向连接,构成满足建筑外观造型需要的高、低单层网壳体系;通过类椭圆内开口、外四切边方式对高、低网壳进行边界处理,并按一定规则进行叠合拼装;基于非线性极限承载性能分析,通过体系变形、构件应力等指标控制,保障结构体系的整体承载性能,避免出现失稳破坏。

(3)具体技术方案

图 4.1-3、图 4.1-4 分别是大跨度外四切边双屋面叠合网壳体系的整体平面图、整体正视图,即对应图 4.1-1(a)的 A-A 剖切示意和 B-B 剖切示意。

图 4.1-5(a)~(d)分别为图 4.1-3 中的高网壳上弦层、高网壳下弦层、低网壳上弦层、低网壳下弦层的俯视平面展开图。

如图 4.1-3、图 4.1-4、图 4.1-5(a)~(b)所示,高网壳以由高网壳管桁架上弦杆(1)、高网壳管桁架腹杆(2)、高网壳管桁架下弦杆(3)组成的单榀径向落地弧形管桁架为高网壳基本单元;分成 4 个不同圆心定位的圆弧区,分别间隔一定角度对径向落地弧形管桁架基本单元进行旋转阵列,并将落地端径向移至同一中心定位点(47)的外圆上,组成高网壳径向落地弧形管桁架组合体。

南、北两侧对应类椭圆长轴两端的 2 个圆弧区,圆心定位点位于类椭圆内部的长轴上,分别为定位点二(49)、定位点一(48),圆弧区半径较小,间隔角度相对较大,一般选取 4°~8°;东、西两侧对应类椭圆短轴两端的 2 个圆弧区,圆心定位点位于类椭圆外部的短轴延长线上,分别为定位点四(51)、定位点三(50),圆弧区半径较大,间隔角度相对较小,一般选取 1°～3°。

如图 4.1-3、图 4.1-4、图 4.1-5(c)～(d)所示,低网壳以由低网壳管桁架上弦杆(13)、低网壳管桁架腹杆(14)、低网壳管桁架下弦杆(15)组成的单榀径向落地弧形管桁架为基本单元。类似地,分成 4 个不同圆心定位的圆弧区,不同圆弧区的低网

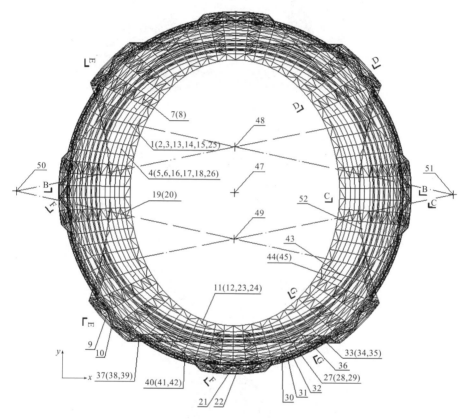

图 4.1-3　整体平面图

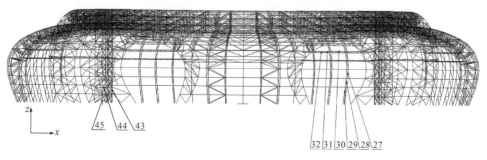

图 4.1-4　整体正视图

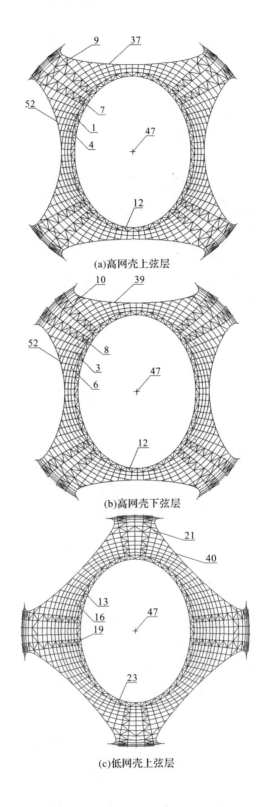

(a)高网壳上弦层

(b)高网壳下弦层

(c)低网壳上弦层

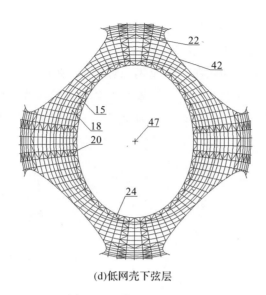

(d)低网壳下弦层

图 4.1-5　俯视平面展开图

壳径向落地弧形管桁架基本单元的圆心定位点、径向移至外圆、间隔角度均与高网壳相同,组成低网壳径向落地弧形管桁架组合体。每个高网壳、低网壳的径向落地弧形管桁架配对设置,每对的高网壳、低网壳的径向落地弧形管桁架对应处于同一径向位置。该种方式生成的径向落地弧形管桁架组合体,每一圈的环向连接杆件均趋于类椭圆形,与内开口形式对应,可尽量减少小尺寸平面三角形网格的出现,以便于整体体系的结构受力。

以高网壳径向落地弧形管桁架组合体为基础,在其各榀高网壳基本单元之间通过高网壳环桁架上弦杆(4)、高网壳环桁架腹杆(5)、高网壳环桁架下弦杆(6)进行相贯连接以提供侧向支撑,构成高网壳整体结构,即四角落地高网壳,网壳中心设有类椭圆形开口。类似地,以低网壳径向落地弧形管桁架组合体为基础,在其各榀低网壳基本单元之间通过低网壳环桁架上弦杆(16)、低网壳环桁架腹杆(17)、低网壳环桁架下弦杆(18)进行相贯连接以提供侧向支撑,并构成低网壳整体受力结构,即四角落地低网壳。同样地,中心设有类椭圆形开口。

如图 4.1-3、图 4.1-4 所示,高网壳、低网壳分别采用夹角为 45° 的两个正方形的边线进行外四切边处理。其中,东、西两侧为类椭圆内开口的短轴端,高网壳的正方形直线外切边替换为内凹的弧线外切边(52),使高网壳、低网壳的重合区域仅局限在内环附近,避免网壳间连接腹杆范围过大,减轻结构体系自重和连接复杂度。

图 4.1-6(a)、图 4.1-6(b)分别为图 4.1-3 中单榀径向落地弧形管桁架的 C-C、D-D 剖面。

如图 4.1-6 所示,高网壳、低网壳和连接腹杆组装完成后,最终形成的单榀径向落地弧形管桁架基本单元由高网壳管桁架上弦杆(1)、高网壳管桁架腹杆(2)、高网壳管桁架下弦杆(3)、径向连接腹杆(25)、低网壳管桁架上弦杆(13)、低网壳管桁架腹杆(14)和低网壳管桁架下弦杆(15)这 7 个部分组成,分为高网壳局部切割型[图 4.1-6 (a)]、低网壳局部切割型[图 4.1-6(b)]、高低网壳同时局部切割型三种结构组成形式。

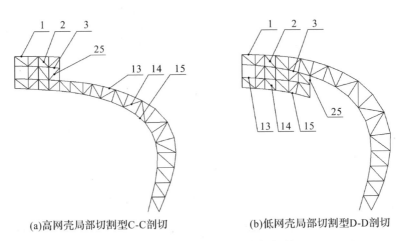

(a)高网壳局部切割型C-C剖切　　　　　(b)低网壳局部切割型D-D剖切

图 4.1-6　单榀径向落地弧形管桁架剖面

由于双层叠合网壳体系的总厚度对应为三层网壳层高,包括高网壳层高、网壳间连接层高、低网壳层高,因此体系总厚度为跨度的 1/20～1/12,对应每个单层网壳厚度为跨度的 1/60～1/36。构件截面一般为圆管形式,连接节点对应为相贯节点;落地弧形管桁架基本单元的主管尺寸一般为 400～700mm,支管尺寸一般为 100～400mm;相贯节点处支管尺寸一般小于主管尺寸;相贯节点连接强度不足时,可增设隔板等方式进行节点加强。

对于网壳间连接腹杆,类椭圆内开口边界第一个网格内的径向连接腹杆(25)可不设置,以作为建筑内环形观光走廊使用。

图 4.1-7(a)、图 4.1-7(b)分别为图 4.1-3 中高网壳外切边弧形管桁架的 E-E 剖面图、低网壳外切边弧形管桁架的 F-F 剖面图。

如图 4.1-3、图 4.1-4、图 4.1-7 所示,高网壳的 4 个外切边均设置为外切边弧形管桁架形式进行边界支撑,以增大整体结构的边界刚度;高网壳外切边弧形管桁架为两端落地弧形支撑形式,由高网壳外切边上弦杆(37)、高网壳外切边腹杆(38)、高网壳外切边下弦杆(39)组成。

低网壳的 4 个外切边均设置为外切边弧形管桁架形式进行边界支撑。类似地,低网壳外切边弧形管桁架为两端落地弧形支撑形式,由低网壳外切边上弦杆

(40)、低网壳外切边腹杆(41)、低网壳外切边下弦杆(42)组成。

高网壳、低网壳外切边弧形管桁架的上、下弦杆主管(37、39、40、42)，腹杆支管(38、41)的尺寸分别参照高网壳，低网壳径向落地弧形管桁架的上、下弦杆主管(1、3、13、15)，腹杆支管(2、14)的尺寸大一号初步选取，并通过后续受力分析最终确定。

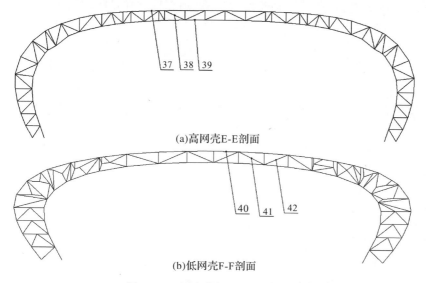

(a)高网壳E-E剖面

(b)低网壳F-F剖面

图 4.1-7　网壳外切边弧形管桁架

如图 4.1-3、图 4.1-5 所示，高网壳、低网壳分别设置 8 道径向水平支撑、2 道环向水平支撑以提高高网壳、低网壳各自的整体结构体系扭转刚度。8 道径向水平支撑分别设置在高网壳、低网壳的 4 个落地端两侧，每道径向水平支撑包括连接两榀径向管桁架的上弦层水平支撑、下弦层水平支撑，整体呈现为由内环类椭圆开口边界延伸至落地处的径向布置；高网壳的每道水平支撑由高网壳上弦径向支撑(7)、高网壳下弦径向支撑(8)组成，低网壳的每道水平支撑由低网壳上弦径向支撑(19)、低网壳下弦径向支撑(20)组成。

环向水平支撑分别设置于类椭圆内开口边界处、外缘落地弧形管桁架拐角处。每道环向水平支撑包括连接两榀环向管桁架的上弦层斜支撑、下弦层斜支撑，整体呈现为内圈环形、外圈圆弧段。类椭圆内环水平支撑位于内圈同一平面位置，包括高网壳上弦内环支撑(11)、高网壳下弦内环支撑(12)、低网壳上弦内环支撑(23)和低网壳下弦内环支撑(24)。外环水平支撑各自设置在高网壳、低网壳的 4 个落地端弧形拐角处，包括高网壳上弦外环支撑(9)、高网壳下弦外环支撑(10)、低网壳上弦外环支撑(21)和低网壳下弦外环支撑(22)。

连接腹杆位于高网壳、低网壳之间，平面位置为外四切边、类椭圆内开口之间的重合区域(图 4.1-3),包括径向连接腹杆(25)、环向连接腹杆(26)。为提高整体结构体系的刚度,各外切边中心距离内圆开口边界的重合区域距离不小于 3 个网格尺寸。高、低网壳叠合连接成整体体系后,重合区域表现为三层网壳结构、非重合区域表现为单层网壳结构。

图 4.1-8 是图 4.1-3 中东南角处(27~36 所在位置)的封闭桁架结构示意。

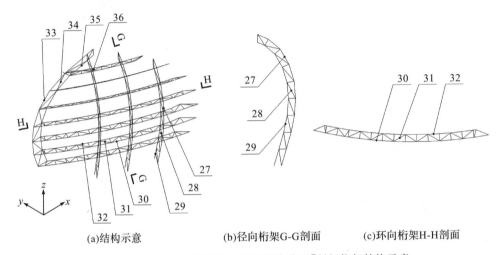

(a)结构示意　　　　　　(b)径向桁架G-G剖面　　　　(c)环向桁架H-H剖面

图 4.1-8　东南角处[(27)~(36)所在位置]封闭桁架结构示意

如图 3.4-3、图 4.1-8 所示,封闭桁架位于高、低网壳外四切边的 8 个交汇处,由径向桁架、环向桁架、弧边界桁架组成,其中径向桁架、环向桁架正交设置,构成双向桁架整体受力体系。径向桁架由封闭桁架径向上弦杆(27)、径向腹杆(28)、径向下弦杆(29)构成,环向桁架由封闭桁架环向上弦杆(30)、环向腹杆(31)、环向下弦杆(32)构成,弧边界桁架由封闭桁架弧边界上弦杆(33)、弧边界腹杆(34)、弧边界下弦杆(35)构成。

在每个交汇处,径向桁架以中心定位点(47)为旋转中心,间隔角度进行旋转复制生成径向管桁架组合体,结构形式为落地弧形管桁架,间隔角度一般可取为3°~8°。

封闭桁架的靠近高网壳外切边桁架一端位于高网壳管桁架下弦杆(3)的内侧,采用伸入高网壳外切边桁架以内进行连接,伸入距离为 3~10m;伸入边界设置弧边界桁架,并在平面上与外切边平行,弧边界桁架的下端部分与不同网格处的高网壳环桁架下弦杆(6)对应位于同平面圆弧上,直接与其相贯连接;弧边界桁架的平面位置与外切边弧形管桁架的平面位置平行,其上端部分与不同网格处的高网壳管桁架下弦杆(3)、桁架下弦杆(6)、外切边下弦杆(39)均为脱开状态,增设边界连接腹杆(36)进行悬挂相贯连接。

　　封闭桁架的靠近低网壳外切边桁架一端位于低网壳管桁架上弦杆(13)、管桁架下弦杆(15)之间的内部范围,径向桁架、环向桁架的端部均与低网壳外切边上弦杆(40)、外切边腹杆(41)、外切边下弦杆(42)直接相贯连接即可。

　　径向桁架和环向桁架正交布置构成双向桁架体系,同时承载侧向和竖向的荷载。与双层叠合网壳体系的主体构件截面形式相对应,封闭桁架的构件截面一般也为圆管截面,由于其布置相对较密,构件尺寸相对较小,主管一般为 200～400mm,支管一般为 100～200mm;落地径向平面桁架的间距为 10～15m,以适应底部大空间的建筑入口功能;环向桁架间距为 3～6m,相对布置较密一些,以增大双向桁架体系的整体刚度。

　　图 4.1-9 是图 4.1-3 中东南角处(43～45 所在位置)的钢支撑筒结构示意。

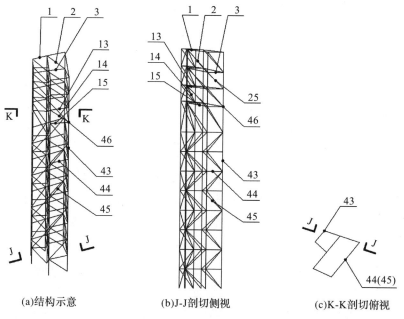

(a)结构示意　　　　(b)J-J剖切侧视　　　　(c)K-K剖切俯视

图 4.1-9　东南角处[(43)～(45)所在位置]钢支撑筒结构示意

　　如图 3.4-3、图 4.1-9 所示,钢支撑筒位于高网壳 4 个落地端的平面重合区,分为东南、西南、东北和西北方位,平面为 L 形或四边形;钢支撑筒由支撑筒竖框柱(43)、支撑筒水平梁(44)、支撑筒斜支撑(45)组成,为中心支撑钢框架。钢支撑筒的上端设置顶部转换支座(46),对低网壳下弦层即低网壳管桁架下弦杆(15)的对应位置节点进行竖向支撑。

　　图 4.1-10 是钢支撑筒顶部转换支座(46)的构造示意。由图可知,顶部转换支座(46)为抗震球铰支座的形式,可满足结构抗震要求,并可将上部钢屋盖结构与下部钢支撑筒脱离开;为满足较大竖向支撑力作用,球铰支座上端设有加强隔板(54)

的贯通柱墩(53),管桁架下弦杆(15)为主管断开并连接至贯通柱墩(53)上。

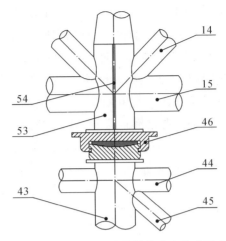

图 4.1-10 钢支撑筒顶部转换支座构造示意

当建筑跨度较大且整体刚度较弱时,钢支撑筒在作为双层叠合网壳体系的竖向支撑结构的同时,也可作为建筑电梯、楼梯井道使用,以通向内环观光走廊;但当建筑跨度不大且双层叠合网壳体系的整体刚度足够时,也可不设置钢支撑筒,即不考虑竖向内部支撑。

图 4.1-11 是典型案例的双屋面叠合网壳体系的双重非线性稳定荷载收敛曲线图。可知,双层叠合网壳体系实施案例的双重非线性轴压稳定荷载收敛曲线为极值点失稳破坏,失稳后不能继续承载,案例的极限失稳荷载系数为 2.88,具有较好的非线性稳定承载性能。其中,所施加初始缺陷为第 1 阶屈曲模态,缺陷幅值为300mm,即叠合网壳最大悬挑跨度 45m 的 1/150,构件材料为理想弹塑性材料。

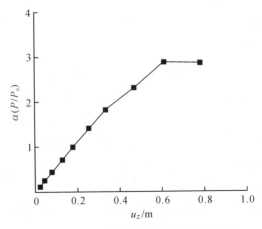

图 4.1-11 双重非线性稳定荷载收敛曲线

4.1.3　工程应用案例

本创新体系可应用于内部类椭圆形、露天开口的大跨度复杂空间建筑的屋盖结构体系设计及承载,大跨度复杂空间建筑为跨度不小于 60m 且满足特殊建筑功能、特殊曲面幕墙造型的大空间公共民用建筑。该体系已在湖州南太湖奥体中心工程主体育场(湖州体育场)项目中获得借鉴和应用,该项目已于 2016 年竣工,现已投入使用[66-67]。

(1)工程概况

湖州南太湖奥体中心工程位于浙江省湖州市仁皇山新区北片,主要由主体育场、游泳馆和小球馆组成。主体育场位于湿地奥体公园中心位置,会议酒店、会展中心、康复中心、游泳馆以及附属商业中心等围绕体育场形成整体。湿地奥体公园总建筑面积为 10.1 万 m²,其中主体育场总建筑面积约为 8.9 万 m²,沿环向设置 1 层地下室;体育场固定座位约为 4 万个。主体育场屋顶造型如同百合花从体育场中心向四周伸展;圆形外壳直径约为 260m,屋顶椭圆形开口长轴约为 186m,短轴约为 150m。主体结构采用外三切边的双屋面叠合网壳体系。该项目的建筑设计方案由德杰盟工程技术(北京)有限公司完成。图 4.1-12 为建筑效果,图 4.1-13 为现场施工实景。

图 4.1-12　建筑效果

(2)设计参数

建筑结构安全等级为一级,结构设计使用年限为 50 年。荷载工况主要包括恒荷载、活荷载、雪荷载、风荷载、地震作用和温度作用等。基本风压和雪压均按照100 年一遇取值,地面粗糙度为 B 类,雪荷载与屋面活荷载不重复计算。同时,需考虑活荷载(或雪荷载)不对称布置,即需考虑半跨活荷载(或雪荷载)的不利影响。

(a)实景一

(b)实景二

图 4.1-13　现场施工实景

1)风荷载。基本风压为 0.5kN/m²(100 年一遇)。不考虑风振的风荷载标准值和风振系数分别由风洞试验报告、风振系数计算报告给出。风洞试验报告将高低屋面均划为 10 个区域,取 0°与 y 向一致,逆时针每隔 15°取 1 个风向角,共 24 个风向角。计入风振后的等效静力风荷载控制风向角:150°、210°为水平向阻力的控制风向角,120°、240°为竖向升力(吸力)风压的控制风向角,135°、225°为绕竖向扭矩风压的控制风向角;体型系数负的最大值为 −0.81,正的最大值为 0.68;风振系数最大值为 2.98。

2)地震作用。设计基本地震加速度峰值为 0.05g,相应的抗震设防烈度为 6 度,设计地震分组为第一组,场地类别为Ⅲ类。抗震设计主体育场设置座位数大于 3 万,属于大型体育场,抗震设防类别为重点设防类(乙类)。

3)温度作用。整体钢结构合拢温度暂定为 25~30℃。因无气象资料,故设计阶段偏高取值,屋盖钢结构整体温差取为升温 25℃、降温 25℃。

(3)结构体系

1)结构选型

建筑方案的最大亮点在于屋顶的椭圆形开口,且周边设置了一圈观光走廊,朝里可俯视整个体育场,朝外可欣赏湿地风景。根据建筑造型和使用功能,选择和建筑高度一致的高低屋面叠合开口双层网壳结构体系,无须在受力体系上另设造型构件,建筑和结构之间形成一个整体。该方案符合力学逻辑,体现了创新性和新颖性。高低屋面由建筑提供的剖面和边界控制线,绕着中心线旋转一周,形成光滑曲面,然后通过内外边界线切割。屋盖钢结构的受力体系融于建筑造型,结构受力体系和建筑的造型形式完美结合、协调统一。

2)结构模型

主体育场结构模型如图 4.1-14 所示。根据功能和位置,主体育场钢结构分为高屋面网壳、低屋面网壳、入口百叶部分和观光电梯,主要部分由高、低两个屋面叠合而成。高、低屋面均由控制弧线沿圆周旋转一圈形成光滑曲面,并通过内外边界线切割,分别形成内部椭圆开口及四周百叶入口部分。高低屋面均为双层网壳,之间沿中心椭圆开口边缘设置一圈宽约 4m 的观光走廊。沿主体育场周边共设置 6 个入口,每个入口对应高低屋面交接处。

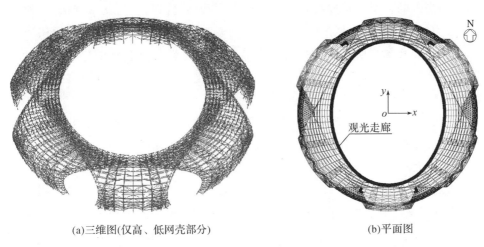

(a)三维图(仅高、低网壳部分)　　　　　　　　(b)平面图

图 4.1-14　整体结构模型

椭圆形开口周边高低屋面叠加的总厚度不超过 10m。屋盖钢结构中间开口的水平投影为椭圆形,屋盖高低双层网壳在开口处的厚度、从支承点伸出的悬挑长度以及高低屋面的檐口标高均是变化的。屋顶最大悬挑长度约为 45m,最高点结构标高为 55.950m。高低屋面落地处网壳厚度为 4.0m,弯角处最大为 6.5m,檐口高、低屋面网壳厚度最小处为 3.0m,中间观光走廊最大高度为 4.0m。高、低屋面双层网壳和电梯筒的落地端节点均为铰接。

(4)结构措施

1)入口百叶部分:高低屋面外部经三角形切割后形成 6 个百叶部分,设有通往场内看台的入口。入口百叶部分最大弧线跨度有 66.4m,高度均在 34.3m 左右,入口门洞尺寸较大。入口百叶部分与屋盖钢结构连成整体:靠近地面采用平面桁架,顶部与高低屋面之间形成的三角形部分则采用单层网壳,平面桁架和单层网壳之间通过空间四边形桁架过渡,每个入口部分设置 3 道竖向平面桁架,支承于室外平台(图 4.1-8)。

2)悬挑端观光走廊:屋盖钢结构设有观光走廊,南北对称设置4部观光楼电梯。由于看台柱不作为支承条件,因此楼电梯筒承担的竖向荷载较大。为了减少弯曲对杆件截面应力的影响,通过抗震球支座将上部钢屋盖和下部楼电梯脱开(图4.1-10)。脱开前最大管径为 P750×35mm,强度应力比略大于1.0,不满足要求;脱开后,管径以 P450×30mm 为主,局部为 P500×30mm,应力比小于1.0,满足要求。

3)节点连接复杂:高低屋面叠合的结构体系,必然导致节点交汇杆件非常多,其中最多的一个节点连接杆件高达14根,构件之间的空间关系复杂,再加上节点受力较大,这都给设计增加了难度。网壳主体结构钢管相贯节点、边桁架节点、百叶格栅及单层网壳杆件相交节点等各类连接节点均十分复杂,如内力大、连接杆件多、构造复杂。以相贯节点为主,少数连接杆件多、受力较大的节点可采用焊接球节点。

4)柱脚支座结构:高低屋面上下弦杆落地柱脚分为刚接支座、铰接支座。刚接支座:指直接插入下方钢筋混凝土柱子;四周观光电梯的钢立柱下方均设有混凝土柱;钢屋盖大部分双层网壳的上下弦杆均落在下方同一根长柱子上;上部钢结构和下部混凝土柱在标高6.5m的平台上交界,钢立柱下埋2.4m,并设置栓钉,同时上下一定范围设置十字加劲肋。铰接支座:指高低屋面交界处落地钢立柱对应位置无地下柱子,通过钢筋混凝土梁支承;局部梁宽不满足构造要求时水平加劲肋,并采用劲性框架以增加抗剪,如图4.1-15所示。

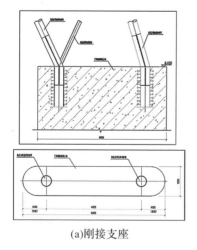

(a)刚接支座

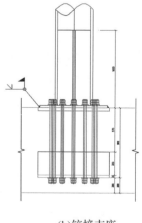

(b)铰接支座

图 4.1-15　柱底支座结构

(5)性能分析

采用 ANSYS 软件建立有限元模型进行计算对照验证,结构模型如图 4.1-16 所示。

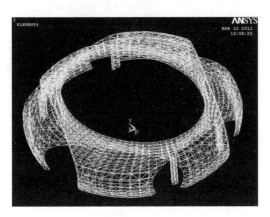

图 4.1-16　有限元结构模型(ANSYS)

荷载工况"1.0 恒+1.0 活"工况下,ANSYS 计算的竖向位移分布结果如图 4.1-17所示。ANSYS 计算的最大竖向位移为 385.64mm,相比 MSTCAD 的计算值 372mm 要稍微大一些。

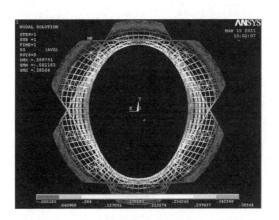

图 4.1-17　竖向位移分布云图(ANSYS)

图 4.1-18 给出 1 号节点在极限荷载下的冯·米塞斯(von Mises)等效应力云图,图 4.1-19 给出 1 号节点跨中测点荷载-应力曲线比较。大部分测点理论数据与试验结果符合良好,尤其在弹性阶段。达到极限荷载(1.9 倍设计荷载)时,节点相贯区进入塑性,各杆件跨中大部分仍处于弹性。

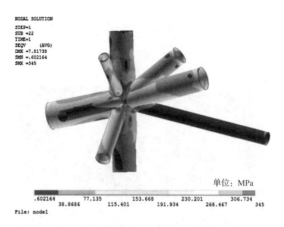

图 4.1-18　极限荷载下 von Mises 等效应力云图

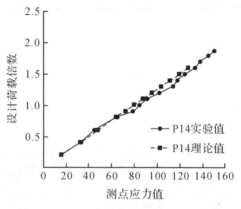

图 4.1-19　跨中测点荷载-应力曲线

4.2　悬吊钢柱大空间板柱-抗震墙体系

4.2.1　创新体系概述

板柱-抗震墙体系是由无梁楼板与柱、抗震墙共同承受竖向作用和水平作用的结构体系，其结构构件自身高度较小，具有有效降低楼层层高、减小地震效应，以及便于管道安装等优点，主要应用于对楼层大空间和建筑造型有较高要求的图书馆、美术馆等大型公共建筑。

在传统的板柱-抗震墙体系中,抗震墙、柱的尺寸较大且数量较多,竖向支撑布置单一,大空间利用有所不足。为充分体现建筑大空间功能和竖向支撑造型意象,将板柱-抗震墙体系的墙、柱进行结合并优化为统一的树状墙柱支撑是一种有效的新型结构形式。树状墙柱支撑的板柱-抗震墙体系以 V 形树状墙柱为主要抗侧力构件,具有极大的整体抗侧刚度,并通过悬吊钢柱连接枝部柱顶端和跨度相对较大的中部空心楼板、角部悬挑空心楼板,其中细长钢柱可尽量避免对建筑空间布置的影响,进而实现建筑大空间和造型设计功能。

为减轻结构自重,楼面承载体系一般为空心楼板,柱与柱之间通过同楼板高的暗梁连接,以加强整体结构刚度,吊挂空心楼板的悬吊钢柱则主要承受轴拉作用。当树状墙柱支撑的板柱-抗震墙体系涉及局部大跨度无柱空间时,预应力大跨弧板和端部支座梁的设置是一种有效的解决方案。此外,该体系存在节点连接构造复杂、部件拼装复杂、体系受力性能复杂以及大跨弧板舒适度处理难等问题,合理的树状墙柱支撑的板柱-抗震墙体系形式设计及拼装方案可有效保障其承载性能和正常使用。

本节提出一种 V 形树状墙柱支撑的大空间板柱-抗震墙结构体系的形式及设计方法,以期应用于内部大空间的少柱大跨竖向支撑及特殊墙柱造型复杂建筑的结构体系及承载[62]。

4.2.2　创新体系构成及技术方案

(1)创新体系构成

图 4.2-1 是 V 形树状墙柱支撑的大空间板柱-抗震墙的结构示意。本技术方案提供的 V 形树状墙柱支撑的大空间板柱-抗震墙结构包括树状墙柱组合、悬吊钢柱、空心楼板和预应力弧板。树状墙柱组合[图 4.2-1(b)]为竖向抗侧力主体构件,以由根部墙、枝部柱组成的 V 形树状墙柱支撑为基本单元,包括 x 向树状墙柱、y 向树状墙柱,共同构成双向正交布置的竖向中心支撑构架;悬吊钢柱[图 4.2-1(c)]为辅助竖向构件,包括中部悬吊钢柱、角部悬吊钢柱,分别用于连接枝部柱顶端和非大跨层中部空心楼板、角部悬挑空心楼板;空心楼板[图 4.2-1(d)]为楼面承载主体构件,包括上部非大跨层的整层空心楼板、底部大跨层的两侧局部空心楼板,构成楼面承载体系;预应力弧板[图 4.2-1(e)]为楼面承载辅助构件,位于底部大跨层的中部区域,可设置预应力并锚支于两侧端部支座梁,组成大跨空间的弧形楼板造型及功能空间。

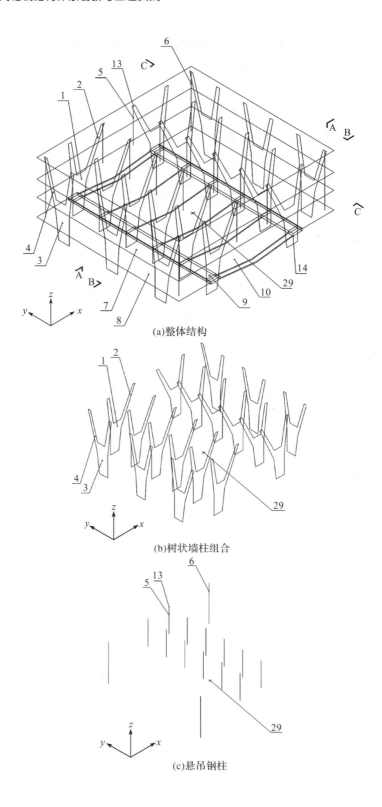

(a)整体结构

(b)树状墙柱组合

(c)悬吊钢柱

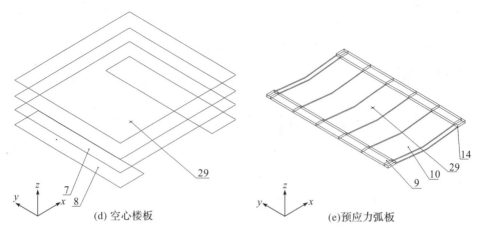

(d) 空心楼板　　　　　　　(e) 预应力弧板

　　1. x 向根部墙;2. x 向枝部柱;3. y 向根部墙;4. y 向枝部柱;5. 中部悬吊钢柱;6. 角部悬吊钢柱;7. 非大跨层空心楼板;8. 大跨层两侧空心楼板;9. 弧板端部支座梁;10. 预应力弧板;11. x 向暗梁;12. y 向暗梁;13. 悬吊钢柱节点;14. 弧板端部节点;15. 根部墙端暗柱;16. 根部墙分布筋;17. 枝部柱纵筋;18. 枝部柱箍筋;19. 上外环板;20. 下外环板;21. 加劲肋;22. 箱体部分;23. 实心部分;24. 受力纵筋;25. 连接箍筋;26. 弧板端部锚具;27. 预应力钢绞线;28. 抗崩裂 U 形筋;29. 中心定位点。

图 4.2-1　大空间板柱-抗震墙体系示意

　　图 4.2-2 是 V 形树状墙柱支撑的板柱-抗震墙结构的构成流程,具体如下。

　　1) x 向根部墙(1)和 x 向枝部柱(2)组成 x 向树状墙柱基本单元,并沿纵向(y 轴)阵列布置获得 V 形树状墙柱组合结构中部的两组 x 向树状墙柱抗侧力构件。

　　2) y 向根部墙(3)和 y 向枝部柱(4)组成 y 向树状墙柱基本单元,并沿纵向(y 轴)阵列布置获得 V 形树状墙柱组合结构两侧的两组 y 向树状墙柱抗侧力构件。

　　3) 步骤 1)、2)生成的 x 向、y 向树状墙柱共同构成竖向支撑中心构架,根部墙端部设置有根部墙端暗柱(15),墙身设置有根部墙分布筋(16);枝部柱设置有枝部柱纵筋(17)和枝部柱箍筋(18),枝部柱下端支于根部墙端暗柱(15)上。

　　4) 将中部悬吊钢柱(5)和角部悬吊钢柱(6)的顶端吊挂在树状墙柱的枝部柱顶端的悬吊钢柱节点(13)上;悬吊钢柱节点(13)为外环板嵌入形式,由上外环板(19)、下外环板(20)和加劲肋(21)组成。

　　5) 主要楼面结构设置为空心楼板,由箱体部分(22)、实心部分(23)、受力纵筋(24)和连接箍筋(25)组成,空心楼板包括非大跨层空心楼板(7)和大跨层两侧空心楼板(8)。

　　6) 空心楼板的墙柱之间设置双向正交布置的 x 向暗梁(11)和 y 向暗梁(12),以加强结构整体刚度;将中部悬吊钢柱(5)和角部悬吊钢柱(6)的下端分别固定在空心楼板的暗梁上。

　　7) 底层中部有大空间功能需求时,设置大跨度的预应力弧板(10),主要受拉钢筋为预应力钢绞线(27),并在预应力弧板(10)上均匀设置抗崩裂 U 形筋(28),以防止预应力弧板混凝土受压崩裂。

8)预应力弧板(10)的两侧端部通过端部锚具(26)支于弧板端部支座梁(9)上,构成弧板端部节点(14)。

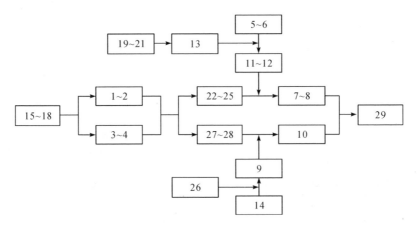

图 4.2-2　大空间板柱-抗震墙体系构成流程

(2)创新技术特点

本技术方案提供的 V 形树状墙柱支撑的大空间板柱-抗震墙体系,构造合理,组成模块明确,传力清晰,符合整体受力及承载模式的设计原则,能充分发挥整体结构体系的高刚度、高承载和造型独特优点,可实现大空间的少柱大跨竖向支撑以及复杂建筑特殊墙柱造型和功能。

本技术方案的设计思路为基于 V 形树状墙柱支撑,结合悬吊钢柱连接空心楼板的大空间板柱-抗震墙整体受力模式;以 V 形树状墙柱支撑为竖向抗侧力基本单元,通过中部、两侧的双向正交阵列设置,构成具有极大整体抗侧刚度的中心支撑构架;通过悬吊钢柱连接枝部柱顶端和非大跨层中部空心楼板、角部悬挑空心楼板,实现建筑少柱大空间和造型功能;通过预应力弧板和端部支座梁的设置和连接,实现底部楼层中部大跨无柱曲面空间功能;基于极限承载性能分析,通过体系变形、构件应力等指标控制,保障结构体系的整体受力承载性能,避免出现不可逆破坏。

(3)具体技术方案

图 4.2-3～图 4.2-5 分别是大空间板柱-抗震墙体系的整体平面图、整体正视图和整体右视图,即对应图 4.2-1(a)的 A-A 剖切示意、B-B 剖切示意和 C-C 剖切示意。

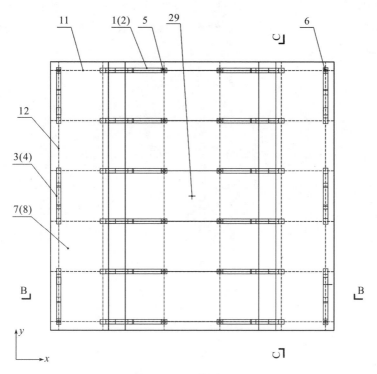

图 4.2-3　整体平面图

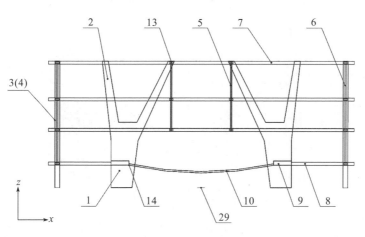

图 4.2-4　整体正视图

如图 4.2-3～图 4.2-5 所示,树状墙柱组合以由根部墙[x 向根部墙(1)、y 向根部墙(3)]、枝部柱[x 向枝部柱(2)、y 向枝部柱(4)]组成的 V 形树状墙柱为基本单元,基于中心定位点(29)双轴对称布置;中部的 x 向树状墙柱、两侧的 y 向树状墙柱均采用纵向(y向)阵列布置,其中x向树状墙柱基本单元为横向(x向)设置,y向树状墙柱基本单元为纵向(y向)设置,它们构成双向正交竖向抗侧构件布置的中心支撑构架。

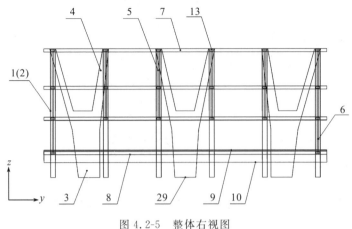

图 4.2-5　整体右视图

图 4.2-6 是单榀 V 形树状墙柱的剖面形式及配筋示意。

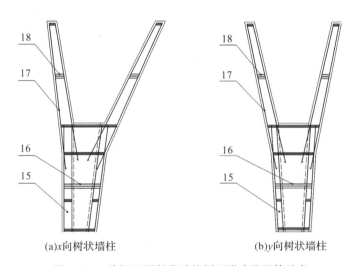

(a)x向树状墙柱　　　　　　　　(b)y向树状墙柱

图 4.2-6　单榀 V 形树状墙柱剖面形式及配筋示意

　　如图 4.2-4～图 4.2-6 所示,单榀 V 形树状墙柱的底部为一字形抗震墙,墙厚为 400～800mm,即底部为板柱-抗震墙结构;单榀 V 形树状墙柱的上部则树状分叉为两根斜柱,斜柱底端支撑于底部一字形抗震墙两端的根部墙端暗柱(15)上,斜柱截面尺寸为(400～800)mm×800mm,即上部为板柱结构。

　　一字形抗震墙两端设置根部墙端暗柱(15),墙身布置根部墙分布筋(16);斜柱设置枝部柱纵筋(17)和枝部柱箍筋(18);一字形抗震墙和斜柱过渡范围通过纵筋搭接连接并加密箍筋进行加强处理。

如图 4.2-5 和图 4.2-6 所示,悬吊钢柱用于连接 V 形树状墙柱的枝部柱顶端和下部楼层的空心楼板,分为可减少非大跨层中部空心楼板较大柱距的中部悬吊钢柱(5)和避免出现受力不利的角部大跨悬挑楼板的角部悬吊钢柱(6),减少后的柱距选取为不大于 10m。

悬吊钢柱主要承受轴拉作用,一般为圆钢管截面以充分利用钢材抗拉强度,同时也能对建筑大空间功能的影响尽量降低,其截面直径为 200～300mm,壁厚为 12～18mm,由于悬吊钢柱截面相对 V 形树状墙柱截面要小得多,抗侧刚度计算时可忽略其影响。

悬吊钢柱的顶端吊挂点位于枝部柱顶端的悬吊钢柱节点(13)处,角部悬吊钢柱(6)的底端连接处位于大跨层两侧空心楼板(8)处;当设置有预应力弧板(10)时,中部悬吊钢柱(5)的底端连接处位于非大跨层空心楼板(7)的第一个楼层(即底部大跨层的其上一层)中部处。

图 4.2-7 是悬吊钢柱连接节点构造示意。

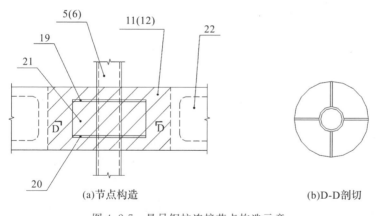

图 4.2-7　悬吊钢柱连接节点构造示意

如图 4.2-5～4.2-7 所示,悬吊钢柱与非大跨层空心楼板(7)和大跨层两侧空心楼板(8)的连接节点均采用上外环板(19)、下外环板(20)和加劲肋(21)的外环板嵌入方式连接;环板连接节点的高度比空心楼板厚度小,上外环板(19)、下外环板(20)分别距离空心楼板板顶、板底不小于 75mm,环板连接节点的高度选为 $(h-75 \times 2)$mm,其中 h 为空心楼板的厚度;加劲肋(21)位于上外环板(19)与下外环板(20)之间。

图 4.2-8 是空心楼板的剖面构造示意。

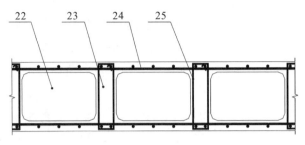

图 4.2-8 空心楼板的剖面构造示意

如图 4.2-3、图 4.2-4 和图 4.2-8 所示,各楼层墙柱之间通过双向正交的空心楼板的 x 向暗梁(11)和空心楼板的 y 向暗梁(12)连接以加强整体结构刚度,暗梁宽度为 V 形树状墙柱宽度两侧分别加上至少 100mm,暗梁高度则同空心楼板厚度;非大跨层空心楼板(7)和大跨层两侧空心楼板(8)为箱体空心结构,包括箱体部分(22)和实心部分(23),以保证有效承载并减轻自重;空心楼板的钢筋设置包括位于板顶或板底的受力纵筋(24)和位于实心部分的连接箍筋(25)。

图 4.2-9 为预应力弧板的结构形式及端部构造示意。

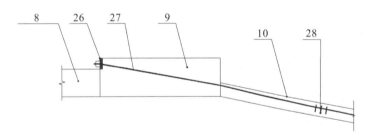

图 4.2-9 预应力弧板的结构形式及端部构造示意

如图 4.2-3、图 4.2-4 和图 4.2-9 所示,预应力弧板(10)适用于底部楼层中部有无柱大空间功能时,预应力弧板(10)通过弧板端部锚具(26)锚支于弧板端部支座梁(9)上,大跨空间尺度为 15~25m;预应力弧板(10)为实心楼板形式,厚度为 200~300mm;弧板端部支座梁(9)为宽扁梁形式,以提供足够的抗锚拉变形刚度,截面尺寸为(1500~2000)mm×700mm。

预应力弧板(10)通过预应力钢绞线(27)连接弧板端部锚具(26),以充分利用钢绞线较高的抗拉强度,预应力弧板(10)上均布设置抗崩裂 U 形筋(28),以防止大跨弧板的混凝土受压崩坏;弧板端部支座梁(9)的外侧端部则通过弧板端部锚具(26),以固定预应力钢绞线(27)。

4.2.3 工程应用案例

本创新体系可应用于内部大空间的少柱大跨竖向支撑以及特殊墙柱造型复杂建筑的结构体系设计及承载,大空间指跨度不小于 10m 的少柱竖向支撑大跨建筑空间(大空间公共民用建筑空间)。该体系已在宁波华茂国际学校国际图书馆项目的结构设计中获得应用和借鉴,项目设计已于 2016 年开始,2024 年已封顶。

(1)工程概况

宁波华茂国际学校国际图书馆位于宁波市鄞州区的华茂国际学校校园内,北侧正对贸城中路,南侧正对华茂美术馆,中间有河流贯通。总建筑面积约 3.97 万 m^2,主屋面结构高度为 19.75m。地上部分共 4 层,建筑面积约 1 万 m^2,地下部分共 2 层,建筑面积约 3 万 m^2,主要用作书库、设备间和地下停车场。流经建筑用地中部的运河宽度达 20m,通过矗立在河流两侧的 18 根树状柱支撑起位于河流上方的四层平台,从而创造出了简洁明快的楼层构成。图书馆建筑平面为 54m×51m 的矩形平面,为多层民用建筑。主体结构采用悬吊钢柱的 V 形树状墙柱支撑大空间板柱-抗震墙体系,7 度抗震设防(乙类)。该项目的建筑设计方案由伊东丰雄建筑设计事务所完成。图 4.2-10 为建筑效果,图 4.2-11 为结构模型。

图 4.2-10 建筑效果

(2)设计参数

主体结构的设计基准期和使用年限均为 50 年,建筑结构安全等级为一级(竖向构件)、二级(水平构件),结构重要性系数分别为 1.1、1.0。抗震设防烈度为 7 度(0.10g),设计地震分组为 I 组,场地类别为 IV 类,抗震设防类别为重点设防类(乙类)。

1)风荷载:位移、承载力计算时,基本风压 w_0 均按 50 年一遇标准取为 0.50kN/m^2;风压高度变化系数采用 B 类地面粗糙度来获得。

2）地震作用：小震作用下的最大水平地震影响系数取 0.08，特征周期取 0.65s，阻尼比取 0.05，地震动峰值加速度调整系数取 1.20。主楼中含大跨度和悬挑结构，考虑竖向地震作用。

（3）结构体系

1）结构选型

该结构规划在一条河流穿过中心的特殊用地上，采用 V 形结构树状墙肢作为竖向抗侧构件的形式矗立；二楼的部分楼下有凸曲地板和无柱空间；地上部分主体结构由楼板和支撑墙柱组成；在二楼设置具有大跨度曲线横截面形状的曲面板，每层部分设置悬吊钢柱；每层楼板采用厚度为 450mm 的 RC 空心楼板，在重力荷载作用下实现大跨度（常规部分为 8.8m，悬臂部分为 3.5m），减轻结构框架的质量；V 形墙柱（RC 树枝状墙柱）的厚度为 500～600mm，V 形柱适当进行分枝。悬吊钢柱放置在河道上部和河道末端形成洼地的 RC 树枝状墙柱的下部，作为固定支点；考虑在抗震设计方面确保均衡布置 RC 树枝状墙柱也被设计为竖向抗震构件；悬链曲线拱横截面形状的预应力悬索板由 250mm 厚的钢筋混凝土板和 PC 钢丝制成的索网组成；将竖向荷载产生的拉力通过内置 PC 钢丝的索网和钢筋混凝土楼板中设置的水平反作用力接收梁传递到 RC 树枝状墙柱上；地下室由 RC 框架和 RC 地下室墙体组成；基础为灌注桩基础，采用垫板和现成的混凝土桩。

2）结构模型

结构模型如图 4.2-11 所示。

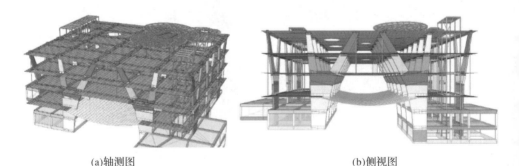

(a)轴测图　　　　　　　　　　　　　　　　(b)侧视图

图 4.2-11　结构模型

（4）结构措施

1）板柱-抗震体系

规范要求不能单独使用板柱结构，本工程主要由 RC 树状墙柱和 RC 空心楼板组成，底部两层符合板柱-剪力墙结构体系，顶部两层在规范中无类似体系，需进行结构加强措施,如抗震等级提高、性能化设计等。

2) 周边暗梁框架

根据规范要求,对于板柱-剪力墙结构体系,应在每层周边设置边梁形成周边框架,楼梯、电梯等较大洞口周围宜设置边暗梁,暗梁高度可同 RC 中空楼板厚 500mm。

3) 楼板开洞

根据规范要求,无柱帽平板应在柱上板带中设置构造暗梁,因而楼板开洞应尽量避开各楼层处 RC 墙柱的交叉连线位置。

4.3　外悬挑大跨弧形变截面箱形钢梁体系

4.3.1　创新体系概述

钢框架结构是由钢框柱、刚接钢框梁和铰接钢次梁构成的能承受垂直与水平荷载的建筑结构体系,具有强度高、自重轻、刚度大等优点,广泛应用于有轻型化和装配式要求的民用公共建筑、厂房及住宅建筑。

大跨度箱形钢梁是钢框架的一类重要形式。当建筑空间跨度达到 20～80m 且构件高度受到限制时,采用箱形截面钢梁更为经济且简便,同时箱形截面钢梁具有构造简单、节点简单、安装简便等优点。实际工程中,大跨度箱形钢梁一般结合大悬挑使用,延伸段外悬挑的设置可使内跨大跨度钢梁的挠度变形有效减小。可根据外悬挑大跨箱形钢梁不同位置的受力情况进行变截面优化,大跨段按等截面,悬挑段截面从支座端到自由端为逐渐减小而形成渐变建筑美感。当建筑屋盖立面为弧形曲面时,大跨箱梁还可变化为弧形曲线形式。

圆形平面的大跨箱形钢梁内圈可设置内环钢梁进行交汇,避免径向交汇中心构件过多而给节点设计及制作带来困难,同时,内环钢梁主要抗拉也可有效发挥其拉伸强度。内环内部通过正交小钢梁布置,既对内环钢梁起到支撑,也可作为玻璃幕墙屋顶构架。为加强整体抗侧,可设置柱间整圈刚接钢梁、外圈边界刚接钢梁;为加强整体抗扭,可在两端局部设置柱间支撑、屋盖设置环向水平支撑。此外,外悬挑大跨度箱形钢梁存在节点连接构造复杂、部件构成复杂、体系受力性能复杂以及大跨度大悬挑结构抗震及舒适度差等问题,合理的外悬挑大跨弧形变截面钢梁结构形式设计及构成方案可有效保障其承载性能。

本节提出一种内环交汇的外悬挑大跨弧形变截面箱形钢梁结构的形式及设计

方法,以期应用于径向辐射状的立面弧形曲面建筑造型大跨度、外悬挑复杂变截面箱形钢梁屋盖结构体系及承载[63]。

4.3.2 创新体系构成及技术方案

(1)创新体系构成

图 4.3-1 是内环交汇的外悬挑大跨弧形变截面箱形钢梁体系的结构示意。

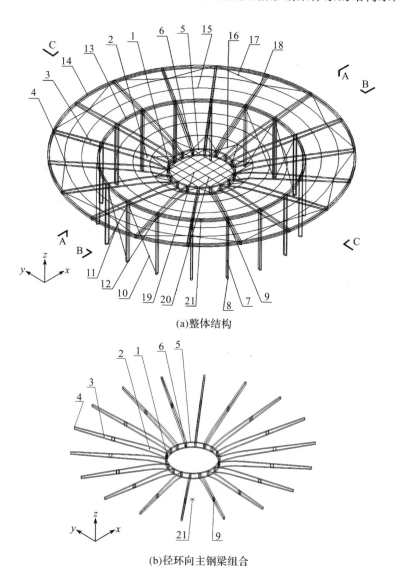

(a)整体结构

(b)径环向主钢梁组合

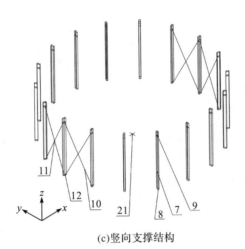

(c)竖向支撑结构

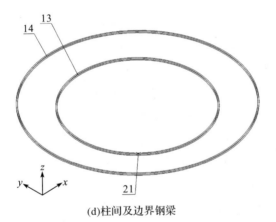

(d)柱间及边界钢梁

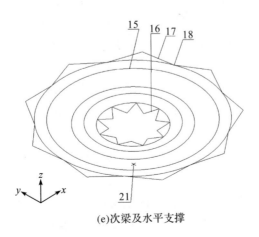

(e)次梁及水平支撑

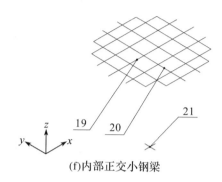

(f)内部正交小钢梁

1.径向主梁内环端;2.径向主梁大跨段;3.径向主梁悬挑段;4.径向主梁悬挑端;5.内环主梁;6.主梁刚接节点;7.箱形钢立柱;8.刚性支座;9.梁柱刚接节点;10.柱间钢支撑;11.交叉节点;12.端部节点;13.柱间刚接钢梁;14.外边界刚接钢梁;15.环向铰接次梁;16.内环钢拉杆;17.外环钢拉杆;18.钢拉杆端节点;19.x向正交小钢梁;20.y向正交小钢梁;21.中心定位点;22.主梁节点内隔板;23.梁柱节点内隔板。

图 4.3-1   外悬挑大跨弧形变截面箱形钢梁体系

本技术方案提供的内环交汇的外悬挑大跨弧形变截面箱形钢梁结构包括径环向主钢梁组合、竖向支撑结构、柱间及边界钢梁、次梁及水平支撑和内部正交小钢梁。径环向主钢梁组合[图 4.3-1(b)]为竖向主承载核心结构,由多榀辐射状布置的外悬挑大跨弧形变截面径向箱形主钢梁和一榀内环交汇的等截面的内环主梁(5)组成,以多榀辐射状布置的外悬挑大跨弧形变截面径向箱形主钢梁为主受力构件,并通过一榀等截面的内环主梁(5)进行内环交汇设置,构成立面弧形曲面建筑造型的整体体系;竖向支撑结构[图 4.3-1(c)]为水平抗侧力构件,由环向整圈的箱形钢立柱(7)和两侧局部的柱间钢支撑(10)组成,以支撑径环向箱形主钢梁组合,并与其共同构成中心支撑构架;柱间及边界钢梁[图 4.3-1(d)]为加强整体刚度的刚接钢梁,包括连接钢柱的环向刚接钢梁[柱间刚接钢梁(13)]和外圈边界连接径向箱形主钢梁的环向刚接钢梁[外边界刚接钢梁(14)];次梁及水平支撑[图 4.3-1(e)]为屋面支撑构件,包括用于分割屋盖的铰接连接次梁[环向铰接次梁(15)]和加强平面抗扭刚度的水平支撑;内部正交小钢梁[图 4.3-1(f)]位于内环主梁(5)内部并提供侧向支撑,同时构成中心区屋顶幕墙支撑构架。

图 4.3-2 是内环交汇的外悬挑大跨弧形变截面箱形钢梁体系的构成流程,具体如下。

1)由径向主梁大跨段(2)和径向主梁悬挑段(3)组成弧形变截面的径向箱形主钢梁基本单元,外侧悬挑区延伸至径向主梁悬挑端(4);以中心定位点(21)为中心,沿环向旋转阵列布置生成多榀辐射状的径向箱形主钢梁结构。

2)内环主梁(5)位于平面中部即径向主梁内侧,贯通刚接连接径向主梁内环端

(1),并与步骤1)构成的多榀径向箱形主钢梁共同组成径环向箱形主钢梁组合主承载构架;内环主梁(5)与径向主梁内环端(1)连接处为主梁刚接节点(6),通过主梁节点内隔板(22)进行加强。

3)在径向箱形主钢梁下方沿环向整圈布置箱形钢立柱(7),箱形钢立柱(7)的底部为刚性支座(8),顶部为梁柱刚接节点(9);梁柱刚接节点(9)的内部增设梁柱节点内隔板(23)进行加强。

4)箱形钢立柱(7)环向两侧设置局部的柱间钢支撑(10),柱间钢支撑(10)的交叉节点(11)处为一根贯通、一根断开,端部节点(12)位于箱形钢立柱(7)的底部或顶部,以加强整体抗侧。

5)柱间刚接钢梁(13)在箱形钢立柱(7)的顶部沿环向整圈刚接布置,形成环形拉结钢梁,连接箱形钢立柱(7)以加强整体刚度;外边界刚接钢梁(14)在径向主梁悬挑端(4)处沿环向整圈刚接布置,加强整体抗扭刚度,使径向主梁悬挑端(4)不至于出现较大的平面扭转变形。

6)设置环向铰接次梁(15)以分隔屋盖楼板,沿径向箱形主钢梁环向多圈等间隔布置;在最内环的环向铰接次梁(15)内侧设置内环钢拉杆(16),在最外环的环向铰接次梁(15)外侧设置外环钢拉杆(17),沿环向整圈布置,钢拉杆端节点(18)的位置设置在径向箱形主钢梁上。

7)在内环主梁(5)的内部设置由 x 向正交小钢梁(19)和 y 向正交小钢梁(20)组成的内部正交小钢梁,为内环主梁(5)提供侧向支撑,并构成中心区域屋顶幕墙支撑构架。

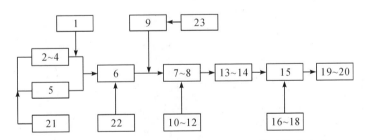

图 4.3-2　外悬挑大跨弧形变截面箱形钢梁体系构成流程

(2)创新技术特点

本技术方案提供的内环交汇的外悬挑大跨弧形变截面箱形钢梁体系,构造合理,组成模块明确,传力清晰,符合整体受力及承载模式的设计原则,能充分发挥外悬挑大跨钢梁体系的高抗侧、高抗扭刚度、高承载性能及大跨度、大悬挑优点,可实现径向辐射状的立面弧形曲面建筑造型的大跨度、外悬挑复杂变截面箱形钢梁屋盖建筑造型和功能。

本技术方案的设计思路是基于径环向主钢梁组合和竖向支撑结构结合的中心构架,并连接柱间及边界钢梁、次梁及水平支撑,以及设置内部正交小钢梁的整体受力模式;结合多榀辐射状的外悬挑大跨弧形变截面径向箱形主钢梁和一榀内环交汇的等截面内环箱形主钢梁,组成径环向主钢梁组合;由箱形钢立柱、柱间钢支撑组成竖向抗侧力结构,并与径环向主钢梁组合共同构成中心构架;通过环向的柱间刚接钢梁、外边界刚接钢梁以加强整体抗侧,设置铰接次梁及支撑以分割屋盖并加强整体抗扭;通过内部正交小钢梁布置,为内环主梁提供侧向支撑,同时构成中心屋顶幕墙支撑构架;基于非线性极限承载分析,通过体系变形、构件应力等指标控制,保障结构体系的整体承载性能。

(3)具体技术方案

图 4.3-3～图 4.3-5 分别为弧形变截面箱形钢梁体系的整体平面图、整体正视图和整体左视图,即对应图 4.3-1(a)的 A-A 剖切示意、B-B 剖切示意和 C-C 剖切示意。

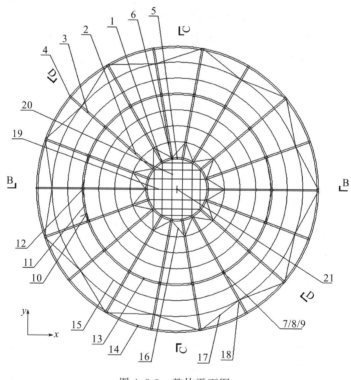

图 4.3-3 整体平面图

如图 4.3-3～图 4.3-5 所示,径环向主钢梁组合由径向主梁和内环主梁(5)正交刚接组合而成;径向主梁为竖向承载的主受力构件,以中心定位点(21)为中心沿

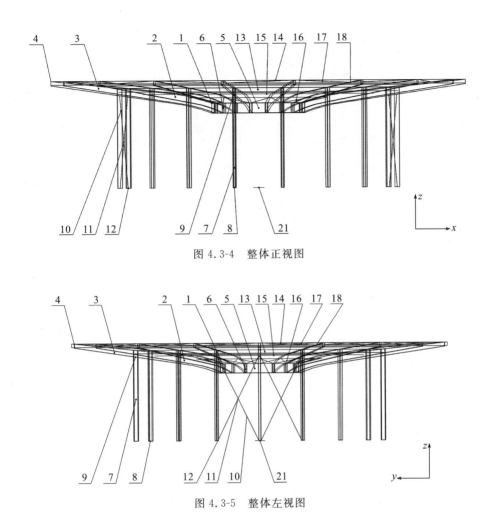

图 4.3-4　整体正视图

图 4.3-5　整体左视图

环向间隔 10°～40°旋转阵列布置,外边界最大环向间隔距离取 15～20m;单榀径向箱形主钢梁基本单元均设置为大跨度立面弧形形式,沿环向呈辐射状布置的各榀径向箱形主钢梁基本单元具体弧形定位对应建筑曲面造型可有所不同。

图 4.3-6 是单榀箱形钢梁结构(含对称 2 个单榀径向主梁、2 个箱形钢立柱和 1 个内环主梁)的 D-D 剖切侧视图。

如图 4.3-3 和图 4.3-6 所示,单榀径向箱形主钢梁包括柱内侧大跨区[径向主梁大跨段(2)]和柱外侧悬挑区[径向主梁悬挑段(3)],柱内侧大跨区主要设置为等截面箱形构件形式以考虑内部正弯矩、负弯矩的分布,柱外侧悬挑区构件截面则对应受力变化为自支座端到自由端方向的渐变减小的变截面形式;径向主梁内环端(1)刚接于内环主梁(5)上;径向主梁悬挑段(3)采用悬挑延伸形式并支撑于箱形钢立

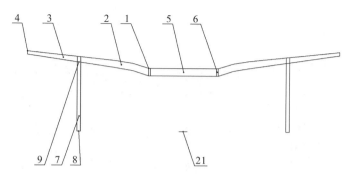

图 4.3-6   单榀箱形钢梁结构

柱(7)顶部的梁柱刚接节点(9)上,以有效减小中部的柱内侧大跨区挠度变形和应力。

内环主梁(5)主要起到环向贯通多榀径向主梁内环端(1),并结合构成整体受力模式的作用,同时为内部正交小钢梁提供边界支撑,由沿内圈环向布置的一榀内环箱形主钢梁组成,内环主梁(5)与径向主梁内环端(1)连接处为主梁刚接节点(6);内环主梁(5)为平面圆环形布置,由于对称性采用等截面构件,主要承受环向轴拉力,因此内环两侧的径向箱形主钢梁为成对对称设置。

整体体系的柱内侧最大空间跨度由中部的内环主梁(5)的直径跨度和两侧的径向主梁大跨段(2)的跨度所共同组成,最大跨度为 40~60m;径向主梁大跨段(2)主要采用等截面构件形式,截面高度为该部分跨度的 1/40~1/30,即 1000~2000mm,截面宽度为 300~500mm;径向主梁悬挑段(3)的跨度为 10~20m,采用变截面构件渐变形式,并延伸至径向主梁悬挑端(4),自由端[径向主梁悬挑端(4)]的截面高度不小于 600mm;内环主梁(5)的截面高度选取与径向主梁大跨段(2)的高度相同,使环向刚度足够且便于节点连接。

如图 4.3-3~图 4.3-5 所示,竖向支撑结构为水平抗侧力构件,包括环向间隔一定距离旋转阵列布置的箱形钢立柱(7)和两侧局部的柱间钢支撑(10);整圈的箱形钢立柱(7)沿环向均匀对称布置,支撑在径向箱形主钢梁下方而形成梁柱刚接节点(9),箱形钢立柱(7)的底部为刚性支座(8),节点内部增设梁柱节点内隔板(23)进行加强;箱形钢立柱(7)的环向通过柱间刚接钢梁(13)连接进行侧向支撑并提高整体刚度。

柱间钢支撑(10)设置于箱形钢立柱(7)的环向对称两侧,与屋盖的内环钢拉杆(16)和外环钢拉杆(17)共同构成水平斜支撑体系,以加强结构体系整体抗侧、抗扭刚度;柱间钢支撑(10)为交叉支撑结构形式,一根贯通、一根分段连接,采用箱形截面或 H 形截面型钢构件;柱间钢支撑(10)与箱形钢立柱(7)的夹角为 30°~60°。

箱形钢立柱(7)选箱形截面型钢,当轴压荷载较大时,也可在型钢内部浇灌混凝土进行加强。箱形截面型钢截面边长为 600～1000mm,壁厚为 20～50mm。

如图 4.3-3～图 4.3-5 所示,柱间及边界钢梁包括连接钢柱的刚接钢梁[柱间刚接钢梁(13)]、外圈边界连接径向箱形主钢梁的刚接钢梁[外边界刚接钢梁(14)];柱间刚接钢梁(13)沿环向整圈设置,形成环形拉结钢梁;外边界刚接钢梁(14)沿环向为整圈布置并连接径向主梁悬挑端(4),使径向箱形主钢梁的悬挑端不至于出现较大的平面扭转变形。

柱间刚接钢梁(13)、外边界刚接钢梁(14)选取为 H 形钢构件,截面高度为500～800mm。

如图 4.3.3～图 4.3-5 所示,次梁及水平支撑为屋面支撑构件,由环向铰接次梁(15)、内环钢拉杆(16)和外环钢拉杆(17)组成;环向铰接次梁(15)用于分割屋盖,沿径向箱形主钢梁为环向多圈布置,次梁间距为 3～6m;环向铰接次梁(15)截面为 H 形钢构件,截面高度为300～500mm。

屋盖水平支撑包括沿环向整圈布置的内环钢拉杆(16)和外环钢拉杆(17)两组,内环钢拉杆(16)位于最内环的环向铰接次梁(15)的内侧,外环钢拉杆(17)位于最外环的环向铰接次梁(15)的外侧,用于加强结构体系的平面抗扭刚度;内环钢拉杆(16)和外环钢拉杆(17)采用单斜杆斜支撑形式或交叉布置且两两不断开的形式;钢拉杆的直径为 20～40mm;钢拉杆端节点(18)的位置设置在径向箱形主钢梁上。

如图 4.3.3～图 4.3-5 所示,内部正交小钢梁位于内环主梁(5)的内部,由 x 向正交小钢梁(19)和 y 向正交小钢梁(20)组成,为内环箱形主钢梁提供侧向支撑,并构成中心屋顶幕墙支撑构架;内部正交小钢梁为 H 形或箱形截面钢构件,截面高度为 200～500mm。

图 4.3-7 是主梁刚接节点(6)、梁柱刚接节点(9)的构造示意。

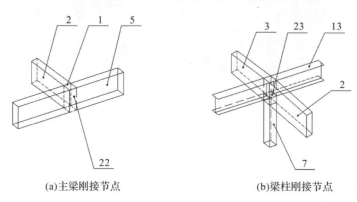

(a)主梁刚接节点　　　　(b)梁柱刚接节点

图 4.3-7　刚接节点构造示意

如图 4.3.3～图 4.3-5、图 4.3-7 所示，主梁刚接节点(6)处采用主梁节点内隔板(22)进行加强，梁柱刚接节点(9)处采用梁柱节点内隔板(23)进行加强，内隔板厚度不小于对应构件壁厚；与内环钢拉杆(16)和外环钢拉杆(17)端部连接的径向箱形主钢梁内部也需增设内隔板，外侧焊接连接板进行连接。

4.3.3 工程应用案例

本创新体系可应用于径向辐射状的立面弧形曲面建筑造型的大跨度、外悬挑复杂变截面箱形钢梁屋盖结构体系设计及承载，大跨度、外悬挑分别指最大跨度不小于 40m、最大悬挑不小于 15m 的大空间屋盖建筑结构。该体系已在南太湖奥体公园中心工程游泳馆(湖州游泳馆)项目中获得应用和借鉴，项目已于 2016 年竣工，现已投入使用[68]。

(1)工程概况

湖州南太湖奥体中心工程位于浙江省湖州市仁皇山新区北片，主要由主体育场、游泳馆和小球馆组成。游泳馆位于主体育场的左上方，斜卧在水边，头部高昂，尾部接地，建筑上呈现"飞鱼"造型；屋盖钢结构支承在看台柱子上，看台与外幕墙之间设有通道。游泳馆总建筑面积约为 1.57 万 m^2，设有 1 层地下室，地下建筑面积约为 5000m^2，观众席上共设约 1500 个座位。钢屋盖纵向水平投影长度约为157.9m，宽度约为 102.3m，最高点标高为 27.2m。上部钢屋盖主体结构采用箱形梁钢框架结构。该项目的建筑设计方案由德杰盟工程技术(北京)有限公司完成。图 4.3-8 为建筑效果，图 4.3-9 为现场实景。

图 4.3-8　建筑效果图

(2)设计参数

结构设计使用年限为 50 年，建筑结构安全等级为二级。

1)恒荷载和活荷载。屋面恒载与活载均取为 0.5kN/m^2，马道荷载取 1.0kN/m^2(恒)、2.0kN/m^2(活)。

(a)实景图一 　　　　　　　　　　　　　　(b)实景图二

图 4.3-9　现场实景图

2)风荷载。游泳馆紧邻水边,地面粗糙度类别为 B 类,所在地区 100 年一遇基本风压值为 $0.50kN/m^2$,50 年一遇基本风压值为 $0.45kN/m^2$,设计分析时按照 100 年一遇基本风压进行承载力验算,50 年一遇基本风压进行变形验算;同时进行风洞试验确定体型系数。

3)地震作用。抗震设防烈度为 6 度,设计基本地震加速度值为 0.05g,设计地震分组为第一组,多遇地震下水平地震影响系数最大值为 0.04,场地类别为Ⅲ类,特征周期为 0.45s;游泳馆座位数小于 3500 座,抗震设防类别为丙类。

4)温度作用。整体钢结构合拢温度暂定为 25～30℃。因无气象资料,设计阶段偏高取值,屋盖钢结构整体温差取为升温 25℃、降温 25℃。

(3)结构体系

1)结构选型

游泳馆钢屋盖关于南北轴对称,屋盖曲面依建筑造型确定。观众席最后一排柱子出了看台后变成方钢管柱,以作为屋盖钢结构的支承。入口大厅处设置 2 根斜柱,支承屋面悬挑部分。为了展现建筑创意,在中间沿纵向有 2 榀大梁较为突出。方案阶段准备采用网架结构体系,但是由于屋盖尾部直接落地,采用网架会影响净高;建筑要求屋顶尽量通透,不希望结构杆件太多;因此采用了箱形钢梁结构体系。

2)结构模型

屋盖钢结构模型如图 4.3-10 所示,钢结构平面布置图如图 4.3-11 所示。屋顶钢结构横向共有 10 榀横向钢梁,横向钢梁的断面为矩形,每一榀横向钢梁的宽度不变,其高度在两侧纵向大梁之间保持不变,从纵向大梁到悬挑端则采用变截面,悬挑端高度均为 800mm。长度最大的一榀横向钢梁(图 4.3-6),支承钢柱之间跨度为 56m,悬挑跨度为 20.61m。在两榀纵向大梁之间,钢截面为 2000mm× 600mm×16mm×28mm;大梁至悬挑端则采用变截面,高度统一为 800mm。为了防止钢梁发生局部屈曲,每隔2m多设置一道内加劲板。悬挑最大的一榀横向钢梁,两端悬挑长度达到28.472m。

(a)轴测图   (b)正视图

图 4.3-10 屋盖钢结构模型

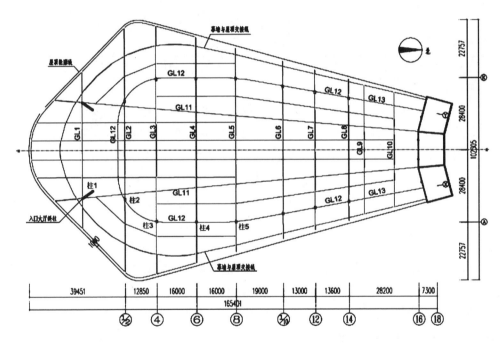

图 4.3-11 屋盖钢结构平面布置

(4)结构措施

1)横向钢梁和入口斜柱

各榀横向钢梁的截面宽度均为600mm;两侧纵向大梁之间的横向钢梁的截面高度不变,分别为1600mm、1800mm和2000mm。从两侧纵向大梁往两侧悬挑端部,则采用变截面钢梁,端部高度均为800mm。纵向大梁的宽度为600mm,高度根据相邻横向钢梁高度而变化。

入口大厅处斜柱采用圆钢管⌀1000mm×40mm,其余钢柱则采用方钢管,截面大小分为□600mm×1000mm×45mm 和□600mm×900mm×45mm 两种。

2）钢梁内置加劲板

钢梁内置加劲板能较为有效地阻止翼缘或者腹板的局部屈曲，因此在钢梁里，每隔 2m 多设置一道内置环状加劲板，加劲板宽均为 150mm、厚 16mm。

3）梁柱节点

由于屋面梁悬挑跨度大，梁柱节点受力复杂，故为确保节点受力可靠，在屋面大梁与圆形截面斜柱相连的梁柱节点部位，上翼缘板采用整块钢板的构造设计；在屋面大梁与箱形截面柱相连的梁柱节点部位，上翼缘板和侧板均采用整块钢板的构造设计。

因此设计采用钢管柱外伸节点板的做法，将框架梁上、下主筋焊接在节点板上，节点板厚 3cm，伸出钢管柱外尺寸为 35cm，梁顶筋及梁底筋位置处各设一块，钢管柱内节点板上留设混凝土浇捣孔，直径为 30cm，四角设导气孔，直径为 2.5cm。为加强梁端剪力传递，另设竖向加劲板。为保证钢与混凝土之间连接的可靠性，可要求施工方加强对节点区混凝土浇捣质量的控制，并对节点核心区域的混凝土密实度进行逐柱检测。

（5）性能分析

承载力验算时，包络各种荷载工况的最大应力如图 4.3-12 所示，最大应力出现在横向钢梁的柱子边及跨中，图中"＋"值为拉应力，"－"值为压应力。最大压应力为－289.0MPa，最大拉应力为279.50MPa，对应工况均为 1.2 恒＋0.98 活－1.4风，满足要求。

组合(最大值)
单位：MPa

| 279.50 |
| 227.82 |
| 176.14 |
| 124.46 |
| 72.78 |
| 0.00 |
| −30.58 |
| −82.26 |
| −133.94 |
| −185.61 |
| −237.29 |
| −288.97 |

图 4.3-12　包络的最大应力图

节点板是梁柱传力的关键部件，为双向受力单元，尤其在开洞处，容易产生应力集中。采用 ANSYS 对节点进行有限元分析。节点的应力云图如图 4.3-13 所示。结果表明，在混凝土框架梁的双向弯矩作用下，中柱及边柱节点板的大部分区域应力未超过 100MPa，浇捣孔处有应力集中现象，周圈应力为 280MPa。个别边柱节点板因位于防震缝双柱处，沿环向半圆板不能外伸，造成形状突变，截断处应力集中现象明显,角部个别节点应力达到 380MPa,但范围较小,仅局部进入弹塑性阶段。

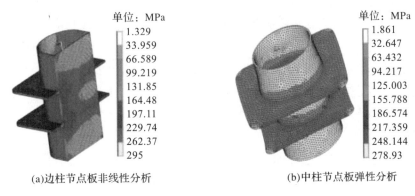

(a)边柱节点板非线性分析   (b)中柱节点板弹性分析

图 4.3-13　节点 Mises 应力云图

4.4　双向斜交组合轮辐式张拉索桁架体系

4.4.1　创新体系概述

　　索杆梁膜体系是一种新颖的刚柔性组合空间大跨结构体系,通过索、膜柔性构件的预应力设置,与杆、梁刚性构件的支撑作用构成具有特定初始几何形态和整体承载刚度的受力模式。索桁架自重轻、跨度大,兼具结构的受力合理性和建筑造型的艺术表现力,因此被广泛应用于体育场馆等大跨空间屋盖结构体系中。

　　张拉自平衡体系是其中一类较为重要的空间大跨结构形式,通过按一定规则组合的拉力构件与边界受压刚性构件共同构成自平衡结构形式。该类体系由于为自平衡体系,结构受力模式自成一体,结构边界不存在侧推力的影响,这为竖向支承结构的设计和形式带来了极大的便利。轮辐式索桁架体系作为典型的张拉自平衡体系,通过按一定角度径向辐射状布置的索桁架或索拱单元连接内环拉索和外环压梁,并施加预应力形成初始形态和承载刚度。其中,索桁架一般为径向布置,环向无连接或通过侧向支撑连接,整体抗扭刚度相对较弱。

　　双向斜交组合形式的轮辐式索桁架布置可有效解决抗扭刚度较弱这一重要问题。双向对称设置的斜径向索桁架和平面交汇处的共用撑杆构成整体受力模式。该种组合形式抗扭刚度较大,但也存在节点交汇构件多、连接构造复杂、体系受力

复杂、施工张拉成形要求高等问题。此外,屋盖整体曲面造型可通过曲线构造的内
环拉索或外环压梁形式来实现,局部的屋面造型则可通过局部索拱、弧梁支撑等结
构形式来处理。

　　本节提出一种双向斜交组合的轮辐式张拉自平衡索桁架体系的形式及设计方
法,以应用于内开口的大跨度轻型复杂曲面空间建筑屋盖结构体系及承载[64]。

4.4.2　创新体系构成及技术方案

(1)创新体系构成

图 4.4-1 是双向斜交组合的轮辐式张拉索桁架体系的结构示意。

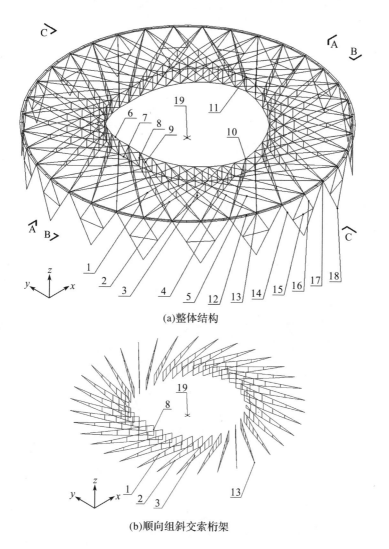

(a)整体结构

(b)顺向组斜交索桁架

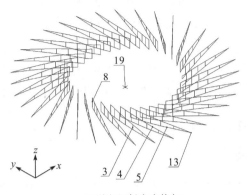

(c)逆向组斜交索桁架

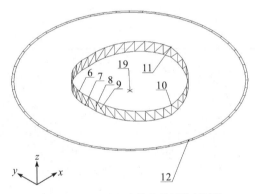

(d)双层内环拉索组合体和单层外环压梁

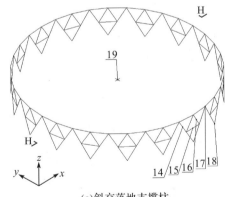

(e)斜交落地支撑柱

1.顺向组上径索；2.顺向组下径索；3.竖向撑杆；4.逆向组上径索；5.逆向组下径索；6.上内环索；7.下内环索；8.内环撑杆(索桁架内端竖向撑杆)；9.内环拉索；10.内环低定位点；11.内环高定位点；12.外环压梁；13.外环交汇节点；14.支撑柱柱柱；15.支撑柱横梁；16.支撑柱斜撑；17.上端支座节点；18.下端支座节点；19.中心定位点；20.球铰支座；21.节点加劲板；22.可调构件段；23.可调测量段；24.可调套筒；25.可调连接节点。

图 4.4-1　双向斜交组合轮辐式张拉索桁架体系结构示意

　　本技术方案提供的双向斜交组合的轮辐式张拉自平衡索桁架体系包括双向斜交索桁架组合体、双层内环拉索组合体、单层外环压梁和斜交落地支撑柱。双向斜交索桁架组合体是由沿环向呈一定夹角设置的顺向组斜交索桁架［图 4.4-1(b)］、逆向组斜交索桁架［图 4.4-1(c)］交叉汇合构成,竖向撑杆(3)对应各组顺向、逆向索桁架共用,组成具有极大整体抗扭刚度的中心支撑构架;双层内环拉索组合体［图 4.4-1(d)的一部分］包括上内环索(6)、下内环索(7)、内环撑杆(8)和内环斜拉索(9),上、下内环索均为受拉,通过斜拉索长度调节控制内环空间曲线形式,并为屋盖曲面造型提供可能;单层外环压梁［图 4.4-1(d)的一部分］沿外环边界整圈布置,相对构件截面较大,主要承受轴压作用;斜交落地支撑柱［图 4.4-1(e)］位于外环压梁下方,通过球铰支座为屋盖张拉自平衡索桁架体系提供竖向支撑。

　　图 4.4-2 是双向斜交组合的轮辐式张拉索桁架体系的构成流程图,具体如下。

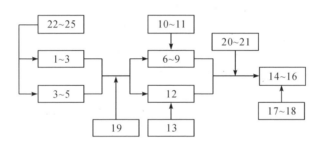

图 4.4-2　双向斜交组合的轮辐式张拉索桁架体系构成流程

　　1)顺向组上径索(1)、顺向组下径索(2)、竖向撑杆(3)组成顺向斜交索桁架基本单元,并基于中心定位点(19)旋转阵列组成顺向组斜交索桁架。

　　2)逆向组上径索(4)、逆向组下径索(5)、竖向撑杆(3)组成逆向斜交索桁架基本单元,并基于中心定位点(19)旋转阵列组成逆向组斜交索桁架。

　　3)步骤 1)、2)生成的顺向组、逆向组斜交索桁架交叉汇合,竖向撑杆(3)对应顺向组、逆向组共用,组成中心支撑构架;可调节拉索构件由可调构件段(22)、可调测量端(23)、可调套筒(24)、可调连接节点(25)组成,通过调节长度控制拉索预应力。

　　4)双层内环拉索组合体与索桁架内环端连接,由上内环索(6)、下内环索(7)、内环撑杆(8)、内环斜拉索(9)组成;内环拉索承受拉力作用,内环撑杆(8)同时也是索桁架内端竖向撑杆。

　　5)通过内环斜拉索(9)的长度调节控制双层内环拉索组合体的曲线形状,控制定位点包括内环低定位点(10)、内环高定位点(11)。

　　6)斜交索桁架在外环端汇合为外环交汇节点(13),并通过锚板锚固在外环压梁(12)上,外环压梁承受压力作用。

7)斜交落地支撑柱由支撑柱斜柱(14)、支撑柱横梁(15)、支撑柱斜撑(16)组成,位于双向斜交索桁架体系下方并进行竖向支撑,上端支座节点(17)处设置经节点加劲板(21)以加强后的球铰支座(20),下端支座节点(18)处则固定支于地下室顶板梁或地面上。

(2)创新技术特点

本技术方案提供的双向斜交组合的轮辐式张拉索桁架体系,构造合理,组成模块明确,传力清晰,符合整体受力及承载模式的设计原则,能充分发挥结构体系整体刚度和较轻自重的平衡,可实现内开口的大跨度轻型复杂曲面空间建筑屋盖造型及功能。

本技术方案的设计思路是基于双向斜交索桁架的有效组合和整体受力模式;通过沿整圈环向呈一定夹角分别设置顺向组、逆向组斜交索桁架,交叉汇合并共用竖向撑杆形式构成具有极大整体抗扭刚度的双向斜交索桁架组合体;通过在索桁架两端分别连接内侧受拉的双层内环拉索组合体和外侧受压的单层外环压梁,组成张拉自平衡整体受力体系,并竖向支撑于斜交落地支撑柱上;在给定初始预应力形成体系初始刚度的前提下,通过非线性分析保障结构体系的整体承载性能,避免出现坍塌破坏。

(3)具体技术方案

图 4.4-3~图 4.4-5 分别是双向斜交组合轮辐式张拉索桁架体系的整体平面图、整体正视图和整体右视图,即对应图 4.4-1(a)的 A-A 剖切示意、B-B 剖切示意和 C-C 剖切示意。

如图 4.4-3~图 4.4-5 所示,顺向组、逆向组斜交索桁架均以斜径向布置的单榀索桁架为基本单元,顺向组、逆向组的单榀斜径向索桁架配对设置,分别构成顺时针、逆时针旋转斜径向平面布置索桁架体系;单榀斜径向索桁架与内环拉索的平面夹角为 30°~60°,以便拉索节点的连接构造;由于索桁架的辐射状布置引起其环向间距逐渐增大,各榀斜交索桁架在内环拉索处的环向间距控制为 5~10m,则对应在外环压梁处的间距为 10~20m。

图 4.4-6 是图 4.4-3 中单榀斜径向索桁架的剖面示意。

如图 4.4-6 所示,单榀斜径向索桁架由上径索[(1)或(4)]、下径索[(2)或(5)]和竖向撑杆(3)组成;顺向组、逆向组斜交索桁架的各个平面交叉位置均通过共用竖向撑杆形式进行连接,构成具有极大抗扭刚度的整体受力体系。

如图 4.4-1 所示,单榀斜径向索桁架与双层内环拉索组合体之间通过共用竖向撑杆(3)连接,即索桁架的内端竖向撑杆与双层内环拉索组合体的竖向撑杆为共用构件;单榀斜径向索桁架的外环端汇合成单个节点,并与外环压梁连接。

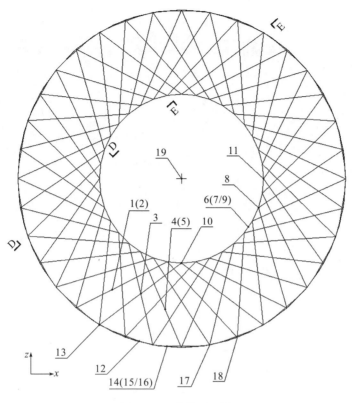

图 4.4-3　整体平面图

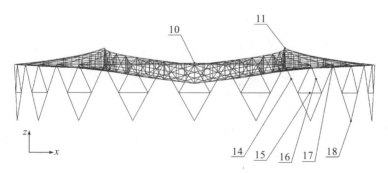

图 4.4-4　整体正视图

如图 4.4-6 所示,各个单榀斜径向索桁架的剖面变化形式基本一致,但其具体曲线定位并不相同,这是由双层内环拉索组合体的空间曲线定位引起的,并构成了大跨屋面复杂曲面造型;斜交索桁架的拉索相对内环拉索的拉力一般要小一些,对应的拉索截面也相对较小,一般直径为 50~100mm。

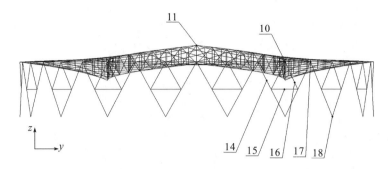

图 4.4-5　整体右视图

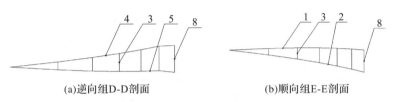

(a)逆向组D-D剖面　　　　　　　(b)顺向组E-E剖面

图 4.4-6　单榀斜径向索桁架剖面

图 4.4-7 是双层内环拉索组合体结构示意。

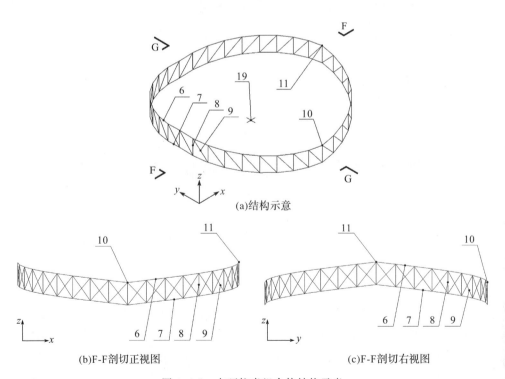

(a)结构示意

(b)F-F剖切正视图　　　　　　　　　　(c)F-F剖切右视图

图 4.4-7　内环拉索组合体结构示意

如图 4.4-7 所示,双层内环拉索组合体可为具有高差变化的空间曲线形式设置,这一过程是通过调节内环斜拉索的长度以控制单个网格的四边形形状变化来实现的,斜拉索沿四边形短对角线设置,为受拉状态,斜拉索受力较大时可进一步加密网格;顺向组、逆向组的单榀斜径向索桁架在双层内环拉索组合体处的连接节点存在竖向高差,其上径索、下径索的平面交叉位置实际也存在高差,因此分别取竖向撑杆的上、下端对应上径索、下径索的中点位置进行平均化处理考虑。

内环拉索受力在所有拉索中较大,对应拉索截面也相对较大,一般直径为 100～200mm;内环斜拉索的设置使内环拉索由一系列三角形网格构成形状固定的空间曲线形式。

图 4.4-8 是变长度可调节拉索构件的构造示意。

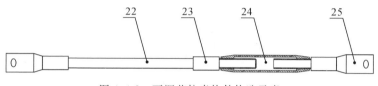

图 4.4-8　可调节拉索构件构造示意

部分关键拉索构件采用变长度可调节拉索构件形式,通过旋转套筒连接来伸长或缩短拉索构件的长度,控制其初始预应力,以产生后续可承载的体系初始刚度和初始形态,拉索构件的预应力数值通过测量段数据显示的长度变化换算获得,如图 4.4-8 所示。

图 4.4-9 是斜交落地支撑柱的结构示意。

如图 4.4-4、图 4.4-5、图 4.4-9 所示,外环压梁沿外环边界整圈布置,主要承受轴压作用,设置为抗压强度较高的钢筋混凝土环梁;外环压梁的截面为矩形,截面高度为 1000～2000mm。拉索与外环压梁的连接通过预埋锚板的形式来处理。

斜交落地支撑柱由一系列环向设置的单榀倒三角钢网格结构连接构成整体竖向支撑体系。单榀倒三角钢网格由支撑柱斜柱、支撑柱横梁和支撑柱斜撑构件组成,钢网格形状为正三角形,钢网格构件截面为箱形钢管或圆管,截面尺寸为 400～800mm;钢网格下端固支于基础或转接于地下室柱上,上端则通过抗震球铰支座对张拉自平衡的索桁架屋盖体系进行竖向支撑;支撑节点处节点板件加厚并设置节点加劲板(21)进行节点加强处理。

外环压梁、索桁架和内环拉索构成张拉自平衡体系,斜交落地支撑柱无侧向力作用,因此设计时仅需考虑竖向支撑即可。

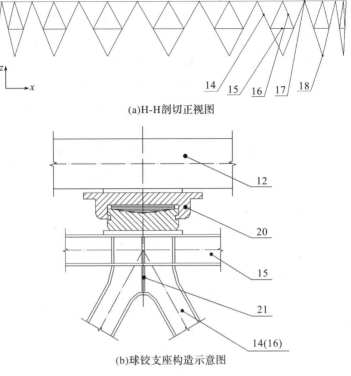

(a)H-H剖切正视图

(b)球铰支座构造示意图

图4.4-9 斜交落地支撑柱结构示意

4.4.3 工程应用案例

本创新体系可应用于内开口的大跨度轻型复杂曲面空间建筑屋盖结构,体系设计及承载,跨度复杂空间建筑为跨度不小于100m且满足特殊建筑功能和造型的大空间公共民用建筑。该体系是在枣庄体育场项目[69](斜交轮辐式索桁架体系,2017年已竣工,图4.4-10)基础上取得的创新体系及应用改进,并已在杭州国际体育中心项目(刚性桁架+轮辐式索桁架体系,图4.4-11)中获得应用和借鉴,项目于2023年完成施工图设计,目前在建中。

(1)工程概况

杭州国际体育中心项目位于杭州市余杭区,北邻城市主干道文二西路,西邻科凯路,南邻水乡北路,东邻创景路。项目地上包括专业足球场、综合体育馆、游泳跳水馆和室外平台4个子项。专业足球场为本工程"一场两馆"中的主体育场,可容纳约6万名观众,场地内设1个国际足联标准的足球场地(91.4m×55.0m)。专业足球场建筑面积约17.13万 m²,建筑高度为59.7m,上部屋盖采用外侧为钢桁架、内侧为索桁架的结构体系,采用近似马鞍形的造型,下部看台为钢筋混凝土结构,3～5层周圈采用钢桁架体系来满足建筑立面造型要求,内部局部大跨转换部分采用钢结构。项目的建筑设计方案由英国扎哈·哈迪德建筑事务所完成。图 4.4-11 为建筑效果。

图 4.4-10　现场实景(枣庄体育场)[69]

(a)效果一　　　　　　　　　　　　　　　　(b)效果二

图 4.4-11　建筑效果(杭州国际体育中心)

(2)设计参数

主体结构的设计基准期和使用年限均为 50 年,建筑结构安全等级为一级(重要构件)、二级(普通构件),结构重要性系数对应分别为 1.1、1.0。抗震设防烈度为 6 度(0.05g),设计地震分组为第一组,场地类别为 Ⅱ 类,建筑抗震设防类别为重点设防类(乙类)。

1)风荷载。根据《建筑结构荷载规范》(GB 50009—2012),杭州市的基本风压

值取 $0.45kN/m^2$（$R=50$）、$0.50kN/m^2$（$R=100$）；本工程大跨度屋盖属于对于风荷载敏感的结构，强度验算时按照 100 年重现期的基本风压考虑，变形验算时可按照 50 年重现期的基本风压考虑。风压高度变化系数采用 B 类地面粗糙度来获得。由于足球场规模较大、体型较为复杂，因此其体型系数需根据风洞试验结果确定。基本雪压 w_1 按 100 年一遇标准取 $0.50kN/m^2$。

2）地震作用。小震作用下的最大水平地震影响系数取 0.04，特征周期取 0.35s，钢结构、混凝土结构的阻尼比分别取 0.04、0.05。大震下钢结构、混凝土结构的阻尼比分别取 0.05、0.07。杭州余杭区抗震设防烈度为 6 度，按照《建筑抗震设计规范》（GB 50011—2010）要求，无须考虑竖向地震作用，但对于大悬挑看台及露台等区域，其相关构件需考虑竖向地震的影响，结构竖向地震影响系数最大值取水平地震影响系数最大值的 65％。

（3）结构体系

1）结构选型

足球场屋盖结构整体呈椭圆形，基本呈双轴对称，长轴为 323.1m、短轴为 267.2m，场心处开椭圆形洞口，长轴为 110.5m、短轴为 97.0m。钢结构屋盖分内、外两圈，内圈为轮辐式索桁架，沿径向共设置 40 榀索桁架，短轴、长轴投影悬挑长度分别为 34m、44m，共设置 8 道环索，索桁架上、下层各覆 1 层聚四氟乙烯（PTFE）膜结构；外圈为刚性桁架，沿径向设置 40 榀径向平面桁架，短轴、长轴处投影长度分别为 51.1m、62.3m，沿环向设置 5 圈环桁架，环桁架之间用径向钢梁连接，以合理划分屋面网格，作为幕墙支撑。屋盖支承在 36 颗柱子上，各方位各抽掉 1 颗柱子，在下部形成大空间，此处 4 榀径向桁架由环向桁架转换。

2）结构模型

主体结构模型如图 4.4-12 所示。屋盖形状主要由内圈线、中圈线和外圈线控制线决定。内圈索桁架结构采用马鞍形，其形状与结构受力紧密相关。外圈线由建筑决定；中圈线的投影形状由建筑决定，结构给出其高差要求；内圈线的平面投影形状由结构在建筑初定形状基础上找形优化得到，其在高度方向上的具体定位由结构找形分析后确定。最终，在短轴处，外、中、内圈线的标高分别为 58.024m、54.555m 和 48.203m，在长轴处分别为 46.058m、42.529m 和 45.107m，中圈处长短轴的高差约为 12m。屋盖侧边分为贯通的侧边斜柱结构和耳朵结构；侧边斜柱结构共设置 320 根斜柱，与桁架共面的为主斜柱，其余为次斜柱，在 2 个耳朵结构处，各有 6 根主斜柱不能落地，需直接连接到主柱上；在南侧和 2 个耳朵处，有部分次斜柱不能落地，需通过转换实现。耳朵结构根据造型，设置内外两层斜柱，均在 25.3m 平台上。结构平面布置如图 4.4-13 所示。

图 4.4-12　结构模型

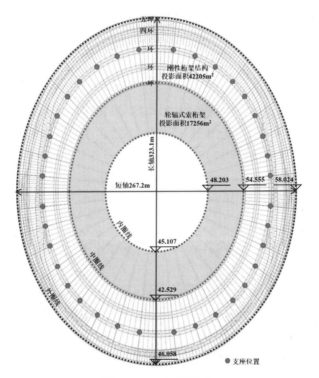

图 4.4-13　结构平面

索桁架结构由环索、径向索和撑杆组成，为双轴对称。环索呈椭圆形，长轴为110.5m，短轴为97.0m，总长约为325m，与40榀径向索用40个索夹连接。在短轴处，环索中心点标高为48.203m，长轴处环索中心点标高为42.529m。环索共设8根，分2排布置，上排4根，下排4根。径向索共40榀，内端与环索通过索夹连接，外端与一环桁架连接。上、下索之间设4道撑杆，撑杆截面为$\varnothing 100 \times 7$mm，撑杆将上、下索分成 5 段,5 段水平投影长度之比为 1∶2∶2∶2∶1。环索和径向索均采用 3 层 Z 字形钢丝密封索,强度等级采用 1770 级,环索索径为 96mm,径向索索径为 92mm。

(4)结构措施

①刚性桁架结构

刚性桁架结构由径向桁架、环桁架和径向梁组成。径向桁架共 40 榀,支承在下部 36 颗巨柱上,桁架在支座处的高度由长轴处的 6.0m 渐变到短轴处的 4.5m,桁架内场悬挑端高度均为 3.0m。环桁架共设置 5 圈,由场心至场外,分别为一环至五环。为了兼顾马道做法,一环采用四管桁架,其余均采用三管桁架。

②索结构连接节点

本工程环索共设 8 根,分上下 2 排布置,每排 4 根环索。环索长度约为 325m,做成一整根可满足运输要求,因此本工程考虑将整圈环索做成一整根,每根环索仅设置 1 处连接。此处理方法,可以尽可能减小环索索夹的尺寸。

③膜结构体系

本工程在上下层索均设置膜结构,均采用 PTFE 膜材。上、下层膜,每榀均设置 4 道拱杆,上层拱杆的矢跨比采用 1∶7.5,下层拱杆的矢跨比采用 1∶15。膜结构形状,以拱杆和索为边界找形得到。在拱脚处均设置上、下径向索之间的撑杆,撑杆长度为 600～2600mm。最靠近场心的一根撑杆,节点之间距离只有约 600mm,此处不再单设撑杆,而是由节点板代替。

(5)性能分析

对索桁架部分单独建模分析,前两阶振型如图 4.4-14 所示。

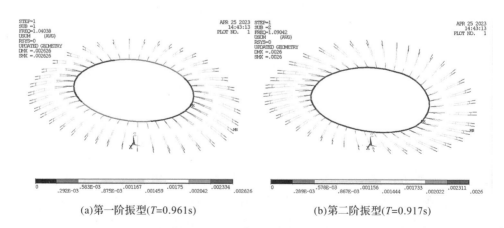

(a)第一阶振型(T=0.961s)　　　　(b)第二阶振型(T=0.917s)

图 4.4-14　索桁架结构动力特性

与仅索桁架结构时的动力特性对比,索膜协同工作时,前 15 阶基本未出现扭转振型,且未出现局部榀的振型。可见,拱杆和平衡索的存在使索桁架结构的整体性能大大提升。

索膜协同工作分析时,将拱杆、平衡索和膜都真实建模,与仅有索桁架结构模型相比,自重会大不少。因此,在张拉态时,两者的索力有较大误差,这是合理的结果;在初始态时,两者的索力基本吻合,存在误差的原因主要是两个模型的荷载总量和荷载分布存在一定偏差。

4.5　螺旋递升式大空间混合结构体系

4.5.1　创新体系概述

大空间钢-混凝土混合结构体系是由钢、混凝土构件组成的一种混合体系,一般由主体混凝土结构、局部钢结构组成,被广泛应用于大剧院、展览馆、体育场馆等大型公共建筑。

出于建筑和幕墙的造型需要,往往会出现错层结构,其中螺旋造型是一种实现难度较大但又造型美观且实用的外立面形式。合理的坡道结构和幕墙支撑桁架设置,可实现螺旋递升造型并保证其抗侧性能和实施可行性。螺旋坡道必然造成错层构件交汇,为保证承载性能,对错层结构的合理设置和加强构造提出较高要求。局部大空间是剧院类建筑的常用功能,其屋顶一般通过大跨屋盖桁架来覆盖,因而大跨屋盖桁架的设置及其与主体结构的连接至关重要;局部大空间有时还需设置桁架抬柱结构,以保证底层大空间。

屋顶竖向长悬挑桁架是一类重要的单向悬挑竖向桁架,可有效实现屋顶幕墙支撑,构造螺旋递升式幕墙造型;竖向长悬挑桁架一般为平面管桁架结构形式,桁架宽度可由底部至顶部适当收缩,也可根据特殊幕墙造型的变化趋势进行对应位置调整。此外,由于大空间钢-混凝土混合结构体系还存在节点连接构造复杂、部件拼装复杂、体系受力性能复杂以及大跨度桁架的振动和频率处理难等问题,难以构建合理、有效的螺旋递升式大空间钢-混凝土混合结构体系设计及拼装方案,以保证其承载性能和正常使用。

本节提出一种螺旋递升式大空间钢-混凝土混合结构体系的形式及设计方法,以应用于外部螺旋递升式坡道布置及幕墙造型、内部多区域大空间功能的混合结构体系设计及承载[65]。

4.5.2　创新体系构成及技术方案

（1）创新体系构成

图 4.5-1 是螺旋递升式大空间钢-混凝土混合体系的结构示意。

本技术方案提供的螺旋递升式大空间钢-混凝土混合结构包括中部主体结构、螺旋递升坡道、大跨度屋盖、悬挑大空间和屋顶竖向桁架。中部主体结构［图 4.5-1(b)］位于中间区域，为核心支撑构架，包括内部框架柱(1)、内部框架梁(2)、边界框架柱(3)、边界框架梁(4)、小核心筒(5)和附加剪力墙(6)，其中内部框架柱(1)和内部框架梁(2)构成内侧主体部分，中部主体结构内部多处区域设有内部局部大空间，中心区设有周圈混凝土多层桁架抬柱结构；中部主体结构通过边界框架柱(3)和边界框架梁(4)与螺旋递升坡道交汇错层连接；螺旋递升坡道［图 4.5-1(c)］位于中部主体结构外圈，包括螺旋递升大坡道(13)和螺旋递升小坡道(14)，螺旋递升坡道与中部主体结构错层处形成错层结构(16)；大跨度屋盖［图 4.5-1(d)］位于内部多处局部大空间区域的屋顶，为大跨度平面桁架结构，大跨度屋盖通过牛腿支座与中部主体结构连接成整体结构；悬挑大空间［图 4.5-1(e)］位于螺旋递升大坡道高位端部，包括竖向支撑悬挑桁架(26)、屋顶正交向小桁架(27)、楼面大跨钢梁(28)和过渡区钢框架(29)；竖向支撑悬挑桁架(26)、屋顶正交向小桁架(27)和楼面大跨钢梁(28)构成多层通高大空间入口结构；屋顶竖向桁架［图 4.5-1(f)］刚性支撑在中部主体结构屋顶和大跨度屋盖上，屋顶竖向桁架为多圈螺旋递升布置的竖向长悬挑桁架结构，构成幕墙支撑构架。

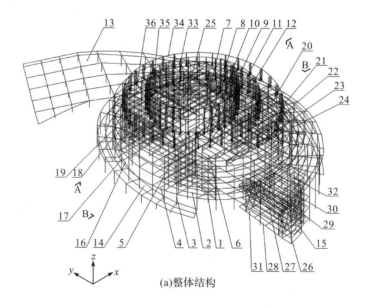

(a)整体结构

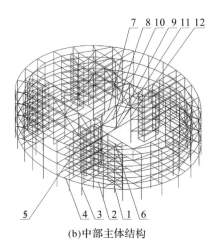

(b)中部主体结构

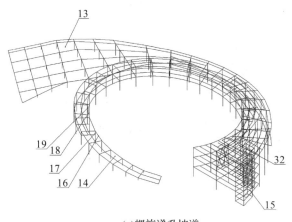

(c)螺旋递升坡道

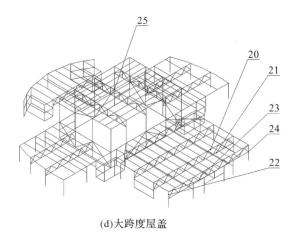

(d)大跨度屋盖

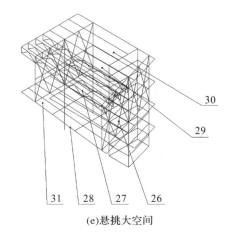

(e)悬挑大空间

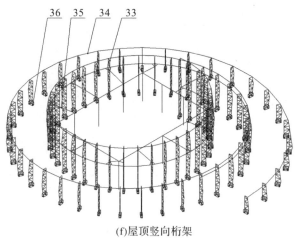

(f)屋顶竖向桁架

1.内部框架柱;2.内部框架梁;3.边界框架柱;4.边界框架梁;5.小核心筒;6.附加剪力墙;7.桁架上弦梁;8.桁架中弦梁;9.桁架下弦梁;10.桁架竖柱;11.桁架斜撑;12.桁架边柱;13.螺旋递升大坡道;14.螺旋递升小坡道;15.坡道小核心筒;16.错层结构;17.错层柱;18.坡道梁;19.楼面梁;20.钢桁架上弦梁;21.钢桁架下弦梁;22.钢桁架竖柱;23.钢桁架斜撑;24.牛腿支座;25.刚性柱脚;26.竖向支撑悬挑桁架;27.屋顶正交向小桁架;28.楼面大跨钢梁;29.过渡区钢桁架;30.过渡区;31.悬挑区;32.常规区;33.竖向悬挑桁架;34.环向钢梁;35.侧向支撑;36.底部支座。

图 4.5-1   螺旋递升式大空间混合体系结构示意

图 4.5-2 是螺旋递升式大空间钢-混凝土混合体系的构成流程图,具体如下。

1)内部框架柱(1)、内部框架梁(2)、边界框架柱(3)、边界框架梁(4)、小核心筒(5)和附加剪力墙(6)组成中部主体结构;在中部主体结构的中心区,由桁架上弦梁(7)、桁架中弦梁(8)、桁架下弦梁(9)、桁架竖柱(10)、桁架斜撑(11)和桁架边柱(12)组成周圈混凝土多层桁架抬柱结构。

2)螺旋递升大坡道(13)、螺旋递升小坡道(14)组成螺旋递升坡道,坡道梁(18)与中部主体结构的楼面梁(19)交汇连接,并结合错层柱(17)构成错层结构(16),在螺旋递升大坡道(13)的终止端的高位区设置坡道小核心筒(15)。

3)由钢桁架上弦梁(20)、钢桁架下弦梁(21)、钢桁架竖柱(22)和钢桁架斜撑(23)组成大跨度屋盖,并通过牛腿支座(24)设置在中部主体结构中的内部局部大空间的屋顶位置。

4)中心区屋顶位置的大跨度屋盖通过刚性柱脚(25)支撑在多层桁架抬柱结构上。

5)竖向支撑悬挑桁架(26)、屋顶正交向小桁架(27)、楼面大跨钢梁(28)和过渡区钢框架(29)组成悬挑大空间,竖向支撑悬挑桁架(26)延伸至过渡区(30)。

6)竖向悬挑桁架(33)、环向钢梁(34)、侧向支撑(35)和底部支座(36)组成屋顶竖向桁架,屋顶竖向桁架刚性支撑在中部主体结构的屋顶和大跨度屋盖上,作为屋顶幕墙支撑构架。

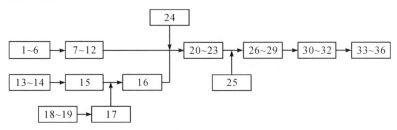

图 4.5-2　螺旋递升式大空间钢-混凝土混合体系构成流程

(2)创新技术特点

本技术方案提供的螺旋递升式大空间钢-混凝土混合结构,构造合理,组成模块明确,传力清晰,可以实现外部螺旋递升式坡道布置及幕墙造型、内部多区域大空间功能的混合结构体系设计及承载,能充分发挥螺旋递升式大空间钢-混凝土混合结构体系的多区域大空间、高刚度及螺旋递升独特造型优点。

本技术方案的设计思路是以中心设置周圈混凝土多层桁架抬柱的中部主体结构为核心支撑构架,通过螺旋递升坡道、大跨度屋盖实现外部螺旋递升式坡道布置、多区域大空间屋盖构造,通过悬挑大空间、屋顶竖向桁架构成整体受力模型,实现悬挑大空间功能、螺旋幕墙造型,在减轻自重和控制抗侧刚度的前提下,实现多区域大空间、螺旋递升建筑造型及功能;基于承载性能分析,通过整体刚度、应力比等指标控制,进一步保障整体体系的合理有效。

(3)具体技术方案

图 4.5-3~图 4.5-5 分别是螺旋递升式大空间钢-混凝土混合体系的整体平面图、

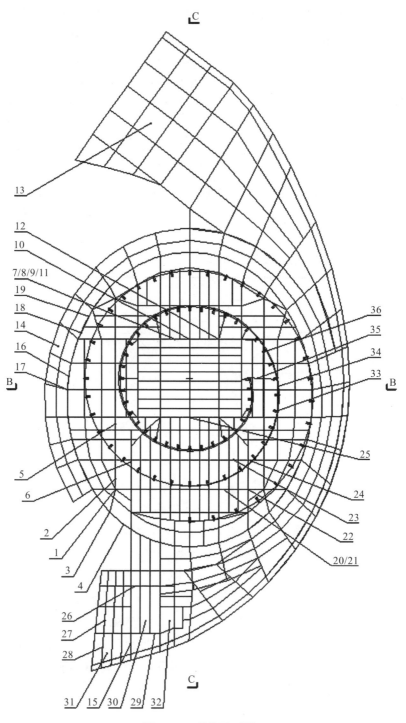

图 4.5-3　整体平面图

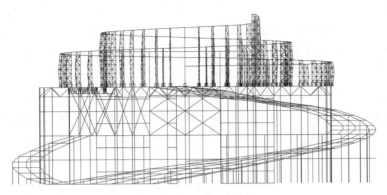

图 4.5-4　整体正视图

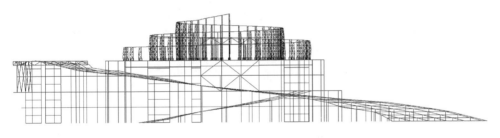

图 4.5-5　整体右视图

整体正视图和整体右视图,即对应图 4.4-1(a)的 A-A 剖切示意图、B-B 剖切示意图和 C-C 剖切示意图。

　　图 4.5-6 是图 4.5-1(b)中心区的周围混凝土多层桁架抬柱结构的剖面示意图。

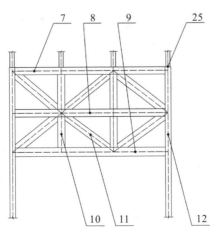

图 4.5-6　混凝土多层桁架抬柱结构剖面

如图 4.5-3～图 4.5-6 所示,周圈混凝土多层桁架抬柱结构由桁架上弦梁(7)、桁架中弦梁(8)、桁架下弦梁(9)、桁架竖柱(10)、桁架斜撑(11)和桁架边柱(12)组成,周圈混凝土多层桁架抬柱结构为双层米字形桁架结构;周圈混凝土多层桁架抬柱结构为中心区大跨屋盖的支撑结构。

如图 4.5-3～图 4.5-5 所示,设有小核心筒(5)的中心主体结构为框架-剪力墙结构;附加剪力墙(6)设于中部主体结构内部局部大空间的边界;内部框架柱(1)、边界框架柱(3)的截面为矩形或圆形,截面尺寸为 600～1000mm;中部主体结构中钢材型号为 Q355B,混凝土强度为 C30～C60。

图 4.5-7 是图 4.5-1(c)中坡道梁与楼面梁交汇结构的剖面示意。

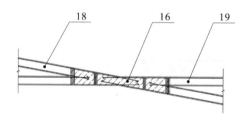

图 4.5-7　坡道梁与楼面梁的交汇结构剖面

如图 4.5-3～图 4.5-5、图 4.5-7 所示,螺旋递升大坡道(13)自地面螺旋递升至中部主体结构的屋顶高度,终止端的高位区设有落地的坡道小核心筒(15);螺旋递升大坡道(13)和螺旋递升小坡道(14)的起始端相互独立,在一定高度处交汇形成同一大坡道结构。

螺旋递升坡道呈螺旋上升状,螺旋递升坡道由坡道梁(18)和坡道板组成,中部主体结构的楼面梁(19)由内部框架梁(2)、边界框架梁(4)组成,坡道梁(18)与中部主体结构的楼面梁(19)交汇连接成错层结构(16),错层结构(16)处设有错层柱(17);坡道梁(18)和楼面梁(19)交汇区通过箍筋合并和加强纵筋锚固搭接连接;螺旋递升大坡道(13)的起始端的坡道板设置为大板结构、宽扁框梁形式。

如图 4.5-3～图 4.5-5 所示,大跨度屋盖由钢桁架上弦梁(20)、钢桁架下弦梁(21)、钢桁架竖柱(22)和钢桁架斜撑(23)组成,为单层桁架结构;大跨度屋盖端部通过牛腿支座(24)与中部主体结构连接成整体结构;大跨区域跨度为 20～40m,平面桁架高度为 2.0～2.8m,桁架主梁高度为 500～700mm,采用箱形截面构件;中心区屋顶位置的大跨度屋盖支撑在周圈混凝土多层桁架抬柱结构上,支撑位置设有刚性柱脚(25)。

图 4.5-8 是图 4.5-1(e)中竖向支撑悬挑桁架的剖面示意,图 4.5-9 是图 4.5-1(f)中竖向悬挑桁架的剖面示意。

如图 4.5-3～图 4.5-5、图 4.5-8 所示,悬挑大空间分为过渡区(30)、悬挑区(31)和常规区(32);竖向支撑悬挑桁架(26)为延伸至过渡区(30)的穿层悬挑桁架;屋顶正交向小桁架(27),包括正交于竖向支撑悬挑桁架(26)的多榀大跨度小桁架;楼面大跨钢梁(28)由楼面多根大跨度钢梁组成;过渡区钢框架(29)位于过渡区(30),悬挑区(31)和常规区(32)通过过渡区(30)转换;悬挑大空间最大悬挑长度为 10～20m。

如图 4.5-3～图 4.5-5、图 4.5-8 所示,屋顶竖向桁架包括竖向悬挑桁架(33)、环向钢梁(34)、侧向支撑(35)和底部支座(36);竖向悬挑桁架(33)为多圈螺旋递升式竖向长悬挑桁架,桁架形式为梯形平面管桁架,数个竖向悬挑桁架(33)的顶部高度螺旋递升;环向钢梁(34)设于竖向悬挑桁架(33)的外圈顶部和内圈中部,环向钢梁(34)之间环向连接竖向悬挑桁架(33)构成整体结构;底部支座(36)为刚性柱脚,包括柱底钢梁和柱底砼梁的连接支座;超过 10m 高度的竖向悬挑桁架(33)的中部设有一道侧向支撑(35)。

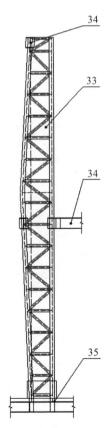

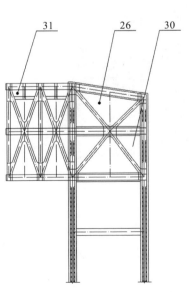

图 4.5-8　竖向支撑悬挑桁架剖面　　　　图 4.5-9　竖向悬挑桁架剖面

4.5.3 工程应用案例

本创新体系可应用于外部螺旋递升式坡道布置及幕墙造型、内部多区域大空间功能的混合结构体系设计及承载（大空间指局部大跨区最大跨度不小于 30m）。该体系已在杭州运河中央公园二期项目中获得应用，项目已于 2020 年竣工，目前已投入使用[70]。

（1）工程概况

杭州运河中央公园二期项目位于杭州市拱墅区严家桥路的南侧，总建筑面积为 8.97 万 m²，地上 4 层为剧院及辅助用房、地下 2 层（含 2 个夹层）为停车库。地上主楼为 4 层的运河大剧院，为杭州市拱墅区十大文化项目之一，采用中式风格，融入运河文化元素；地上主楼的主屋面结构高度为 22.9m，属于多层建筑。该项目采用螺旋递升式大空间混合结构体系设计，主体结构形式为框架-剪力墙，局部大空间设置大跨度、大悬挑钢桁架；地上主楼的建筑面积约为 1.94 万 m²，平面尺寸约为 170m×120m，包含一个 1200 座的主剧场（池座 864 人、楼座 336 人），层高分别为 5.7m、6.3m、5.2m、5.7m，局部主舞台屋顶高度为 31.4m。项目的建筑设计方案由新加坡盛邦国际咨询有限公司完成。图 4.5-10 为建筑效果，图 4.5-11 为地上主楼剧院的现场实景。

图 4.5-10　建筑效果

（2）设计参数

主体结构的设计基准期和使用年限均为 50 年，建筑结构安全等级为一级，结构重要性系数为 1.1。抗震设防烈度为 7 度（0.10g），设计地震分组为第一组，场地类别为 Ⅱ 类，建筑抗震设防类别为重点设防类（乙类）。

1）风荷载和雪荷载。采用《建筑结构荷载规范》（GB 50009—2012）提供的风荷载进行结构设计。承载力验算时，基本风压 w_0 按 50 年一遇标准取为 0.45kN/m²；

(a)实景图一　　　　　　　　　　　　　　　(b)实景图二

图 4.5-11　现场实景

计算舒适度时,风压取为 0.30kN/m^2;风压高度变化系数采用 B 类地面粗糙度来获得,风荷载体型系数取为 1.4。由于存在对雪荷载敏感的大跨、轻质屋盖结构,因此基本雪压 w_1 按 100 年一遇标准取为 0.50kN/m^2。

2)地震作用。采用《建筑抗震设计规范》(GB 50011—2010)提供的小震反应谱进行结构设计,最大水平地震影响系数取 0.08,特征周期取 0.45s,阻尼比取 0.05。由于存在大跨桁架结构和屋顶竖向长悬挑桁架结构,因此计算时需考虑竖向地震作用。

3)荷载工况组合。采用施工模拟三进行加载,桁架层调整为同时加载;恒荷载、活荷载、风荷载(雪荷载)、水平地震和竖向地震共同组成荷载工况,按相关规定进行工况选取。

(3)结构体系

1)结构选型

运河大剧院地上外部建筑造型为一螺旋上升式的草坪坡道,坡道上端部为一大悬挑大空间的功能区域,顶部外围至内侧覆盖数圈高度较大的穿孔铝板幕墙,建筑内部存在多处舞台、观众厅等大空间功能区域。为适应建筑功能及幕墙造型,结构形式设计上必然会存在较多的不规则性,结构整体性能及指标控制、细部节点构造、连接及受力性能等均与常规结构不同,需要做特殊的设计分析和加强措施,以保证结构安全可靠。

该项目为多层建筑,整体抗侧力体系采用螺旋递升式现浇混凝土框剪+局部钢结构的混合结构体系,其中大跨度屋盖区域、大悬挑功能区域以及屋顶幕墙支承区域均采用适应性较好的钢桁架结构形式。楼盖体系为主次梁楼盖结构。

根据《建筑工程抗震设防分类标准》(GB 50223—2008)规定,该工程为重点设防类(乙类),即按高于本地区抗震设防烈度 1 度的要求加强抗震措施。本工程位于 7 度区,故地震作用计算按 7 度抗震计算,抗震构造措施按 8 度要求加强,即抗震等级:框架为二级,剪力墙为一级,钢框架为三级,屋顶桁架支撑柱框架为一级。

2)结构模型

该结构体系主要由中部主体部分、螺旋式大坡道、螺旋式小坡道、大跨度屋盖、长悬挑多层通高大空间和屋顶幕墙支撑竖向桁架部分等组成,三维结构模型如图 4.5-12 所示。该结构体系复杂,具有大跨、错层、长悬挑、重荷载(绿化屋面)及结构内部大空间等特点,但由于各竖向构件间无可靠联系,无法较好地协调工作,故应加强概念设计及构造措施。

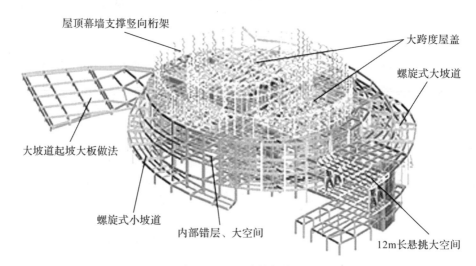

图 4.5-12　三维结构模型

典型的结构平面布置如图 4.5-13 所示。根据规范要求,剧院公共建筑需设置一定数量的剪力墙,考虑增设在观众厅、舞台和后台等位置;大坡道悬挑段的楼梯周边设置多个小核心筒,以加强整体结构抗侧刚度;中心主舞台区域采用周圈混凝土多层桁架抬柱形式,加强整体结构刚度(图 4.5-6),同时保证一层的大空间建筑功能。该项目主体结构钢材为 Q355B,柱墙混凝土为 C40,梁板混凝土为 C35。

(4)结构措施

1)楼板大开洞

根据规范要求,在观众厅、舞台、后台大开洞口边界增设一些剪力墙,以加强侧向刚度;加大洞口周围楼板的刚度及配筋,同时加大部分边梁截面尺寸,加强洞口边混凝土柱箍筋,全高加密等措施加强薄弱部位,以提高建筑物的结构整体刚度。

2)局部大悬挑

螺旋大坡道悬挑端的文创工作室最大悬挑为 12m,悬挑主受力结构采用跃层

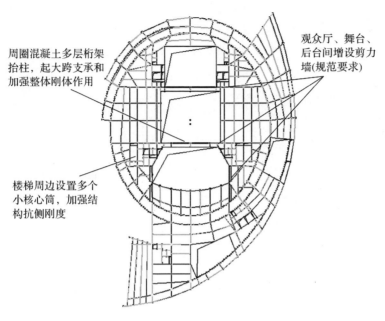

周圈混凝土多层桁架抬柱，起大跨支承和加强整体刚体作用

观众厅、舞台、后台间增设剪力墙(规范要求)

楼梯周边设置多个小核心筒，加强结构抗侧刚度

图 4.5-13　典型结构平面

的巨型钢桁架，横向楼面与屋面采用桁架和钢梁为次受力部分，通过型钢混凝土柱传力至地面的方式，在满足大空间功能的同时大大降低了结构自身质量，两者结合形成稳定的受力体系；螺旋坡道端部悬挑钢桁架结构做法见图 4.5-8。悬挑大空间区域悬挑长度为 13m，两层桁架通高高度为 10.365m，采用米字形双层桁架形式，桁架主梁高度为 700mm，斜撑高度为 400mm，采用箱形截面，桁架延伸进非悬挑区一跨进行加强；正交向楼面为箱形截面大跨度钢梁，最大跨度为 33.2m，屋顶由于有覆土荷载作用设置为 H 形截面构件组成的小桁架，桁架高度为 1.5m。

3）螺旋上升绿化坡道

由于立面造型需要，剧院两侧的屋面呈螺旋上升状，与主结构形成错层；在错层处加大柱子截面，在计算基础上加强框架柱箍筋配置，提高其抗剪承载力，根据需要局部设置梁板加腋等加强措施。并在计算中采用弹性楼板进行复核，保证结构设计满足受力要求；坡道梁和楼面梁交汇处理做法见图 4.5-7，交汇区箍筋合并并做好纵筋锚固搭接连接。

4）屋盖大跨度

舞台、观众厅等上空净高要求较高，舞台顶屋面需凸出主屋面。为了形成稳定的支撑体系，采用平面桁架结构形式，建立稳定的屋面系统，大跨度屋盖钢桁架做法见图 4.5-14。观众厅区域桁架最大跨度为 33.6m，桁架高度为 2.2m 和 2.4m，桁架主梁高度为550mm和600mm,采用箱形截面;舞台区域桁架为顶部2%结构找坡,最大跨度为21.8m,由于舞台处设备承载重,桁架高度为2.400~2.733m,桁架主梁高度为550mm,因此采用箱形截面。

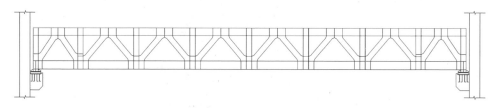

图 4.5-14　大跨度屋盖钢桁架结构

5)屋顶幕墙支撑钢桁架

屋顶幕墙支撑采用多圈螺旋递升式竖向长悬挑桁架,桁架形式为梯形平面管桁架,单榀桁架最高为17m,超过10m的竖向桁架中部需设置1道侧向钢梁,支撑在主舞台屋顶结构上,如图4.5-9所示。桁架主管、支管均采用圆钢管,主管截面$\varnothing 203 \times 12$mm,支管截面$\varnothing 102 \times 7$mm,桁架底部宽度为1000mm,采用变截面形式,桁架宽度最大1400mm,最宽处的高度随幕墙造型而变化。桁架底部支座采用刚性支座连接,包括与钢梁连接的刚性节点、与混凝土梁连接的刚性节点,如图4.5-15所示。采用柱底周圈加劲肋的做法以保证刚性支座,前者支承钢梁设置横向加劲肋加强,后者锚杆直径$d=18$mm,锚固长度为25d。

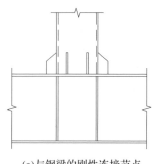
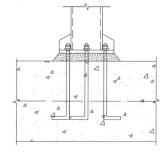

(a)与钢梁的刚性连接节点　　　　　　(b)与混凝土梁的刚性连接节点

图 4.5-15　幕墙支撑竖向长悬挑桁架结构

(5)性能分析

结构模型的整体性能分析表明,各项控制指标均在规范容许限值之内,构件基本无超配筋现象。结构构件设计时,柱墙截面验算、楼面梁截面验算满足规范限值要求,钢构件满足强度、刚度及稳定性要求。侧向刚度比、楼层位移比和剪重比的变化曲线如图4.5-16所示。侧向刚度比均满足最小限值1.0的要求,其中主屋面层(4层)由于存在多处大空间桁架屋盖区域,刚度相对下一层要大得多;楼层位移比均满足最小限值1.2的要求,剪重比均满足最小限值0.16的要求,因而结构竖向布置性能指标较好。该项目为多层建筑,由于存在大开洞、竖向不连续等多个不规则项,第1振型为 x 向平动,第2振型为扭转,但周期比为0.867(小于0.9),因而结构平面布置性能指标较好。

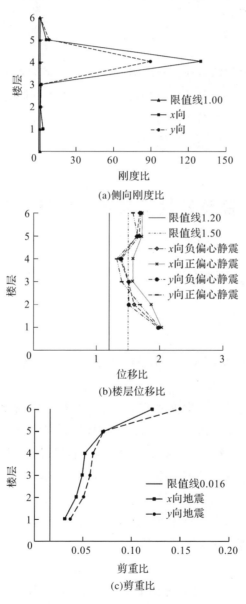

(a)侧向刚度比

(b)楼层位移比

(c)剪重比

图 4.5-16   整体性能指标

第5章
多高层复杂建筑网格钢结构体系创新与工程实践

本章基于多个典型的多高层钢结构项目(浙一医院余杭院区行政楼、杭州西站云门、运河中央公园二期、黄龙体育中心主体育场改造、邻居中心钱唐农园店),针对多高层复杂建筑网格钢结构进行结构体系的创新研发,指导项目的设计分析和施工过程。成果获得多项国家发明专利[71-75]。

5.1 高位转换穿层悬挑空腹桁架体系

5.1.1 创新体系概述

近年来,为适应底部大空间、特殊幕墙造型的建筑功能需要,高层建筑中出现了越来越多的高位转换桁架、屋顶下挂桁架、双向悬挑桁架等复杂空间过渡结构形式,这些结构形式主要应用于大型商业综合体、综合医院等复杂高层建筑的大跨度大悬挑转换结构中。

高位转换桁架是其中一类重要的空间过渡结构形式,底部空间大跨度是需要实现的基本功能。由于大跨度及上部结构的作用,转换桁架不仅需要有足够的刚度,还需满足竖向地震这一敏感荷载下的承载力和舒适度,因而双层桁架体系往往较为适用。由于幕墙外观造型的需求,大跨度高位转换区域的横向大悬挑也是一个经常出现且需要解决的问题,横向悬挑桁架在完成悬挑支撑上部结构的同时,与大跨度纵向桁架有效结合成整体受力体系。与此同时,伴随着大悬挑的出现,平面范围较小的底座支腿形式及设计也是一个重要方面。

在双层大跨度大悬挑桁架体系中,由于建筑内部功能需要,为弱化斜撑的影响,部分桁架斜腹杆有时需要用竖向加密腹杆替换,穿层斜支撑也是一个较好的解决方案;而当楼层层高不均匀时,楼面结构可能会与桁架层在竖向立面上错开,楼面结构的处理也是一个需要考虑的因素。此外,当高位转换桁架体系在同时涉及大跨度大悬挑等复杂建筑功能时,结构体系将存在交汇构件较多、部件拼装复杂、体系受力性能复杂以及特殊节点强化处理难等问题,合理、有效的桁架体系设计及拼装方案是保证其承载性能的一个重要因素。

　　本节提出一种用于大跨度大悬挑的穿层悬挑空腹桁架体系形式及设计方法,以期应用于复杂高层建筑中底部大空间大悬挑的高位转换过渡结构连接及承载[71]。

5.1.2　创新体系构成及技术方案

（1）创新体系构成

　　图 5.1-1 是用于大跨度大悬挑高位转换的穿层悬挑空腹桁架体系的结构示意。

　　本技术方案提供的用于大跨度大悬挑高位转换的穿层悬挑空腹桁架体系包括纵向大跨桁架、横向悬挑桁架、两端支腿底座和上部结构。纵向大跨桁架[图 5.1-1(b)]包括 2 榀位于中部的纵向中榀双层空腹桁架、2 榀位于两侧的纵向边榀单层平面桁架;横向悬挑桁架[图 5.1-1(c)]包括多榀间距为 8～10m 的横向穿层斜支撑悬挑

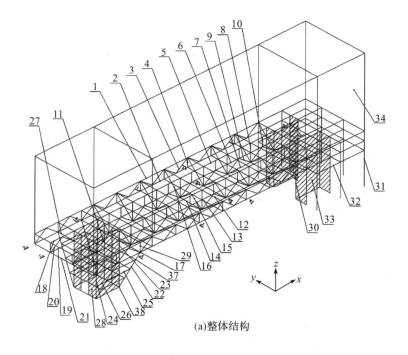

(a)整体结构

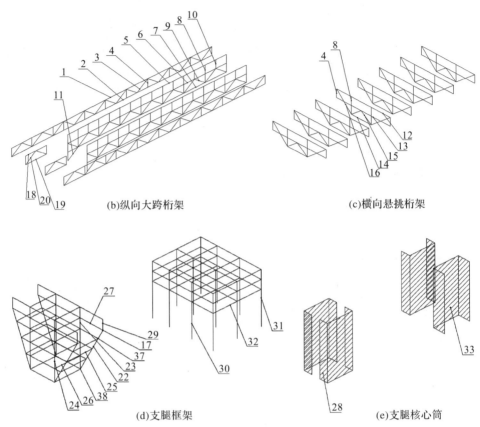

(b)纵向大跨桁架　　　　(c)横向悬挑桁架

(d)支腿框架　　　　(e)支腿核心筒

1.纵边桁架上弦杆;2.纵边桁架下弦杆;3.纵边桁架斜腹杆;4.纵边桁架竖腹杆(横桁架上竖腹杆);5.纵中桁架上弦杆;6.纵中桁架中弦杆;7.纵中桁架下弦杆;8.纵中桁架竖腹杆(横桁架竖腹杆);9.纵中桁架下斜腹杆;10.纵中桁架上空腹竖杆;11.纵中桁架端部斜支撑;12.横桁架上弦杆;13.横桁架中弦杆;14.横桁架下弦杆;15.横桁架下斜腹杆;16.横桁架穿层斜支撑;17.斜柱底座纵边桁架下弦支点(斜柱上端转换节点);18.外悬挑桁架上弦杆;19.外悬挑桁架下弦杆;20.外悬挑桁架斜腹杆;21.外悬挑桁架刚性支撑梁;22.两侧斜框柱;23.斜柱底座大跨端竖框柱;24.斜柱底座悬挑端竖框柱;25.斜框柱纵向支撑梁;26.竖框柱纵向支撑梁;27.横向支撑梁;28.斜柱底座核心筒;29.斜柱顶端转换框柱(边桁架的竖腹杆);30.落地底座大跨端竖框柱;31.落地底座竖框柱;32.落地底座钢框梁;33.落地底座核心筒;34.上部结构;35.上层实际楼面标高;36.钢支撑筒支撑;37.斜柱中部连接节点;38.斜柱底部转换节点;39.地下竖直框柱。

图 5.1-1　高位转换穿层悬挑空腹桁架体系结构示意

桁架,以支撑上部横向悬挑结构,并与纵向大跨桁架部分正交布置组成转换桁架体系的中心支撑构架;支腿底座分立在转换桁架体系的两端,每个支腿均由支腿框架[图 5.1-1(d)]、支腿核心筒[图 5.1-1(e)]组成,根据其结构形成分为悬挑端的横向斜柱框架-核心筒体系、落地端的框架-核心筒体系两种形式;上部结构位于转换桁架体系的上部,一般为框架或框架核心筒体系,核心筒或钢支撑筒由支腿底座处延伸而上。

用于大跨度大悬挑高位转换的穿层悬挑空腹桁架的构成流程如图 5.1-2 所示,具体如下。

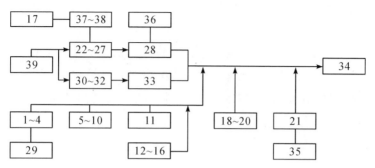

图 5.1-2　高位转换穿层悬挑空腹桁架构成流程

1)两侧斜框柱(22)、斜柱底座大跨端竖框柱(23)、斜柱底座悬挑端竖框柱(24)、斜框柱纵向支撑梁(25)、竖框柱纵向支撑梁(26)、横向支撑梁(27)组成斜柱-框架体系,并与斜柱底座核心筒(28)结合形成整体受力的悬挑端支腿底座;斜柱底座核心筒(28)可由钢支撑筒支撑(36)构成的钢支撑筒替换。

2)落地底座大跨端竖框柱(30)、落地底座竖框柱(31)、落地底座钢框梁(32)组成落地框架体系,并与落地底座核心筒(33)结合形成整体受力的落地端支腿底座;落地底座核心筒(33)可由钢支撑筒支撑(36)构成的钢支撑筒替换。

3)纵边桁架上弦杆(1)、纵边桁架下弦杆(2)、纵边桁架斜腹杆(3)、纵边桁架竖腹杆(4)组成纵向边榀单层平面桁架,两端支撑于由步骤 1)生成的悬挑端支腿底座的斜柱上端转换节点(17)和由步骤 2)生成的落地底座大跨端竖框柱(30)。

4)纵中桁架上弦杆(5)、纵中桁架中弦杆(6)、纵中桁架下弦杆(7)、纵中桁架竖腹杆(8)、纵中桁架下斜腹杆(9)、纵中桁架上空腹竖杆(10)组成纵向中榀双层空腹桁架,两端支撑于由步骤 1)生成的斜柱底座大跨端竖框柱(23)和由步骤 2)生成的落地底座大跨端竖框柱(30);桁架端部受力较大且条件许可时,通过纵中桁架端部斜支撑(11)进行转换过渡。

5)横桁架上弦杆(12)、横桁架中弦杆(13)、横桁架下弦杆(14)、横桁架下斜腹杆(15)、横桁架穿层斜支撑(16)组装至纵边桁架竖腹杆(4)、纵中桁架竖腹杆(8),形成与纵向桁架正交且间隔布置的横向穿层斜支撑悬挑桁架,并与纵向桁架构成转换桁架的中心支撑构架。

6)组装左端悬挑支腿底座外侧的悬挑桁架包括外悬挑桁架上弦杆(18)、外悬挑桁架下弦杆(19)、外悬挑桁架斜腹杆(20)、外悬挑桁架刚性支撑梁(21)。

7)在上层实际楼面标高(35)处,通过短钢柱墩、连接于斜腹杆的钢梁设置楼面层梁柱框架。

8)组装转换桁架的上部结构(34)。

(2)创新技术特点

本技术方案提供的用于大跨度大悬挑高位转换的穿层悬挑空腹桁架体系,构件组成模块明确,传力清晰,有效符合强过渡转换的设计原则,能在充分发挥高位转换结构整体刚度的同时,基于双层、双向悬挑桁架构成方案实现大跨度大悬挑的建筑空间功能转换,实现复杂高层建筑中底部大空间大悬挑的高位转换过渡结构的有效转换连接。

本技术方案的设计思路是基于纵向大跨桁架和横向悬挑桁架的有效结合与整体受力模式;通过纵向双层空腹桁架结构形式,使在实现纵向大跨度区域高位转换及上部结构承载的同时,采用加密竖腹杆布置,用以替代斜腹杆作用,避免斜撑对建筑内部功能布置的影响;通过横向悬挑桁架和底部横向斜柱框架-核心筒形式,并与纵向双层空腹桁架有效结合成整体受力模式,使在实现横向大悬挑高位转换的同时,满足幕墙外观造型的功能需要;基于转换桁架整体变形刚度、应力比承载、舒适振动的整体指标控制,加强关键构件和节点承载性能,进一步保障本技术方案转换桁架体系的高整体刚度、高承载力优点。

(3)具体技术方案

图 5.1-3、图 5.1-4 分别是高位转换穿层悬挑空腹桁架体系的转换桁架上层剖切俯视图、转换桁架下层剖切俯视图,即对应图 5.1-1(a)的 A-A 剖切示意、B-B 剖切示意。

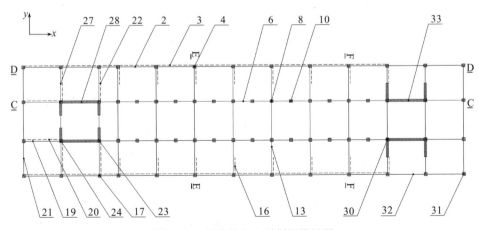

图 5.1-3　转换桁架上层剖切俯视图

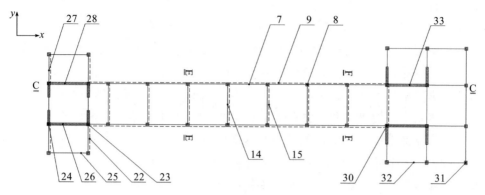

图 5.1-4　转换桁架下层剖切俯视图

图 5.1-5 是纵向大跨桁架中纵向中榀双层空腹桁架的 C-C 剖切侧视图,图 5.1-6 是纵向大跨桁架中纵向边榀单层平面桁架的 D-D 剖切侧视图。

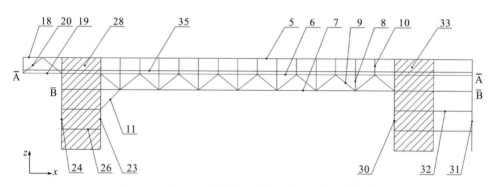

图 5.1-5　纵向中榀双层空腹桁架的 C-C 剖切侧视图

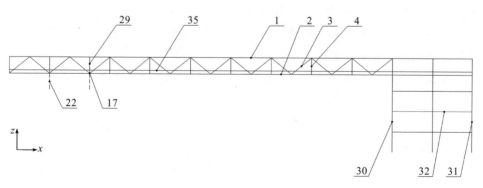

图 5.1-6　纵向边榀单层平面桁架的 D-D 剖切侧视图

如图 5.1-3~图 5.1-5 所示,纵向中榀双层空腹桁架的大跨主体部分由纵中桁架上弦杆(5)、纵中桁架中弦杆(6)、纵中桁架下弦杆(7)、纵中桁架竖腹杆(8)、纵中桁架下斜腹杆(9)和纵中桁架上空腹竖杆(10)组成,包括转换桁架上、下2层。转换桁架下层为由纵中桁架下斜腹杆(9)斜交构成的人字形支撑,支撑与弦杆夹角为30°～60°;转换桁架上层为在空腹桁架的竖腹杆[对应纵中桁架竖腹杆(8)]之间增设1道纵中桁架上空腹竖杆(10),用以替换斜腹杆,从而形成加密空腹布置形式,避免过多斜支撑对建筑内部功能分区布置的影响;纵中桁架上空腹竖杆(10)下端与人字形支撑上端交点交汇,可有效传递竖向荷载。

如图5.1-5所示,纵向中榀双层空腹桁架的大跨主体部分,左端支撑于斜柱底座大跨端竖框柱(23)上,与斜柱底座左侧的悬挑桁架部分相互断开;右端支撑于落地底座大跨端竖框柱(30)上。由于纵向中榀双层空腹桁架的大跨主体部分两端受力极大,因而条件许可时通过纵中桁架端部斜支撑(11)进行竖向荷载过渡转换,以避免应力集中效应的出现。

如图5.1-5所示,纵向中榀空腹密柱桁架的悬挑桁架部分为单层人字形斜腹杆支撑桁架,位于转换桁架上层,由外悬挑桁架上弦杆(18)、外悬挑下弦杆(19)、外悬挑桁架斜腹杆(20)组成,横向为外悬挑桁架刚性支撑梁(21)进行侧向支撑。

如图5.1-6所示,纵向边榀单层平面桁架由纵边桁架上弦杆(1)、纵边桁架下弦杆(2)、纵边桁架斜腹杆(3)和纵边桁架竖腹杆(4)组成,位于转换桁架上层,由纵边桁架斜腹杆(3)斜交构成倒人字形支撑,支撑与弦杆夹角为30°～60°,与纵向双层空腹桁架的转换桁架下层的人字形斜腹杆支撑形式对应。

如图5.1-6所示,纵向边榀单层平面桁架的左端支撑于两侧斜框柱(22)上端,上部结构的荷载作用依次通过斜柱顶端转换框柱(29)、斜柱底座纵边桁架下弦支点(17)过渡转换至两侧斜框柱(22)上,斜柱顶端转换框柱(29)同时也是纵向边榀单层平面桁架的竖腹杆。纵向边榀单层平面桁架在穿过斜柱底座纵边桁架下弦支点(17)后继续延伸形成悬挑桁架,并与大跨主体桁架部分构成为整体。纵向边榀单层平面桁架的右端则支撑于落地底座大跨端竖框柱(30)上。

纵向中榀双层空腹桁架、纵向边榀单层平面桁架的弦杆、腹杆、竖柱均取为箱形截面形式,该截面形式的构件抗侧刚度大、稳定性好、交汇节点连接构造简单。转换桁架上、下层高度为大跨空间跨度的$1/16～1/12$,具体根据建筑层高进行适当调整;纵中桁架上弦杆(5)、纵中桁架中弦杆(6)、纵中桁架下弦杆(7)、纵边桁架上弦杆(1)、纵边桁架下弦杆(2)的构件截面高度对应为桁架上、下层高度的$1/6～1/5$,并以50mm的整数倍计;桁架弦杆构件的预起拱值为大跨空间跨度的3/1000,以避免荷载作用下变形过大而影响正常使用。桁架各部分构件的具体尺寸、壁厚根据变形刚度、承载应力比、舒适振动计算来确定。

图 5.1-7 是横向悬挑桁架中人字形支撑形式的 E-E 剖切侧视图,图 5.1-8 是横向悬挑桁架中双人字形支撑形式的 F-F 剖切侧视图。

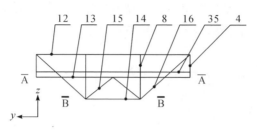

图 5.1-7　E-E 剖切侧视图

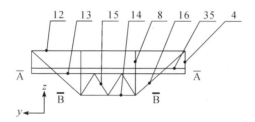

图 5.1-8　F-F 剖切侧视图

如图 5.1-5 和图 5.1-7 所示,纵中桁架竖腹杆(8)也作为横桁架竖腹杆使用,纵边桁架竖腹杆(4)也作为横桁架上层两侧竖腹杆使用,纵向中榀双层空腹桁架、纵向边榀单层平面桁架、横向悬挑桁架正交布置并有效结合成整体受力体系。

如图 5.1-7 和图 5.1-8 所示,横向悬挑桁架由横桁架上弦杆(12)、横桁架中弦杆(13)、横桁架下弦杆(14)、横桁架下斜腹杆(15)、横桁架穿层斜支撑(16)、横桁架上层两侧竖腹杆、横向桁架双层竖腹杆组成。横向悬挑桁架包括转换桁架上、下两层,转换桁架下层为由横向桁架下层中部斜腹杆(15)斜交构成的人字形支撑形式或双人字形支撑形式,支撑与弦杆夹角为 30°~60°,以适应不同建筑功能的需要。

转换桁架上、下层两端为横桁架穿层斜支撑(16)构件形式,以支撑上部悬挑结构的荷载作用,减小对转换桁架上层内部建筑功能布置的影响,同时实现幕墙外观造型的需要。转换桁架上层中部不设置斜腹杆支撑或竖向密柱,以实现大空间功能。

横向悬挑桁架的弦杆、腹杆、竖柱均取为箱形截面,该截面构件抗侧刚度大、稳定性好、交汇节点构造简单。横向悬挑桁架上、下层高度与纵向桁架部分高度对应相同;横桁架上弦杆(12)、横桁架中弦杆(13)、横桁架下弦杆(14)的构件截面高度与纵向大跨桁架的构件截面高度相同,宽度为悬挑长度的 1/20~1/15;纵向大跨桁架部分、横向悬挑桁架部分的桁架层高、弦杆构件截面高度相同使两个正交桁架的交汇节点构造最大化简化。

图 5.1-9 是左端支腿底座中斜柱框架-核心筒的 G-G 剖切侧视图,图 5.1-10 是两端支腿底座的核心筒的钢支撑筒替换形式示意图。

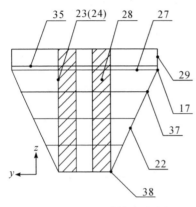
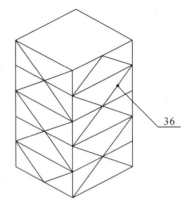

图 5.1-9　G-G 剖切侧视图　　　　　图 5.1-10　钢支撑筒结构示意

如图 5.1-9 所示,左侧悬挑端的斜柱框架-核心筒支腿底座由斜柱-框架体系部分[图 5.1-1(d)]、核心筒部分[图 5.1-1(f)]组成。两侧斜框柱(22)、斜柱底座大跨端竖框柱(23)、斜柱底座悬挑端竖框柱(24)之间由横向支撑梁(27)刚性连接构成横向单榀的平面斜柱-框架结构形式;2 榀平面斜柱-框架结构由斜框柱纵向支撑梁(25)、竖框柱纵向支撑梁(26)刚性连接构成空间斜柱-框架体系部分,即为左侧悬挑端支腿底座的核心支撑构架。

如图 5.1-9 所示,纵向边榀单层平面桁架的左侧端部支撑于斜柱上端转换节点(17),并延伸桁架形成整体悬挑桁架支撑。在适当位置布置斜柱底座核心筒部分(28),并与核心支撑构架形成整体受力体系,以加强结构体系整体抗侧刚度。传力过渡转换模式依次为斜柱顶端转换框柱(29)—斜柱上端转换节点(17)—两侧斜框柱(22)—斜柱中部连接节点(37)—斜柱底部转换节点(38)—地下室竖直框柱(39)。

为充分组合左侧悬挑端支腿底座的核心支撑构架和核心筒部分并形成整体受力体系,两侧斜框柱(22)、斜柱底座大跨端竖框柱(23)、斜柱底座悬挑端竖框柱(24)、核心筒范围以内的支撑梁(25~27)构件均为型钢砼构件;两侧斜框柱(22)、斜柱底座大跨端竖框柱(23)为核心支撑构架的关键受力构件,承载应力比控制为不大于 0.7;两侧斜框柱(22)优选为十字形型钢砼构件,以满足双向受弯刚度和承载性能。

如图 5.1-10 所示,在需要加快装配进度且不影响建筑功能的前提下,斜柱底座核心筒(28)、落地底座核心筒(33)也可采用钢支撑筒结构形式有效替换,钢支撑筒支撑(36)的形式可为人字形支撑、倒人字形支撑或单斜撑。对应地,钢支撑筒结构形式下的两侧斜框柱(22)、斜柱底座大跨端竖框柱(23)、斜柱底座悬挑端竖框柱(24)、支撑梁(25~27)均为钢结构构件或钢管砼构件,以便结构各部件的拼装焊接。

如图 5.1-1(e)、图 5.1-1(g)所示,落地端的框架-核心筒支腿底座由落地框架体系、落地底座核心筒(33)组成。落地框架体系由落地底座大跨端竖框柱(30)、落地底座竖框柱(31)、落地底座钢框梁(32)构成。落地底座核心筒(33)也可采用钢支撑筒结构有效替换。

如图 5.1-1(a)所示,悬挑端支腿底座、落地支腿底座可根据需要自由设置在大跨度大悬挑空间范围内的两端底座位置,并与转换桁架形成整体受力体系,支撑上部结构的荷载作用。

如图 5.1-9 所示,斜柱底座的两侧斜框柱(22)的倾斜度为 $10°\sim30°$,过大的倾斜度不利于整体抗侧。两侧斜框柱(22)通过斜柱顶端转换框柱(29)过渡为上部结构(34)的框柱构件,斜柱顶端转换框柱(29)同时也是纵边桁架竖腹杆;斜柱底端转换为地下室竖直框柱(39)。

图 5.1-11 是图 5.1-9 中斜柱框架-核心筒的斜柱转换节点构造图,分别对应顶部(17)、中部(37)、底部(38)位置的节点。

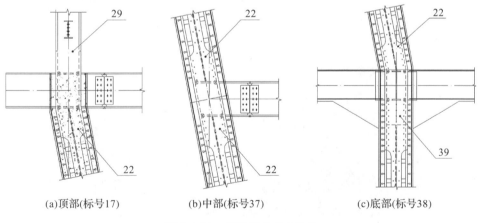

(a)顶部(标号17)　　　　(b)中部(标号37)　　　　(c)底部(标号38)

图 5.1-11　斜柱转换节点构造

图 5.1-11 对应两侧斜框柱(22)的斜柱上端转换节点(17)、斜柱中部连接节点(37)、斜柱底部转换节点(38)这三个关键转换节点。转换节点处均采用箱形型钢砼转换接头,以便与斜框柱纵向支撑梁(25)、竖框柱纵向支撑梁(26)、横向支撑梁(27)刚性连接,支撑梁(25~27)均为贯穿核心筒设置。

如图 5.1-5～图 5.1-9 所示,双层转换桁架体系的上、下转换层一般为相同层高,如此受力最为直接有效。因而转换桁架上层实际楼面标高(35)位置往往不在桁架层高度位置,需通过短钢柱墩、连接斜腹杆支撑等方式设置梁柱框架体系进行楼面结构抬高。

5.1.3　工程应用案例

本创新体系可应用于复杂高层建筑中底部大空间大悬挑的高位转换过渡结构连接,复杂高层建筑为大于 24m 且存在底部立面大开洞(跨度不小于 30m)、平面大悬挑(悬挑不小于 8m)等特殊建筑功能及幕墙造型的民用建筑。该体系已在浙江大学医学院附属第一医院余杭院区行政楼项目中获得应用和借鉴,项目已于 2020 年竣工,目前已投入使用[76]。

(1)工程概况

浙江大学医学院附属第一医院余杭院区项目位于杭州市余杭区仓前街道葛巷村、朱庙村,隶属于杭州未来科技城。该项目为大型医疗中心建筑,总建筑面积为 30.65 万 m²,有 2 层整体地下室。行政楼总建筑面积为 2.07 万 m²,地上 11 层,结构高度为 53.5m,转换桁架跨度为 52.8m,连廊桁架跨度为 66.4m,最大悬挑为 16.8m,标准层层高为 4.2m。行政楼 1～4 层两端为剪力墙底座并延至屋顶,其中西侧 4 层为双向悬挑转换结构,主体结构采用大跨度钢桁架高位转换高层结构体系。该项目的建筑设计方案由美国 HDR 建筑工程咨询公司完成。图 5.1-12 为建筑效果,图 5.1-13 为现场施工实景。

图 5.1-12　建筑效果

(2)设计参数

项目的建筑结构安全等级为二级,设计基准期和使用年限均为 50 年,结构重要性系数为 1.0。抗震设防类别为重点设防类(乙类),抗震设防烈度为 6 度(0.05g),设计地震分组为第一组,场地类别为Ⅱ类。

(a)实景一　　　　　　　　　　　(b)实景二

图 5.1-13　现场施工实景

1)风荷载。主体结构总建筑高度接近 60m,属于风荷载比较敏感的高层结构,根据《建筑结构荷载规范》(GB 50009—2012)和《高层建筑混凝土结构技术规程》(JGJ 3—2010)要求,按照提高至 100 年一遇的基本风压并乘以 1.1 系数进行承载能力极限状态与正常使用极限状态验算,按照 10 年一遇的基本风压进行舒适度分析;基本风压分别为 0.55kN/m² 和 0.33kN/m²。地面粗糙度为 B 类,风荷载体型系数为 1.4,阻尼比为 0.02。

2)地震作用。采用《建筑抗震设计规范》(GB 50011—2010)反应谱进行主体结构的小震弹性分析和设计,中震和大震则结合《超限高层建筑工程抗震设防专项审查技术要点》采用抗规地震动参数进行分析。小震计算时考虑周期折减系数为0.8,中震和大震计算时周期不折减。小震和中震计算时阻尼比取为 0.04,大震计算时阻尼比取为 0.05。大跨大悬挑钢结构在荷载组合时均应考虑竖向地震作用,最大竖向振动频率应大于 3Hz 的舒适度要求。

(3)结构体系

1)结构选型

本项目地上 11 层,结构主屋面高 53.5m,属于大跨度钢桁架转换高层结构,采用钢-混凝土混合结构体系。1~3 层仅有两侧剪力墙并延至屋顶,4~5 层为双层双向桁架转换结构,设于西侧剪力墙悬挑部分和中部大跨范围,最大桁架跨度为58.8m(7 跨),最大悬挑为 16.8m(2 跨)。西侧连廊桁架通过橡胶支座支于西侧剪力墙柱上,以与行政楼主体脱开。剪力墙作为主要抗侧力体系,可有效抵抗地震和风等水平荷载,双层双向桁架转换体系作为上部结构的支撑转换结构,同时符合建筑立面的要求。

2)结构模型

行政楼主体结构模型和抗侧力体系分别如图 5.1-14 和图 5.1-15 所示。

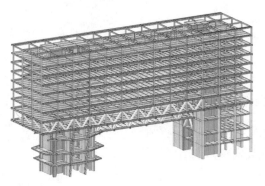

图 5.1-14　整体结构模型

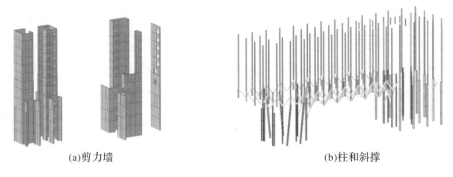

(a)剪力墙　　　　　　　　　　　　　　(b)柱和斜撑

图 5.1-15　抗侧力体系

（4）结构措施

1）竖向构件布置

剪力墙厚度为 600～400mm，东侧结构缝处一字形剪力墙在 1～5 层加强为 800mm，混凝土强度等级为 C60～C40，转换层（4～5 层）以下为 C60。1～4 层落地框架柱采用型钢混凝土柱（西侧）和钢管混凝土柱（东侧），4 层以上为箱形钢柱；钢材为 Q345B。转换层及以下抗震等级为剪力墙特一级，混合钢框架二级；转换层以上抗震等级为剪力墙一级，钢框架三级。

西侧 1～4 层剪力墙底座采用斜柱-剪力墙支撑结构（图 5.1-9），南、北两侧端部分别设置 2 根十字形钢混凝土斜柱，与剪力墙形成整体竖向受力构件，以实现上部结构悬挑支撑；各层楼面处采用双向贯通的箱形主梁，与斜柱刚接形成整体空间体系。

2）楼面布置

楼面主要采用单向钢梁布置，楼板为钢筋桁架楼承板。框架柱间的钢梁为刚接,钢梁与剪力墙的连接除内插型钢外均为铰接。次梁连接除悬挑外均为铰接。典型楼层的楼板厚度为桁架转换层底部至顶部楼板(4~6 层)板厚为 150mm,一般楼层楼板厚度为 120mm。

3)桁架转换层

转换层采用双层双向桁架以实现大跨钢桁架高位转换,设置在西侧剪力墙和中部大跨区域。横向桁架包括中间双层桁架(图 5.1-5)和两侧单层桁架(图 5.1-6)。中间双层桁架在 4 层设有斜撑,在 5 层大跨区采用竖杆加密无斜撑形式。两侧单层桁架位于 5 层,采用有斜撑形式,由中部大跨范围延伸至西侧端部,中间支于斜柱-剪力墙结构,包括最大跨度为 58.8m 和最大悬挑为 16.8m。

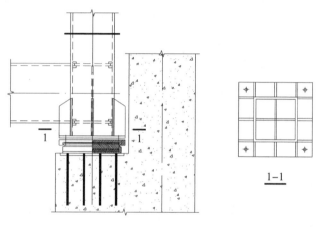

图 5.1-16　盆式橡胶支座

纵向桁架两侧采用穿层斜撑形式以承载侧向大悬挑,同时满足建筑立面和功能要求;中间一跨仅在 4 层设置人字形斜撑,特殊跨在楼梯处为双人字形斜撑。空中连廊桁架东侧采用橡胶支座支于行政楼西侧剪力墙处的型钢混凝土柱上,以与主体脱开,如图 5.1-16 所示。

(5)性能分析

1)周期和振型。前 3 阶周期和振型结果基本一致,高阶局部振型有所差异;周期比分别为 0.8241、0.8268,结构扭转效应均小于限值 0.85,满足要求。

2)剪重比。SATWE 软件中的底层最小剪重比为 1.55%(x 向)和 1.27%(y 向),MIDAS Building 软件中的底层最小剪重比为 1.57%(x 向)和 1.30%(y 向),均满足限值 0.80% 要求。

3)层间位移角。图 5.1-17 给出了风载和地震作用下各楼层的层间位移角曲线。按照抗规取值验算小震变形,不考虑偶然偏心,层间位移角均小于限值 1/800,满足要求。

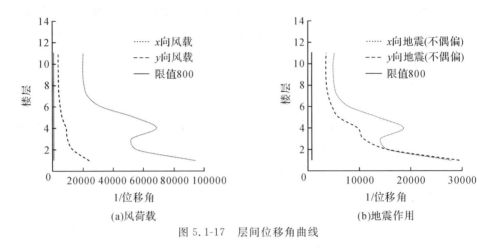

(a)风荷载

(b)地震作用

图 5.1-17　层间位移角曲线

4）层间位移比。考虑偶然偏心作用，各楼层的 x 向位移比均小于 1.2，满足要求；部分楼层的 y 向位移比在 1.2～1.4，满足要求。

5）楼层侧向刚度比。x 向和 y 向最大侧向刚度比均在 3 层；SATWE、MIDAS Building 的 x 向计算值为 0.8493、0.6564，y 向计算值为 0.6564、0.9632，小于限值 1.0，这是由 3 层（仅两端剪力墙）到 4 层（剪力墙＋大跨桁架）的刚度加强引起的，其余各楼层均满足。

6）楼层受剪承载力比。受剪承载力比曲线见图 5.1-18。SATWE 最大受剪承载力比出现在 3 层，x 向、y 向为 0.43、0.55；MIDAS Building 计算值出现在 3、4 层，3 层 x 向、y 向为 0.7560、0.7736，4 层 x 向、y 向为 0.6372、0.6602；小于限值 0.80。这是因为 3 层到 4 层的刚度加强，4 层桁架（两榀）相对于 5 层桁架（四榀）要薄弱；其余各楼层均满足。

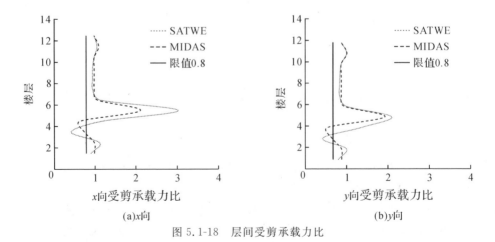

(a)x 向

(b)y 向

图 5.1-18　层间受剪承载力比

7)外框架柱和剪力墙承担的剪力百分比。框架部分按刚度计算分配的最大楼层地震剪力大于基底剪力的 10%,满足 JGJ 3—2010 第 9.1.11 条、GB 50011—2016 第 G.2.3-2 条的要求。周边框架截面设计时,各楼层框架部分承担的地震剪力按不小于底部总地震剪力的 25% 和计算最大楼层 1.8 倍中的较小值,且不小于底部总地震剪力 15% 的要求进行调整。

8)刚重比和整体稳定验算。SATWE 和 MIDAS Building 的 x 向结构刚重比为 17.98、18.41,y 向值为 12.71、12.62。两个主方向刚重比均大于 2.7,能够通过高规的整体稳定验算,可不考虑重力二阶效应对水平力作用下结构内力和位移的不利影响。

9)节点承载力分析。桁架斜撑节点设计时采用等效面积来确保节点承载力大于各连接构件承载力之和,即强节点弱构件。通过 ANSYS 进行节点有限元分析以确保其安全,典型节点取计算结果中受力较大位置(桁架下弦端部有斜撑处)的节点。

图 5.1-19 为节点变形云图和 Mises 应力云图。节点最大变形位移为 29.3mm,出现在下支撑杆件上;最大应力为 345MPa,即横向主梁、下支撑杆件均在节点附近区域由于压力过大出现局部屈服,其余位置均为弹性;应力薄弱部位通过加劲板等措施进行加强。

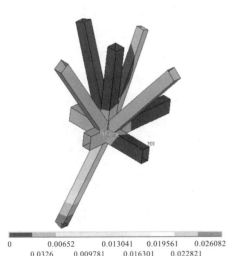

| 0 | 0.00652 | 0.013041 | 0.019561 | 0.026082 |
| 0.0326 | 0.009781 | 0.016301 | 0.022821 | |

| 0.173E+07 | 0.780E+08 | 0.154E+09 | 0.230E+09 | 0.307E+09 |
| 0.399E+08 | 0.116E+09 | 0.192E+09 | 0.269E+09 | |

(a)变形云图/mm　　　　　　　　(b)von Mises应力云图/Pa

图 5.1-19　节点有限元结果

5.2 立面大开洞钢支撑筒-下挂式桁架体系

5.2.1 创新体系概述

弦杆、竖杆和斜撑组成的刚性桁架形式可作为大跨度结构支撑,再结合框架楼面结构即可构成框架-桁架体系,其中桁架支撑结构具有构件自重轻、刚度大及空间跨度大等优点。该结构体系被广泛应用于存在大跨度高位转换的大型复杂高层公共建筑中。

根据桁架和框架的竖向空间相对位置不同,桁架体系一般可分为上承式桁架、下挂式桁架及上承-下挂结合式桁架。屋顶下挂式桁架体系是其中一类较为重要的下挂式桁架形式,两侧一般支撑在核心筒剪力墙或钢支撑筒上,以适用于立面大开洞的复杂建筑造型及功能。钢支撑筒-下挂式桁架体系的两端支座为钢支撑筒竖向支撑核心构架,竖向承载力比重较大,对应构件截面也较大,这对底座竖向支撑构件的刚度、承载性能均提出了较高的要求。

钢支撑筒-下挂式桁架体系的下挂式桁架位于高层建筑屋面顶部,基于多层桁架斜撑形式以构成刚度极大的大跨度楼面水平支撑体系,下部框架楼层则通过悬吊钢柱的形式进行吊挂连接。立面弧形大开洞的曲面造型可通过在主体结构上悬吊单层网壳形式或采用落地弧形斜柱形式来实现。当曲面造型复杂、不规则且建筑立面美观要求较高时,悬吊单层网壳形式是有效的解决方案。单层网壳采用悬吊形式,并不直接支撑于落地端,其双向结构构件也无需区分主次,因而可采用截面相近的构件形式,以实现复杂曲面造型且达到建筑美观目的。此外,钢支撑筒-下挂式桁架体系存在节点连接构造复杂、部件拼装复杂、体系受力性能复杂以及大跨度抗震和舒适度处理难等问题。

基于此,本节提出一种立面弧形大开洞的钢支撑筒-下挂式桁架体系的形式及设计方法,以期应用于底部立面大开洞曲面建筑造型的复杂高层钢结构体系及承载[72]。

5.2.2 创新体系构成及技术方案

(1)创新体系构成

图 5.2-1 是立面弧形大开洞的钢支撑筒-下挂式桁架体系的结构示意。

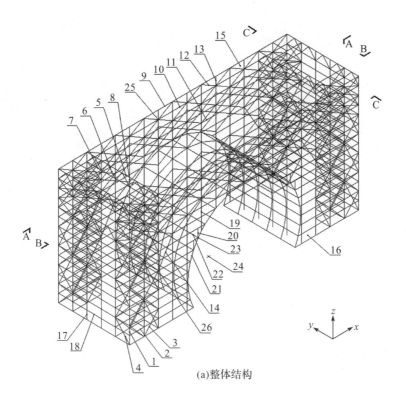

(a)整体结构

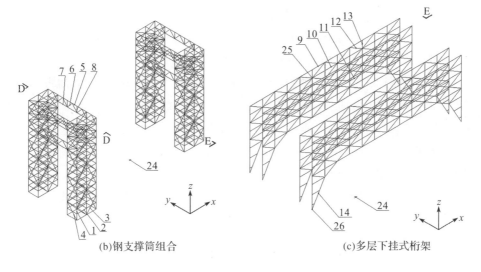

(b)钢支撑筒组合　　　　　　　　(c)多层下挂式桁架

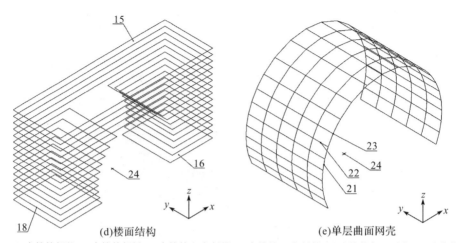

(d)楼面结构　　　　　　　　　　　(e)单层曲面网壳

1.支撑筒框柱;2.支撑筒框梁;3.支撑筒 x 向斜撑;4.支撑筒 y 向斜撑;5.连接桁架上弦杆;6.连接桁架下弦杆;7.连接桁架斜撑;8.连接桁架竖杆;9.多层下挂桁架上弦杆;10.多层下挂桁架中弦杆;11.多层下挂桁架下弦杆;12.多层下挂桁架斜撑;13.多层下挂桁架竖杆;14.端部过渡斜撑;15.上部整层楼面;16.下部两端局部楼面;17.一般楼层框柱;18.一般楼层框梁;19.框柱处悬吊钢柱;20.非框柱处辅助悬吊钢柱;21.网壳 x 向梁;22.网壳 y 向梁;23.网壳悬吊节点;24.中心定位点;25.交叉斜撑节点;26.端部过渡斜撑节点;27.交叉斜撑节点加劲板;28.过渡斜撑节点加劲板;29.过渡转换接头。

图 5.2-1　立面大开洞钢支撑筒-下挂式桁架体系结构示意

本技术方案提供的立面弧形大开洞的钢支撑筒-下挂式桁架体系包括钢支撑筒组合、多层下挂式桁架、楼面结构和单层曲面网壳。钢支撑筒组合[图 5.2-1(b)]位于两侧端部,为竖向抗侧力支撑核心,以由竖柱、水平梁、斜撑组成的中心支撑-钢框架为基本单元,包括左端双支撑筒、右端双支撑筒,双支撑筒内部两筒之间在顶部通过横向平面桁架连成整体;多层下挂式桁架[图 5.2-1(c)]位于中部大跨区域的顶部,为大跨度水平楼面支撑主体构架,由 4 榀大跨度多层单向桁架组合而成;楼面结构[图 5.2-1(d)]包括上部整层楼面、下部两端局部楼面,立面大开洞边界附近无柱支撑楼面通过悬吊钢柱形式进行下挂连接,构成楼面承载体系;单层曲面网壳[图 5.2-1(e)]位于下部立面大开洞的曲面边界处,为单层双向梁系结构,通过悬吊钢柱吊挂在主体结构上,用以固定幕墙结构并实现大开洞建筑曲面造型及功能。

图 5.2-2 是立面弧形大开洞的钢支撑筒-下挂式桁架的构成流程,具体如下。

1)支撑筒框柱(1)、支撑筒框梁(2)、支撑筒 x 向斜撑(3)、支撑筒 y 向斜撑(4)组成日字形单支撑筒基本单元。

2)以中心定位点(24)为结构中心,左、右两端各布置 2 个单支撑筒,并分别通过由连接桁架上弦杆(5)、连接桁架下弦杆(6)、连接桁架斜撑(7)、连接桁架竖杆(8)组成的 4 道连接平面桁架连接成整体,以构成双支撑筒竖向支撑核心。

3)多层下挂桁架上弦杆(9)、多层下挂桁架中弦杆(10)、多层下挂桁架下弦杆(11)、多层下挂桁架斜撑(12)、多层下挂桁架竖杆(13)组成大跨度单向多层下挂式桁架,交叉斜撑节点(25)处设置交叉斜撑节点加劲板(27)进行加强。

4)下挂式桁架的两侧穿过钢支撑筒并延伸至结构端部,其下部在端部过渡斜撑节点(26)处设置端部过渡斜撑(14),将楼面荷载平缓传递至钢支撑筒上,内部设置过渡斜撑节点加劲板(28)进行加强;双支撑筒竖向支撑核心与下挂式桁架共同构成中心支撑构架。

5)安装下部两端局部楼面(16)、上部整层楼面(15),由一般楼层框柱(17)、一般楼层框梁(18)和支撑筒框柱(1)、支撑筒框梁(2)共同组成。

6)立面弧形大开洞附近的无柱支撑楼面吊挂悬吊钢柱以连接楼面结构,包括框柱处悬吊钢柱(19)、非框柱处辅助悬吊钢柱(20)。

7)单层曲面网壳为双向梁系结构,由网壳 x 向梁(21)、网壳 y 向梁(22)组成。

8)在网壳悬吊节点(23)处,设置过渡转换接头(29),以将单层曲面网壳吊挂在主体结构。

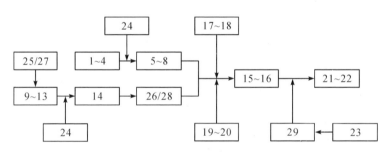

图 5.2-2　立面大开洞钢支撑筒-下挂式桁架构成流程

(2)创新技术特点

本技术方案提供的立面弧形大开洞的钢支撑筒-下挂式桁架体系,构件组成模块明确,传力清晰,有效符合整体受力及承载模式的设计原则,能充分发挥整体结构体系的较大抗侧刚度,可实现底部立面弧形大开洞的高层复杂曲面建筑造型及功能。

本技术方案的设计思路是基于钢支撑筒和下挂式桁架结合的中心支撑构架和整体受力模式;通过以两端钢支撑筒为竖向抗侧力支撑核心,结合大跨度屋顶多层下挂式桁架水平吊挂支撑结构,构成具有极大跨度和整体刚度的中心支撑构架;通过悬吊钢柱连接形式,实现下部框架楼层无柱支撑楼面水平体系的吊挂连接;通过在主体结构上悬吊单层曲面网壳,实现底部立面弧形大开洞建筑曲面造型空间和功能;基于承载性能分析,并控制体系变形、构件应力等,以保障结构体系的整体受力承载性能。

（3）具体技术方案

图 5.2-3、图 5.2-4 和图 5.2-5 分别是立面弧形大开洞的钢支撑筒-下挂式桁架体系的整体平面图、整体正视图和整体右视图，即对应图 5.2-1(a) 的 A-A 剖切示意、B-B 剖切示意图和 C-C 剖切示意。

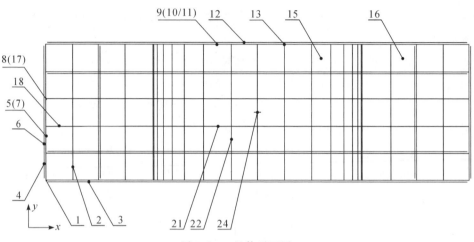

图 5.2-3　整体平面图

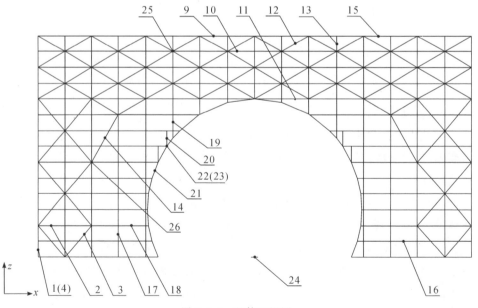

图 5.2-4　整体正视图

图 5.2-6 是钢支撑筒组合的 D-D 剖切右视图。

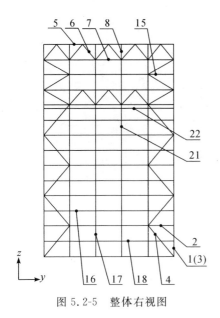
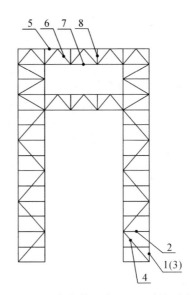

图 5.2-5 整体右视图 　　　　图 5.2-6 钢支撑筒组合的 D-D 剖切右视图

如图 5.2-1(b)、图 5.2-6 所示,钢支撑筒组合由左端双支撑筒、右端双支撑筒所组成,共计 4 个单支撑筒基本单元,双支撑筒的平面布置形式为日字形,以加强竖向支撑核心刚度;单支撑筒基本单元由支撑筒框柱(1)、支撑筒框梁(2)、支撑筒 x 向斜撑(3)、支撑筒 y 向斜撑(4)组成,以中心点位点(24)为结构平面中心,对称布置。

在各个双支撑筒的 x 向两端顶部对应屋顶多层下挂式桁架的最上层、最下层高度位置分别设置 2 道 y 向平面桁架(共计 4 道),连接成双支撑筒整体结构。

如图 5.2-4~图 5.2-6 所示,单支撑筒基本单元的结构形式为"单斜杆"中心支撑-钢框架体系;多层下挂式桁架以下的楼层高度范围采用"单斜杆"穿层斜撑形式,以减小斜撑设置对建筑内部功能的影响,每根斜撑贯穿 2 层楼层;多层下挂式桁架以内的楼层高度范围采用"单斜杆"单层斜撑形式;斜撑角度为 $30°\sim60°$。

双支撑筒的内部两筒之间的 y 向连接平面桁架为人字形单层斜撑形式,由连接桁架上弦杆(5)、连接桁架下弦杆(6)、连接桁架斜撑(7)、连接桁架竖杆(8)组成,以提高 y 向整体竖向支撑核心的刚度。

钢支撑筒组合是竖向受力主体构件,钢支撑筒的框柱受轴压作用相对较大,一般按钢管混凝土截面进行考虑,截面边长为 $1000\sim1300$mm。一般楼层的框柱轴压相对小一些,截面边长为 $600\sim900$mm。

图 5.2-7 是下挂式桁架的 E-E 剖切正视图。

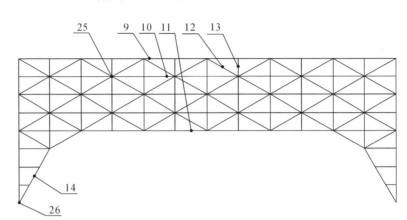

图 5.2-7　下挂式桁架的剖切正视图(E-E)

如图 5.2-1(c)、图 5.2-3、图 5.2-4、图 5.2-7 所示,多层下挂式桁架为大跨度水平楼面支撑主体构架,由 x 向的多榀大跨度多层单向桁架基本单元组成,桁架两端固定在钢支撑筒顶部并形成统一的落地桁架结构体系。单榀的多层单向桁架基本单元由多层下挂桁架上弦杆(9)、多层下挂桁架中弦杆(10)、多层下挂桁架下弦杆(11)、多层下挂桁架斜撑(12)、多层下挂桁架竖杆(13)组成。

多层下挂式桁架两端与钢支撑筒交界处,通过贯穿 3 层设置的端部过渡斜撑(14),使大跨度楼层竖向荷载经过端部过渡斜撑节点(26)有效、平缓地传递至钢支撑筒上。

多层下挂式桁架也为"单斜杆"单层斜撑形式组成的多层桁架体系。当跨度较大、刚度要求较高且建筑内部功能布置许可时,还可将多层下挂式桁架的顶部楼层(构架层)、底部楼层加密为人字形多层桁架形式,以加强其承载性能。

钢支撑筒组合和多层下挂式桁架共同组成中心支撑构架。

多层下挂桁架上弦杆(9)、多层下挂桁架中弦杆(10)、多层下挂桁架下弦杆(11)为主要受力构件,采用箱形截面钢梁;设置为 4 层平面桁架时,弦杆截面可取为跨度的 1/80～1/60。为便于节点制作和连接,多层下挂桁架斜撑(12)、多层下挂桁架竖柱(13)也采用箱形截面构件。

如图 5.2-1(a)、图 5.2-1(d)、图 5.2-4 所示,楼面结构为水平楼面承重体系,包括上部整层楼面(15)、下部两端局部楼面(16),由支撑筒框柱(1)、支撑筒框梁(2)、一般楼层框柱(17)、一般楼层框梁(18)所共同组成。在立面大开洞边界附近区域,由于下部不存在楼层柱支撑,采用在屋顶下挂式桁架以下设置框柱处悬吊钢柱(19),以吊挂连接并承载楼面梁板结构荷载。

　　当下部两端局部楼面(16)的立面大开洞边界与所述单层曲面网壳交汇,且与整体柱轴网位置不一致时,还需从楼面结构梁上设置非框柱处辅助悬吊钢柱(20)进行连接吊挂处理,以避免大悬挑楼层边界的出现。

　　楼面结构的楼板一般为钢筋桁架楼承板,方便施工并节省工期。

　　如图 5.2-1(a)、图 5.2-1(e)、图 5.2-4 所示,单层曲面网壳位于立面大开洞的曲面边界处,为单层双向梁系结构,由网壳 x 向梁(21)、网壳 y 向梁(22)刚性连接组成,所有节点均为刚性连接节点。单层曲面网壳通过框柱处悬吊钢柱(19)、非框柱处辅助悬吊钢柱(20),经网壳悬吊节点(23)吊挂在主体结构上,用以固定幕墙结构,并实现大开洞建筑曲面造型及功能。

　　单层曲面网壳为附属在主体结构上的辅助结构,网壳 x 向梁(21)、网壳 y 向梁(22)主要承受自身质量;大开洞引起的风吸力作用导致单层网壳的自身稳定性能也是需要考虑的一个方面。因而单侧曲面网壳的构件截面无须设置过大,为箱形截面钢管,截面$(300\sim400)$mm$\times(400\sim600)$mm。

　　图 5.2-8 是下挂式桁架的节点构造示意。

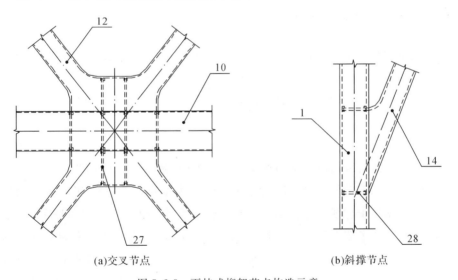

(a)交叉节点　　　　　　　　　　　(b)斜撑节点

图 5.2-8　下挂式桁架节点构造示意

　　如图 5.2-1(a)、图 5.2-4、图 5.2-8 所示,多层下挂式桁架的交叉斜撑节点(25)、端部过渡斜撑节点(26),均采用半径为 $250\sim500$mm 的圆弧倒角,并分别设置交叉斜撑节点加劲板(27)、过渡斜撑节点加劲板(28)进行加强,交叉斜撑节点加劲板(27)、过渡斜撑节点加劲板(28)的厚度分别不小于对应多层下挂桁架斜撑(12)、端部过渡斜撑(14)的壁厚度。

　　图 5.2-9 是单层曲面网壳的悬吊节点构造示意。

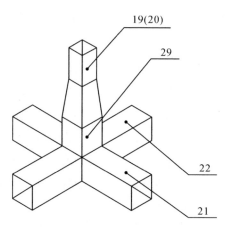

图 5.2-9　单层网壳悬吊节点构造示意

如图 5.2-1(a)、图 5.2-9 所示,当悬吊钢柱截面与单层曲面网壳的梁构件截面宽度不同时,可通过变截面找坡的过渡转换接头(29)进行连接处理,使接头构件截面尺寸相同。

5.2.3　工程应用案例

本创新体系可应用于底部立面弧形大开洞曲面建筑造型的复杂高层钢结构体系设计及承载,大空间为跨度不小于 60m 的大空间建筑立面开洞。该体系已在杭州西站枢纽云门项目的结构设计中获得应用和借鉴,该项目已于 2022 年结顶,现已投入使用。

(1)工程概况

南区综合体及云门位于杭州西站站房南侧,用地范围东西约为 470m,南北约为 220m。其中,云门北边界距离站房基本站台为 28m,南北进深为 60m,东西长度为 180m,沿站房中轴线两侧分别为 90m。杭州西站枢纽云门地上共 13 层,地下共 4 层,中间立面开洞跨度为 80m,建筑面积为 9.67 万 m²;南区综合体商业裙房的地上部分从云门的东西两侧与云门连接,连接宽度约为 35m。裙房地上 3～6 层,各层标高与云门部分的标高保持一致;云门地上根据功能业态分为低、中、高三个区块。云门地下一层西侧为高铁博物馆,东侧为规划展览馆;地下 2～4 层为车库及设备用房。该项目的建筑设计方案由新加坡雅思柏设计事务所完成。图 5.2-10 为建筑效果,图 5.2-11 为结构模型,图 5.2-12 为现场施工实景。

(2)设计参数

主体结构的设计基准期和使用年限均为 50 年,建筑结构安全等级为二级,结构重要性系数为 1.0。抗震设防烈度为 6 度(0.05g),设计地震分组为 I 组,场地类

图 5.2-10　建筑效果

图 5.2-11　结构模型

(a)整体

(b)悬吊网壳部分

图 5.2-12　现场施工实景

别为Ⅱ类,抗震设防类别为标准设防类(丙类)。

1)风荷载。承载力计算时,基本风压 w_0 均按 50 年一遇标准取为 0.45kN/ m^2;风压高度变化系数采用 B 类地面粗糙度获得。

2)地震作用。小震作用下的最大水平地震影响系数取 0.04,特征周期取 0.45s,阻尼比取 0.05。主楼中含大跨度和悬挑结构,考虑竖向地震作用。

(3)结构体系

1)结构选型

云门采用钢框架+中心支撑+钢桁架体系,中间大跨采用钢桁架传力到两侧钢框架柱,大跨附近 2 跨采用钢管混凝土柱,并在柱之间设置钢斜撑增加整体抗侧刚度。云门中间空洞曲面造型采用单层网壳结构,底部采用不动铰支座,顶部吊挂在屋面桁架下弦,并通过吊杆和支撑系统组成一个稳定的体系。

2)结构模型

主体结构模型如图 5.2-11 所示。

（4）结构措施

1）单层网壳

在包络网壳内力作用范围下，考虑将网壳作为表皮荷载使用。

2）风洞试验

存在立面大开洞，为连体结构，需要进行风洞试验以获得建筑物的风荷载。

3）超限情况

主体结构在平面和立面上均属于不规则建筑，存在竖向构件不连续和连体结构，应进行超限高层的专项抗震审查。

5.3　螺旋递升式竖向长悬挑桁架体系

5.3.1　创新体系概述

桁架体系分为水平桁架、竖向桁架两类。水平桁架主要用于展览馆、体育馆等大型公共建筑的大跨楼屋盖；竖向桁架则在通高幕墙、外立面等特殊建筑造型的支撑构架中被广泛应用。根据桁架两端支座形式，分为两端简支、单向悬挑竖向桁架体系。屋顶竖向长悬挑桁架是一类重要的单向悬挑竖向桁架，桁架底端为刚性固定端、顶端为自由端；由于其较大的抗侧刚度和较高的竖向支撑长度，常应用于屋顶超高幕墙支撑设置。

屋顶竖向长悬挑桁架体系一般为平面管桁架形式，桁架宽度可由底部至顶部适当收缩调整，也可根据幕墙造型的变化对应位置调整。屋顶竖向长悬挑桁架的底部为刚性柱脚，分为柱底钢梁的加劲肋焊接形式、柱底砼梁的柱脚锚栓形式。考虑施工便利和楼板浇筑统一性，前者可通过加劲板转接抬高设置；当风载、地震等侧向力较大时，后者还可设置抗剪键。

竖向桁架体系的各榀基本单元之间一般需设置环向连接钢梁构成整体受力模式，以避免侧向失稳。对于超过 10m 高度的超长竖向悬挑桁架，中部还可增设环向连接钢梁，并提供侧向支撑结构，避免超高竖向长悬挑桁架的失稳。因此，环向连接钢梁、侧向支撑结构的形式需根据建筑幕墙外立面允许情况布置。对应悬挑超高幕墙造型的螺旋布置及其顶部的标高位置变化，可采用一系列多圈螺旋递升渐变形式的竖向长悬挑桁架，构成整体构架体系。但实际设计时的幕墙造型并不限于此，多圈复杂曲面情况可据此获得支撑构架体系。此外，竖向长悬挑桁架体系存在节点构造复杂、部件拼装复杂、体系受力复杂以及超长竖向悬挑桁架的自振等问题。

本节提出一种用于螺旋递升式幕墙支撑的竖向长悬挑桁架结构的形式及设计方法,以期应用于屋顶多圈螺旋递升布置的竖向超高悬挑和曲面建筑造型幕墙支撑的钢结构构架体系设计及承载[73]。

5.3.2　创新体系构成及技术方案

(1)创新体系构成

图 5.3-1 是螺旋递升式幕墙支撑的竖向长悬挑桁架的结构示意。

本技术方案提供的用于螺旋递升式幕墙支撑的竖向长悬挑桁架体系包括竖向长悬挑桁架、环向连接钢梁、侧向支撑结构、底部刚性支座。竖向长悬挑桁架[图5.3-1(b)]包括一系列多圈螺旋布置的单榀竖向长悬挑桁架,采用平面管桁架网格结构形式,竖向长悬挑桁架顶部标高位置按螺旋递升渐变排列,构成竖向抗侧力支撑核心结构;环向连接钢梁[图 5.3-1(c)]由位于所有竖向长悬挑桁架顶部、内圈超高竖向长悬挑桁架中部的两道环向连接钢梁组成,前者随桁架顶部为螺旋递升连接,后者为内圈超高竖向长悬挑桁架之间的中部标高位置钢梁连接设置;侧向支撑结构[图 5.3-1(d)]位于竖向长悬挑桁架的最内圈,为超高竖向长悬挑桁架(高度超过 10m)提供中部标高位置的侧向稳定支撑;底部刚性支座[图 5.3-1(e)]位于竖向长悬挑桁架底部,包括与钢梁、砼梁的刚性柱脚连接,以实现单悬挑的竖向桁架形式,并为幕墙建筑造型及功能提供结构支撑构架。

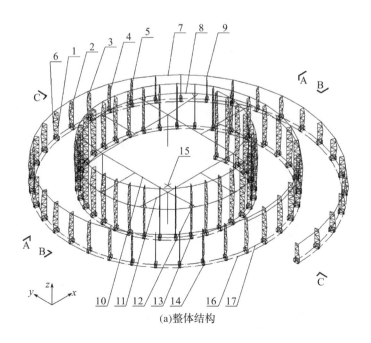

(a)整体结构

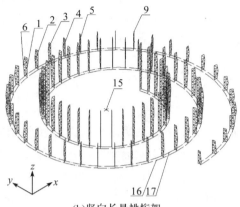

(b)竖向长悬挑桁架

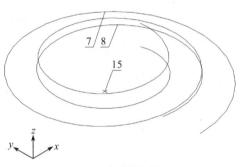

(c)环向连接钢梁

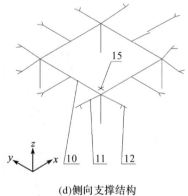

(d)侧向支撑结构

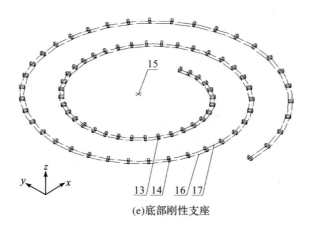

(e)底部刚性支座

1.竖向主弦管;2.下段斜向主弦管;3.上段斜向主弦管;4.水平支管;5.斜支管;6.斜向主弦管折角点;7.顶部环向钢梁;8.中部环向钢梁;9.外环板刚接节点;10.侧向支撑中部框架;11.侧向支撑主钢梁;12.侧向斜支撑短钢梁;13.外包混凝土保护层;14.底部刚性支座节点;15.中心定位点;16.外螺旋定位线;17.内螺旋定位线;18.节点上环板;19.节点下环板;20.竖向加劲板;21.过渡转接接头;22.锚栓刚性连接;23.固接加劲板;24.构造钢筋。

图 5.3-1　螺旋递升式竖向长悬挑桁架体系

图 5.3-2 是螺旋递升式幕墙支撑的竖向长悬挑桁架的构成流程图,具体如下。

1)竖向主弦管(1)、下段斜向主弦管(2)、上段斜向主弦管(3)、水平支管(4)、斜支管(5)组成单斜杆平面管桁架形式的单榀竖向长悬挑桁架基本单元;外侧的斜向主弦管为双折线形式,对应变化位置为斜向主弦管折角点(6)。

2)单榀竖向长悬挑桁架沿垂直幕墙曲面的法线方向布置,以中心定位点(15)为中心,多榀竖向长悬挑桁架排列构成多圈螺旋布置的竖向长悬挑桁架结构,下段斜向主弦管(2)和竖向主弦管(1)分别落在外螺旋定位线(16)和内螺旋定位线(17)上。

3)在所有竖向长悬挑桁架顶部之间连接顶部环向钢梁(7),在最内圈的超高长悬挑桁架中部之间连接中部环向钢梁(8)。

4)环向钢梁与竖向长悬挑桁架的主弦管的连接处为外环板刚接节点,由节点上环板(18)、节点下环板(19)和竖向加劲板(20)栓焊刚接组成。

5)最内圈超高长悬挑桁架的中部通过侧向支撑主钢梁(11)和侧向斜支撑短钢梁(12),传递侧向力至侧向支撑中部框架(10),进行侧向稳定支撑。

6)底部刚性支座节点(14)处,柱底钢梁时为过渡转接接头(21),并通过底部支座的固接加劲板(23)、钢梁腹板两侧的横向加劲板进行加强;柱底混凝土梁时为锚栓刚性连接(22),并设置抗剪键进行水平力承载。

7)底部刚性支座一定高度范围的竖向长悬挑桁架采用外包混凝土保护层(13)

进行包裹,避免钢结构出现锈蚀,外包混凝土保护层(13)的内部设置构造钢筋(24)进行加强。

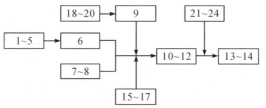

图 5.3-2　螺旋递升式竖向长悬挑桁架构成流程

(2)创新技术特点

本技术方案提供的用于螺旋递升式幕墙支撑的竖向长悬挑桁架体系,构件组成模块明确,传力清晰,符合整体受力及承载模式的设计原则,能充分发挥整体结构体系的长悬挑、高刚度优点,可实现屋顶多圈螺旋递升的竖向超高悬挑幕墙支撑和曲面建筑造型及功能。

本技术方案的设计思路是基于竖向长悬挑桁架和环向连接钢梁结合的中心支撑构架和整体受力模式;以竖向长悬挑桁架为竖向抗侧力核心,结合竖向长悬挑桁架顶部、超高竖向长悬挑桁架中部的环向连接钢梁,构成具有极大悬挑长度、较好抗侧刚度的中心支撑构架;通过侧向支撑结构实现超高竖向长悬挑桁架的中部稳定支撑,通过底部刚性支座实现单悬挑竖向桁架形式;基于承载性能分析,控制体系变形、构件应力等,以保障结构体系的整体承载。

(3)具体技术方案

图 5.3-3～图 5.3-5 分别是螺旋递升式幕墙支撑的竖向长悬挑桁架体系的整体平面图、整体正视图和整体右视图,即对应图 5.3-1(a)的 A-A 剖切示意、B-B 剖切示意和 C-C 剖切示意。图 5.3-6 是不同位置的单榀竖向长悬挑桁架剖切示意图。

如图 5.3-3～图 5.3-6 所示,竖向长悬挑桁架采用平面管桁架形式,竖向长悬挑桁架的斜支管为单斜杆支撑形式,支撑角度为 30°～60°,竖向长悬挑桁架内侧的竖向主弦管(1)为单根竖直钢管,竖向长悬挑桁架外侧的斜向主弦管[下段斜向主弦管(2)、上段斜向主弦管(3)]为双折线的梯形设置拼接钢管形式,斜向主弦管折角点(6)的竖向高度位置对应幕墙曲面而变化,以适应幕墙造型的竖向曲面折线渐变形式;竖向长悬挑桁架为单悬挑桁架形式,桁架底部为固定支座端,桁架顶部为自由端;单榀桁架沿垂直幕墙曲面法线方向布置;基于中心定位点(15)、螺旋定位线[外螺旋定位线(16)、内螺旋定位线(17)],多个单榀竖向长悬挑桁架排列构成多圈螺旋布置的竖向长悬挑桁架,桁架顶部随幕墙顶递升渐变变化。

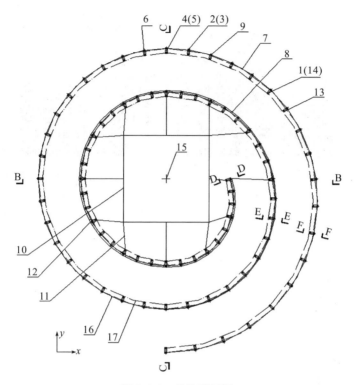

图 5.3-3　整体平面图

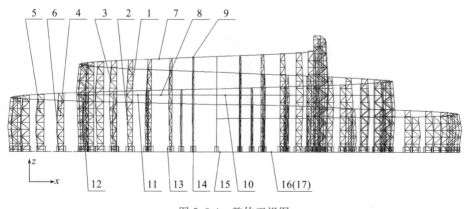

图 5.3-4　整体正视图

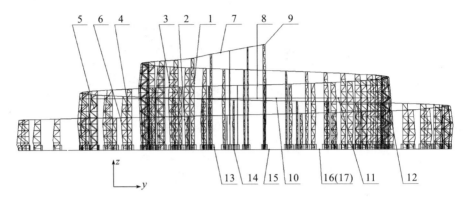

图 5.3-5　整体右视图

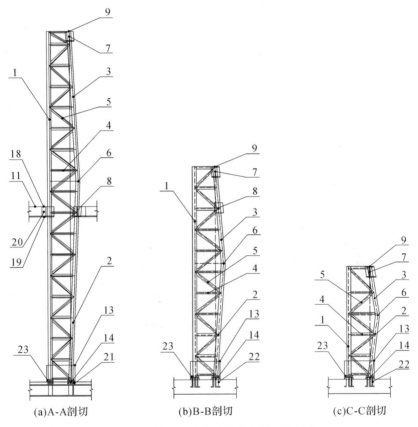

(a)A-A剖切　　　　(b)B-B剖切　　　　(c)C-C剖切

图 5.3-6　单榀竖向长悬挑桁架的剖切示意

竖向长悬挑桁架的主弦管是抗侧向力的桁架主体构件,桁架构件均为圆管,竖向主弦管和斜向主弦管的直径均为 200～400mm;竖向主弦管(1)与斜向主弦管(2～3)之间设有水平支管(4)和斜支管(5),主要起侧向支撑和连接主弦管作用,截面尺寸相对较小,直径均为 100～200mm;竖向长悬挑桁架的环向间距为 4～6m,宽度为 1～2m,不同高度的桁架宽度对应双折线主弦管的变化而变化。

如图 5.3-3～图 5.3-6 所示,环向连接钢梁由顶部环向钢梁(7)和中部环向钢梁(8)组成,环向连接钢梁与竖向长悬挑桁架正交连接并呈环向布置,以提供径向布置的单榀竖向长悬挑桁架平面外的稳定支撑;顶部环向钢梁(7)呈多圈螺旋递升的刚接连接形式,中部环向钢梁(8)仅在最内圈超高桁架之间设置以加强中部平面外稳定支撑。

图 5.3-7 是竖向长悬挑桁架在侧向连接钢梁处的外环板刚接节点构造示意。

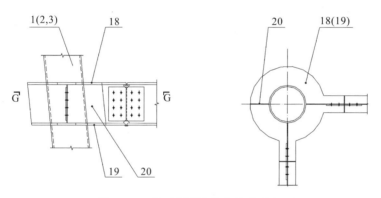

图 5.3-7 外环板刚接节点构造示意

如图 5.3.6～图 5.3-7 所示,顶部环向钢梁(7)随竖向长悬挑桁架顶部标高位置而变化,呈现为多圈螺旋递升形式,两端刚接连接钢梁;中部环向钢梁(8)仅设置在最内圈高度超过 10m 的长悬挑桁架间,以加强超高长悬挑桁架的侧向支撑,竖向标高位置同侧向支撑结构的顶部标高,并与竖向长悬挑桁架刚性连接。环向连接钢梁采用工字形钢,首尾在竖向长悬挑桁架的主弦管位置连接;环向连接钢梁与主弦管的连接采用外环板刚性节点,环向连接钢梁与竖向长悬挑桁架顶部的连接处为外环板刚接节点(9);外环板刚接节点由节点上环板(18)、节点下环板(19)和竖向加劲板(20)组成,环板宽度为 100～200mm,环板、竖向加劲板壁厚分别同连接工字形钢的翼缘、腹板厚度;工字形钢截面高度为 400～500mm,跨度为 4～6m。

如图 5.3-1(a)、图 5.3-3～图 5.3-6 所示,侧向支撑结构包括侧向支撑中部框架(10)、侧向支撑主钢梁(11)和侧向斜支撑短钢梁(12),位于竖向长悬挑桁架的最内圈,侧向支撑结构顶部的竖向位置同最内圈超高桁架的中部环向钢梁(8)的标高位置,为高度超过 10m 的超高竖向长悬挑桁架提供中部平面内稳定支撑。

侧向支撑结构的传力路线是通过侧向支撑主钢梁(11)将侧向力传递至侧向支撑中部框架(10)进行承载,中部框架根据建筑功能设置,无特殊情况时采用钢框架形式;侧向斜支撑短钢梁(12)用于环向钢梁和竖向主弦管(1)之间的连接,防止竖向长悬挑桁架的自身扭转效应;侧向支撑结构的构件为工字形钢,节点处均采用刚性连接节点,侧向支撑结构与主弦管的连接为外环板刚性焊接连接形式,工字形钢截面高度为 400~500mm。

图 5.3-8 是竖向长悬挑桁架的底部刚性支座节点构造示意。

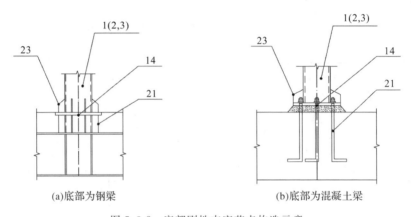

(a)底部为钢梁   (b)底部为混凝土梁

图 5.3-8   底部刚性支座节点构造示意

图 5.3-9 是竖向长悬挑桁架的底部刚性支座的外包混凝土保护层构造示意。

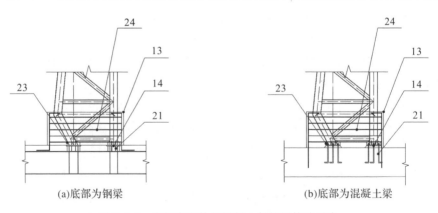

(a)底部为钢梁   (b)底部为混凝土梁

图 5.3-9   底部支座外包混凝土保护层构造示意

如图 5.3-8 和图 5.3-9 所示,底部刚性支座节点(14)为刚性柱脚固定端,根据柱底结构类型,有柱底为钢梁的加劲肋焊接柱脚形式或柱底为混凝土梁的柱脚锚栓形式;底部刚性支座一定高度范围的竖向长悬挑桁架采用外包混凝土保护层(13)并高出地面100mm,以避免屋面覆土、积水等工况时的钢结构锈蚀情况,外包混凝土保护层(13)的内部设置构造钢筋(24);柱底为刚接的单悬挑竖向桁架布置,可为屋顶超高幕墙建筑造型及功能提供支撑构架。

考虑施工便利和楼板浇筑统一性,柱底为钢梁时支座节点处设置过渡转接接头(21)进行抬高连接设置,并通过支座底部的固接加劲板(23)、钢梁腹板两侧的横向加劲板进行节点加强;当风荷载、地震作用等侧向作用较大时,柱底为混凝土梁时支座节点的锚栓刚性连接(22)的柱脚设置抗剪键进行水平力承载,柱脚锚栓为预埋弯折形式。

5.3.3　工程应用案例

本创新体系可应用于屋顶多圈螺旋递升布置的竖向超高悬挑幕墙支撑的钢结构构架体系的设计及承载,竖向长悬挑指竖向单悬挑高度不小于10m的竖向长悬挑桁架。该体系已在杭州运河中央公园二期项目(屋顶幕墙支撑部分为螺旋递升式竖向长悬挑桁架体系)中获得应用和借鉴,项目已于2020年竣工,目前已投入使用[70]。具体如第4.5.3节所述,屋顶竖向长悬挑桁架的现场施工实景如图5.3-10所示。

(a)实景一　　　　　　　　　　　　(b)实景二

图 5.3-10　现场施工实景

竖向长悬挑桁架在传统幕墙支承结构中虽已有应用,但根据建筑幕墙造型,合理设置多圈螺旋递升式布置的竖向长悬挑桁架组合构成螺旋造型幕墙则是新提出的结构体系创新。同时,可通过调整变截面竖向桁架的最大宽度位置,使幕墙与结构直接连接,有效保障连接强度,实现了受力、造型和功能的三者平衡,具有较好优势和应用前景。

5.4 弧形悬挑桁架斜拉索承组合连廊体系

5.4.1 创新体系概述

大跨连廊桁架是由多榀单层或多层桁架组成的大跨度钢结构体系,具有自重轻、跨度大和承载高等优点,被广泛应用于连廊、通道、观光走廊和天桥等空中连通建筑中。连廊桁架的支撑体系包括下部钢柱支撑、下部桁架支撑、上部桁架吊挂和拉索吊挂等形式,支撑位置包括两端支撑、多点支撑和单点支撑等。当由于现场条件限制,仅能在两侧中部设置落地支撑且要求连廊桁架跨越较大范围时(如地下建筑两侧难以加固时的双悬挑连廊通道、河岸或山谷等两侧中部支撑特殊条件下的双悬挑连廊观光通道等),则需通过合理的特殊支撑结构体系构造得以有效实现。

双组立面弧形落地悬挑桁架支撑是一种有效的下部桁架支撑体系。由于为两侧对称立面弧形悬挑结构形式,落地端的支撑构造显得尤为重要,且需为可承担部分弯矩的固定端;双组桁架组合落地支撑是合理、有效的加强处理方式;悬挑桁架根据受力大小,可考虑为下大上小的三角形式。为提高双组立面弧形悬挑桁架的整体刚度,可通过正交向桁架连接布置构成整体受力体系,分为连廊处正交连接桁架、悬挑部分连接桁架。为适应立面弧形悬挑桁架的弧形内凸外观建筑造型,对应正交向连接桁架可间隔布置,为不同宽度平面桁架形式。

两侧立面弧形悬挑桁架支撑的连廊结构无法实现超大跨度、超大悬挑的通道空间功能,可通过双组立面弧形悬挑桁架在连廊上部的斜拉索吊挂,构成两侧支撑组合悬挑形式。为分散较小斜拉索拉力作用,同时起到建筑美观效果,斜拉索吊挂位置可对应悬挑部分连接桁架沿连廊桁架的上部悬挑部分、大跨部分和悬挑端部等多组斜拉索承形式。悬挑桁架和斜拉索的组合支撑,整体结构刚度相对不足,竖向地震、舒适度分析不可忽略。此外,斜拉索承组合大跨连廊结构体系存在节点构造复杂、部件构成复杂以及承载性能和刚度等问题。

本节提出一种弧形悬挑桁架斜拉索承组合大跨连廊结构的形式及设计方法,以期应用于底部大跨空间双侧长悬挑和顶部斜拉索承组合建筑造型的复杂大跨钢连廊桁架结构体系设计及承载[74]。

5.4.2 创新体系构成及技术方案

(1)创新体系构成

图 5.4-1 是弧形悬挑桁架斜拉索承组合大跨连廊体系的结构示意。

　　本技术方案提供的弧形悬挑桁架斜拉索承组合大跨连廊体系包括弧形悬挑桁架、连廊处正交桁架、悬挑区连接桁架、连廊桁架和斜拉索承结构。弧形悬挑桁架[图 5.4-1(b)]位于两侧,由两组落地固定支撑的立面弧形平面三角形超长悬挑桁架组成,两组对称且每组均为多榀平行间隔一定距离布置;连廊处正交桁架[图 5.4-1(c)]位于每组弧形悬挑桁架的连廊高度处的多榀立面弧形平面三角形超长悬挑桁架之间,为平面桁架形式且正交布置刚性连接立面弧形悬挑桁架,并共同构成核心支撑构架;悬挑区连接桁架[图 5.4-1(d)]位于悬挑部分的多榀立面弧形平面三角形超长悬挑桁架之间,为平面桁架形式且间隔一定距离正交刚性连接布置,作为侧向支撑并形成整体抗侧刚度;连廊桁架[图 5.4-1(e)]由中部大跨度连廊桁架区、两侧悬挑连廊桁架区组成,为双层米字形斜撑桁架结构形式,悬挑端刚性支撑于弧形悬挑桁架,并构成水平整体连贯的桁架结构;斜拉索承结构[图 5.4-1(f)]位于弧形悬挑桁架的悬挑区和连廊桁架之间,包括悬挑连廊区的多组斜拉索承结构和大跨连廊区的斜拉索承结构,斜拉索顶端吊挂于悬挑处连接桁架与弧形悬挑桁架连接处或者弧形悬挑桁架的顶部悬挑端,斜拉索底端斜向受拉吊挂连廊桁架结构的悬挑区和大跨区。

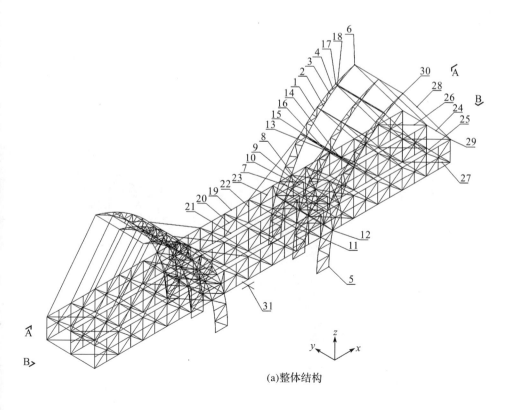

(a)整体结构

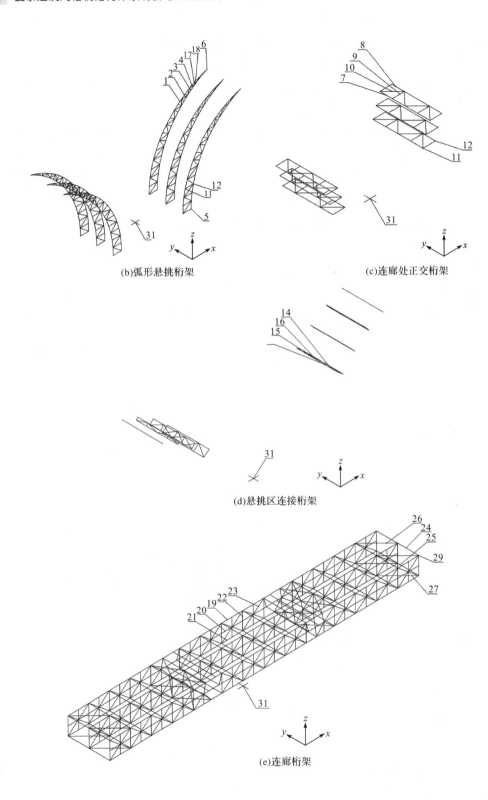

(b)弧形悬挑桁架

(c)连廊处正交桁架

(d)悬挑区连接桁架

(e)连廊桁架

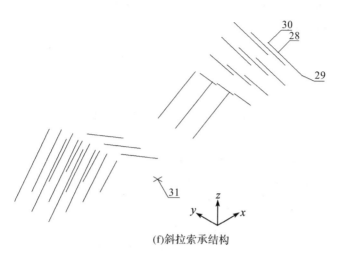

(f)斜拉索承结构

1.弧形桁架外弦杆;2.弧形桁架内弦杆;3.弧形桁架竖腹杆;4.弧形桁架斜腹杆;5.弧形桁架落地端;
6.弧形桁架悬挑端;7.正交桁架外弦杆;8.正交桁架内弦杆;9.正交桁架竖腹杆;10.正交桁架斜腹杆;
11.正交桁架外弦刚接端(连廊桁架大跨端);12.正交桁架内弦刚接端(连廊桁架悬挑端);13.连接桁架外
弦杆;14.连接桁架内弦杆;15.连接桁架竖腹杆;16.连接桁架斜腹杆;17.连接桁架外弦刚接端;18.连接
桁架内弦刚接端;19.连廊桁架上弦梁;20.连廊桁架中弦梁;21.连廊桁架下弦梁;22.连廊桁架竖腹杆;
23.连廊桁架斜腹杆;24.屋面连接钢梁;25.楼面连接钢梁;26.屋面水平斜拉杆;27.楼面水平斜拉杆;
28.斜拉索;29.底部吊挂端;30.顶部吊挂端;31.中心定位点;32.桁架节点加劲板;33.索端节点加劲板。

图 5.4-1　弧形悬挑桁架斜拉索承组合大跨连廊体系示意

图 5.4-2 是弧形悬挑桁架斜拉索承组合大跨连廊结构的构成流程,具体如下。

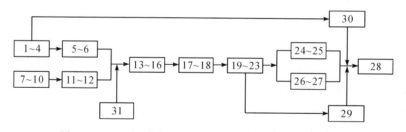

图 5.4-2　弧形悬挑桁架斜拉索承组合大跨连廊构成流程

1)弧形桁架外弦杆(1)、弧形桁架内弦杆(2)、弧形桁架竖腹杆(3)和弧形桁架斜腹杆(4)构成弧形悬挑桁架,两组弧形悬挑桁架基于中心定位点(31)对称布置,弧形悬挑桁架底部落地支撑于弧形桁架落地端(5),弧形悬挑桁架顶部悬挑至弧形桁架悬挑端(6),构成双组落地固定支撑的立面弧形悬挑桁架主体结构。

2)正交桁架外弦杆(7)、正交桁架内弦杆(8)、正交桁架竖腹杆(9)和正交桁架斜腹杆(10)构成连廊处正交桁架的平面桁架结构。

3)步骤 1)生成的弧形悬挑桁架主体结构与步骤 2)生成的连廊处正交桁架呈

正交布置,并通过正交桁架外弦刚接端(11)和内弦刚接端(12)将两者刚性连接,共同构成核心支撑构架。

4)连接桁架外弦杆(13)、连接桁架内弦杆(14)、连接桁架竖腹杆(15)和连接桁架斜腹杆(16)构成悬挑区连接桁架。

5)步骤4)生成的悬挑区连接桁架通过连接桁架外弦刚接端(17)和连接桁架内弦刚接端(18),刚性连接每组各榀弧形悬挑桁架的悬挑区,构成高抗侧、抗扭刚度的整体结构。

6)连廊桁架上弦梁(19)、连廊桁架中弦梁(20)、连廊桁架下弦梁(21)、连廊桁架竖腹杆(22)和连廊桁架斜腹杆(23)构成单榀连廊桁架结构主体部分。

7)步骤6)生成的各榀连廊桁架结构主体部分通过屋面连接钢梁(24)和楼面连接钢梁(25)连接,构成连廊桁架,连廊桁架斜腹杆(23)交叉处通过桁架节点加劲板(32)进行加强。

8)步骤7)生成的连廊桁架,通过屋面水平斜拉杆(26)和楼面水平斜拉杆(27)进行平面内扭矩刚度加强。

9)连廊桁架大跨端即为正交桁架外弦刚接端(11),连廊桁架悬挑端即为正交桁架内弦刚接端(12)。

10)斜拉索(28)的底端连接连廊桁架上弦梁(19)节点处的底部吊挂端(29),斜拉索(28)的顶端连接弧形桁架悬挑端(6)、连接桁架内弦杆(14)或连接桁架外弦杆(13)处的顶部吊挂端(30),斜拉索连接端部节点处的连廊桁架上弦梁(19)通过索端节点加劲板(33)进行加强。

(2)创新技术特点

本技术方案提供的弧形悬挑桁架斜拉索承组合大跨连廊体系,组成模块明确,传力清晰,符合整体受力及承载模式的设计原则,能充分发挥整体体系的底部大空间、大跨大悬挑和高承载性能,可实现底部大跨空间双侧长悬挑支撑、高承载高抗侧和斜拉索承组合建筑造型功能。

本技术方案的设计思路是基于弧形悬挑桁架和连廊处正交桁架结合的支撑桁架核心构架与整体受力模式;可通过悬挑区连接桁架,实现整体结构抗侧抗扭性能的加强;可通过连廊桁架和斜拉索承结构,实现底部大跨空间双侧长悬挑连廊桁架结构及其悬挑段的斜拉吊挂,实现底部大跨空间双侧长悬挑支撑和斜拉索承组合建筑造型;可基于承载性能分析并控制构件应力、整体刚度、抗扭性能和自振频率,保障结构体系的整体受力承载性能。

(3)具体技术方案

图5.4-3、图5.4-4和图5.4-5分别是弧形悬挑桁架斜拉索承组合大跨连廊体

系的整体平面图、整体正视图和整体右视图,即对应图 5.4-1(a)的 A-A 剖切示意、B-B 剖切示意图和 C-C 剖切示意。图 5.4-6 是弧形悬挑桁架的正视图。

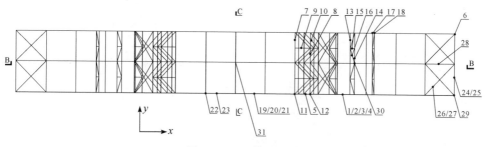

图 5.4-3　整体平面图

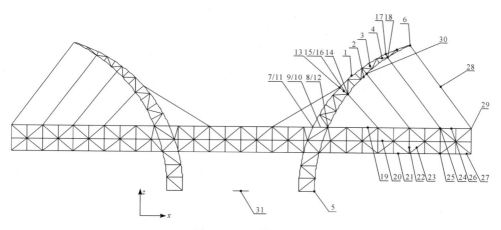

图 5.4-4　整体正视图

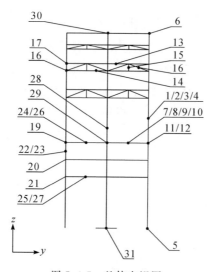

图 5.4-5　整体右视图

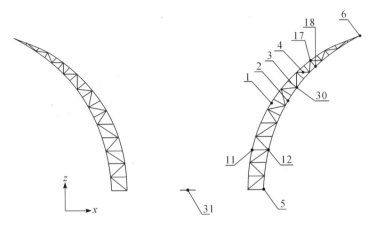

图 5.4-6　弧形悬挑桁架正视图

　　如图 5.4-3～图 5.4-6 所示,弧形悬挑桁架由两组呈内凸造型的立面弧形平面三角形超长悬挑桁架组成,以中心定位点(31)为中心对称布置,构成底部落地固定支撑的双组立面弧形超长悬挑桁架主体结构;每组立面弧形平面三角形超长悬挑桁架均由多榀平行间隔一定距离布置的立面弧形平面三角形超长悬挑桁架组成;单榀立面弧形平面三角形超长悬挑桁架主要由弧形桁架外弦杆(1)、弧形桁架内弦杆(2)、弧形桁架竖腹杆(3)和弧形桁架斜腹杆(4)组成,弧形桁架外弦杆(1)与弧形桁架内弦杆(2)之间设置弧形桁架竖腹杆(3)和弧形桁架斜腹杆(4);立面弧形平面三角形超长悬挑桁架的宽度由弧形桁架落地端(5)至弧形桁架悬挑端(6)逐渐减小,顶部交汇于一点。

　　单榀立面弧形平面三角形超长悬挑桁架为平面三角形网格桁架形式,呈弧形立面布置,弧形桁架落地端(5)与弧形桁架悬挑端(6)的连接弦长线与水平地面的夹角为 50°～80°,弧形桁架落地端(5)的宽度为 4～8m,各榀立面弧形平面三角形超长悬挑桁架之间的间距为 8～15m,自弧形桁架落地端(5)至弧形桁架悬挑端(6)的水平悬挑长度为 20～50m,立面弧形平面三角形超长悬挑桁架的高度为 40～80m;弦长线与水平地面的夹角,若过大难以实现立面弧形桁架的超长悬挑,若过小则无法达到悬挑连廊建筑功能;立面弧形平面三角形超长悬挑桁架的弦杆构件截面为圆管,直径为 600～1500mm,弦杆构件的截面为变截面形式,且自底部至顶部逐渐减小;立面弧形平面三角形超长悬挑桁架的腹杆构件截面也为圆管,直径为 400～800mm;平面三角形网格桁架的底部网格过大时,可局部二次加密进行加强。

　　如图 5.4-1(a)、图 5.4-3～图 5.4-5 所示,连廊处正交桁架为等截面平面桁架且正交布置刚性连接弧形悬挑桁架;连廊处正交桁架在每组弧形悬挑桁架位置,对应连廊桁架的上弦层、中弦层和下弦层,由多榀平面桁架组成;以中心定位点(31)为中心对称双组布置;单榀连廊处正交桁架主要由正交桁架外弦杆(7)、正交桁架内弦杆(8)、正交桁架竖腹杆(9)和正交桁架斜腹杆(10)组成,正交桁架外弦杆(7)与正交桁架内弦杆(8)之间设置正交桁架竖腹杆(9)和正交桁架斜腹杆(10);连廊处正交桁架通过正交桁架外弦刚接端(11)和正交桁架内弦刚接端(12)与弧形悬挑桁架刚性连接并整体承载。

单榀连廊处正交桁架为等截面平面桁架,连廊处正交桁架宽度为 3~6m,相邻的各榀连廊处正交桁架之间的间距为 4~8m;连廊处正交桁架的主要功能是提高弧形悬挑桁架主体结构的整体稳定性;连廊处正交桁架的构件截面为圆管,连廊处正交桁架的弦杆直径为 400~800mm,连廊处正交桁架的腹杆直径为 200~500mm。

弧形悬挑桁架与连廊处正交桁架对称刚性连接,共同构成核心支撑构架。

悬挑区连接桁架位于每组弧形悬挑桁架的悬挑区的多榀立面弧形平面三角形超长悬挑桁架之间,为等截面平面桁架结构且间隔一定距离正交刚性连接立面弧形悬挑桁架;以中心定位点(31)为对称双组布置;单榀悬挑区连接桁架由连接桁架外弦杆(13)、连接桁架内弦杆(14)、连接桁架竖腹杆(15)和连接桁架斜腹杆(16)组成,连接桁架外弦杆(13)与连接桁架内弦杆(14)之间设置连接桁架竖腹杆(15)和连接桁架斜腹杆(16);悬挑区连接桁架通过连接桁架外弦刚接端(17)和连接桁架内弦刚接端(18)与立面弧形悬挑桁架的悬挑区刚性连接并整体承载。

单榀悬挑区连接桁架宽度为 1~4m,与弧形悬挑桁架对应位置的宽度相同,相邻的各榀悬挑区连接桁架的间距为 8~14m;悬挑区连接桁架的主要功能是作为斜拉索承结构的斜拉索的上端固定位置,其具有较强的变形刚度和应力承载性能,同时也可作为弧形悬挑桁架的悬挑区的侧向支撑并形成整体抗侧刚度;悬挑区连接桁架的构件截面为圆管,弦杆直径为 300~600mm,腹杆直径为200~400mm。

图 5.4-7 是连廊桁架的结构示意。图 5.4-8 是弧形悬挑桁架、连廊处正交桁架、悬挑区连接桁架和连廊桁架中钢桁架节点的构造示意。

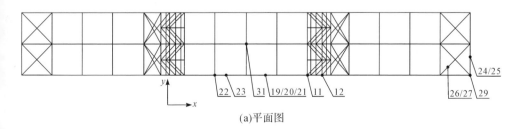

(a)平面图

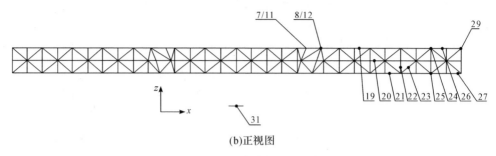

(b)正视图

图 5.4-7　连廊桁架结构示意

　　如图 5.4-1(e)、图 5.4-3、图 5.4-4、图 5.4-7、图 5.4-8 所示,连廊桁架由两组弧形悬挑桁架之间的中部大跨连廊桁架区和两组弧形悬挑桁架外侧的两侧悬挑连廊桁架区组成;连廊桁架的榀数与每组弧形悬挑桁架的立面弧形平面三角形超长悬挑桁架榀数相同,连廊桁架由多榀沿纵向布置的双层桁架结构组成;单榀连廊桁架由连廊桁架上弦梁(19)、连廊桁架中弦梁(20)、连廊桁架下弦梁(21)、连廊桁架竖腹杆(22)和连廊桁架斜腹杆(23)组成,为双层米字形斜撑桁架结构布置形式,连廊桁架上弦梁(19)、连廊桁架中弦梁(20)与连廊桁架下弦梁(21)之间设置连廊桁架竖腹杆(22)和连廊桁架斜腹杆(23);连廊桁架为两层的通高楼屋面结构或普通楼屋面结构,连廊桁架的屋面和楼面分别设置屋面连接钢梁(24)与楼面连接钢梁(25),并且屋面连接钢梁(24)和楼面连接钢梁(25)刚性连接各榀连廊桁架,构成竖向楼面荷载承重体系;连廊桁架斜腹杆(23)交叉处采用增设桁架节点加劲板(32)的焊接拼接节点,提高节点承载力。

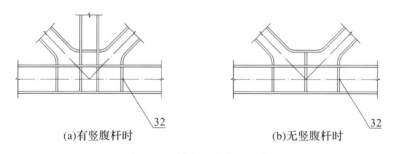

(a)有竖腹杆时　　　　　　　　　　(b)无竖腹杆时

图 5.4-8　桁架节点构造示意

　　中部大跨连廊桁架区的两端刚性支撑于正交桁架外弦刚接端(11),即连廊桁架大跨端,两侧悬挑连廊桁架区的悬挑端部刚性支撑于正交桁架内弦刚接端(12),即连廊桁架的悬挑端,进而构成水平整体连贯的楼面桁架结构;连廊桁架的屋面和楼面分别设置屋面水平斜拉杆(26)和楼面水平斜拉杆(27),提高连廊桁架本身的平面内抗扭刚度;两侧悬挑连廊桁架区的底部无支撑,为单悬挑结构,通过斜拉索承结构进行吊挂承载。

连廊桁架为等截面平面桁架结构,连廊桁架的单层层高为 4～5m,对应双层高度为 8～10m,相邻两榀连廊桁架的间距为 8～15m;连廊桁架上弦梁(19)、连廊桁架中弦梁(20)和连廊桁架下弦梁(21)的构件截面为箱形截面,截面高度为 600～800mm;连廊桁架竖腹杆(22)和连廊桁架斜腹杆(23)的构件截面为箱形截面,截面高度为 300～500mm;屋面连接钢梁(24)和楼面连接钢梁(25)的构件截面为 H 形截面,截面高度为 400～600mm;屋面水平斜拉杆(26)和楼面水平斜拉杆(27)的构件截面为 H 形截面或实心钢拉杆。

如图 5.4-1(f)、图 5.4-3～图 5.4-5 所示,斜拉索承结构由多组斜拉索(28)组成,斜拉索承结构位于两侧悬挑连廊桁架区和中部大跨连廊桁架区上方,两侧悬挑连廊桁架区的顶部吊挂端(30)位于弧形桁架悬挑端(6)和连接桁架内弦杆(14),为多组斜拉索承结构;为抵消悬挑连廊桁架区的斜拉索承结构对弧形悬挑桁架的拉力作用,同时加大中部大跨连廊桁架区的跨度,在中部大跨连廊桁架区增设一道斜拉索承结构,对应的顶部吊挂端(30)位于连接桁架外弦杆(13)。

图 5.4-9 是斜拉索承结构吊挂端的节点投影构造示意。

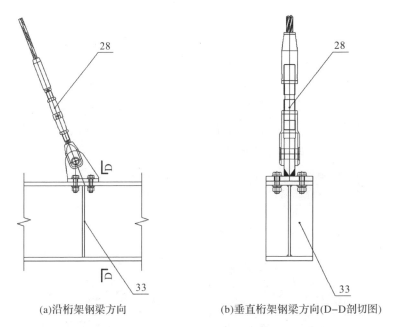

(a)沿桁架钢梁方向　　　　(b)垂直桁架钢梁方向(D-D剖切图)

图 5.4-9　斜拉索承结构吊挂端节点投影构造示意

斜拉索承结构的底部吊挂端(29)位于三榀连廊桁架上弦梁(19)的节点处;斜

拉索(28)倾斜受拉布置,斜拉索(28)底端钩住连廊桁架的悬挑区和大跨区,使得其悬挑长度足够满足建筑功能要求;斜拉索(28)端部采用柱铰节点进行铰接连接,斜拉索连接端部节点处的连廊桁架上弦梁(19)设置索端节点加劲板(33)进行加强。斜拉索(28)的构件截面为实心钢拉杆,截面直径为60~150mm;斜拉索(28)的倾斜角度为15°~45°。

5.4.3 工程应用案例

本创新体系可应用于底部大跨空间双侧长悬挑和顶部斜拉索承组合建筑造型的复杂大跨钢连廊桁架结构体系设计及承载,悬挑指结构最大悬挑长度不小于50m,大跨指结构最大空间跨度不小于100m。该体系是借鉴杭州黄龙体育中心主体育场改造项目结构构成特点取得的创新体系及应用改进,项目已于2022年改造完成[78]。

(1)工程概况

黄龙体育中心主体育场位于浙江省杭州市曙光路,是省重点工程项目,也是杭州亚运会的足球赛场。为满足杭州亚运会足球赛事的各项要求,政府对其进行了整体更新改造。主体育场挑篷屋盖结构采用斜拉网壳大悬挑形式,整个看台上空为曲面状雨篷。主体育场的总建筑面积近10万 m^2,6万个座位;主体结构平面呈圆形,外环直径为245.5m,周长为781.0m,挑篷外挑为50.0m,挑篷东西向中点标高为39.0m,低处标高为31.8m。挑篷结构由吊塔、斜拉索、内环梁、网壳、外环梁和稳定索组成,构成一个复杂的空间结构;斜拉索为本结构最主要受力构件,一端锚固在混凝土吊塔中,另一端锚固在内环钢箱梁中,通过斜拉索将荷载传递至吊塔,每肢吊塔上布置有9束钢索,四肢吊塔共36束斜拉索。图5.4-10为改造设计建筑效果,图5.4-11为改造设计现场施工实景。

图 5.4-10 建筑效果

(a)实景一

(b)实景二

图 5.4-11　现场实景

（2）主体结构抗震性能分析

主体育场在改造前的抗震设防烈度为 6 度,设防类别为乙类,基本风压和雪压均为 0.40kN/m²。改造设计时,杭州主城区抗震设防烈度已经由《建筑抗震设计规范》(GB J11—89)规定的 6 度变为现在的 7 度,主体育场结构改造是否需要对整体结构进行抗震加固需要探讨。参照《建筑抗震鉴定标准》(GB 50023—2009)第1.06 条,黄龙体育中心主体育场未超出设计使用年限且已按照 GB J11—89 进行设计,整体使用功能还是体育建筑,没有改变,整体模型如图 5.4-12 所示。计算后得知,改造前后主体结构的前三阶周期、质量、位移变化幅度均在 5% 以内,说明主体结构的承载力和抗震性能无明显变化。

黄龙体育中心主体育场为承担亚运功能的重要体育建筑,因此按照设防烈度7 度(0.1g),后续使用年限 30 年的性能要求进一步验算结构抗震性能。取 30 年对应地震作用的调整系数 0.8。结果表明,小震分析时,结构的最大层间位移角为1/2701,小于规范限值 1/800;最大位移比为 1.61,因最大层间位移角远小于规范限值的 40%,判定位移比 1.6 基本满足要求。对结构进行大震弹塑性分析,吊塔结构最大弹塑性层间位移角约为 1/106,下部看台层最大弹塑性层间位移角约为1/300,均小于规范限值 1/100。

（3）斜索索力测试

由于主体育场结构使用年限已近 20 年,作为重要受力构件的斜拉索因温度变化等各种环境因素产生了索力损失,对屋顶钢结构的内力分布有影响,因此需要重新分析结构变形和杆件应力状态。斜拉索外径为 225mm、180mm、140mm、110mm。钢绞线的抗拉强度标准值为 1860N/mm²。36 根斜拉索分为对称的四个区,每个区的斜拉索分别编为 1 号～9 号,如图 5.4-13 所示。采用频率振动法测定斜拉索索力。

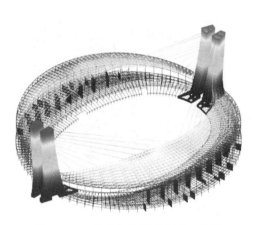 

图 5.4-12　结构整体模型及第一振型　　　　图 5.4-13　斜拉索编号

实测斜拉索索力比理论值稍低,均存在预应力损失情况,但大多数索力与理论值偏差在 17% 以内,仅 3 号、4 号斜拉索与理论值偏差稍大,偏差的幅度约为 22%,但所有斜拉索均未出现几何松弛现象。经检查,斜拉索索体本身无明显的损伤和锈蚀,锚头状态良好。

(4)基于实测索力的钢屋盖分析

采用有限元软件 MIDAS Gen 对主体育场钢屋盖进行基于实测索力的分析。风荷载选用主体育场风洞试验结果,温度应力作用考虑结构 ±30℃ 变化并分别与负风压和正风压组合。

1)按原设计工况分析

图 5.4-14、图 5.4-15 给出了各种不利工况下的网架变形和其构件应力图。工况 1 为恒荷载+活荷载+正风压荷载标准组合,工况 2 为 1.32 恒荷载+1.31 雪荷载+1.31 风荷载+1.10 温度作用基本组合。

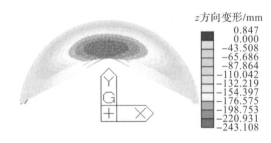

图 5.4-14　工况 1 的网架竖向变形

结构在标准荷载组合下的最大竖向位移约为 243mm。基本荷载组合工况下网架大部分杆件应力低于 80.0N/mm²,处于较低应力状态,网架短向杆件应力相对较高,最大应力约为 203.7N/mm²,小于 Q235 钢的设计强度;该工况内环梁受压,最大压应力约为 179.5N/mm²,斜拉索最大应力约为 667.8N/mm²,各项指标均满足要求。

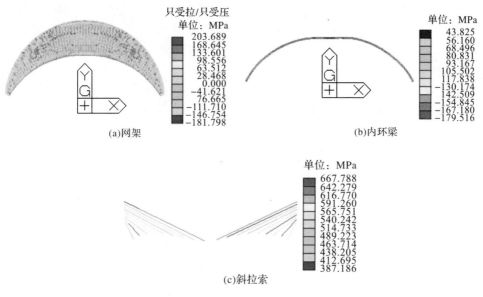

图 5.4-15　工况 2 的应力分析结果

2)单索失效极端情况验算

假定本次测试索力损失绝对值较大的西北区 2 号索失效,分析单索失效对屋盖安全的影响,分析结果如图 5.4-16、图 5.4-17 所示,图中"+"值为拉应力,"-"值为压应力。

比较实测索力与假定单索失效后的计算结果可知,斜拉索最大应力由 667.8N/mm² 上升到 713.7N/mm²,但仍小于斜拉索强度设计值 1320.0N/mm²;内环梁还是处于受压状态,仅支座处最大应力(216.6N/mm²)稍大于钢材强度设计值 215.0N/mm²,其余部分均满足要求;网架最大竖向位移区域从中点附近转移至失效单索位置附近,位移值由 243.0mm 变为 359.6mm,大于网架短向跨度的1/250;网架最大应力由 203.7N/mm² 变为 258.0N/mm²,大于钢材强度设计值215.0N/mm²。说明单索失效后对钢屋盖安全性影响较大。因此,设计此类结构时可适度超张拉斜拉索,留有一定的索力冗度,并定期监测索力,以便必要时及时换索。

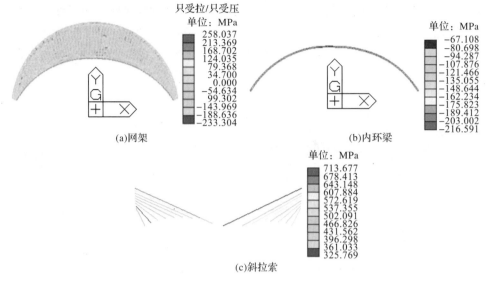

图 5.4-16　单索失效时工况 2 的应力分析结果

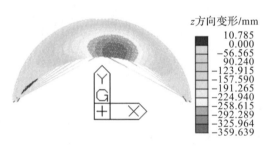

图 5.4-17　单索失效时工况 1 网架竖向变形

5.5　下挂式高位双向交叉斜连廊钢桁架体系

5.5.1　创新体系概述

　　钢桁架是由钢梁、竖柱和斜撑构成的钢结构组合形式,可实现大跨度空间的楼屋面承载,在涉及大跨区转换的商业综合体、体育场馆等大型公共建筑中应用广泛。

　　下挂式钢桁架是钢桁架典型应用形式之一,通过将钢桁架设置在顶部楼层区域,达到对其下部楼面层的吊挂,同时避免下部楼面层的过多斜撑而影响内部功能布置,但节点构造要求相对较高,施工相对复杂。对于下挂式钢桁架,侧向支撑设置也是重要方面,侧向支撑的布置需结合功能空间、大跨空间的影响,侧向支撑主要影响抗侧刚度、抗扭刚度。

吊挂楼面层作为下挂式钢桁架的下方吊挂结构,可作为主体结构的一部分参与整体抗侧性能,也可作为附属结构以避免影响整体抗侧性能,这由吊挂楼面层的层数、造型和布置形式确定;而当吊挂楼面层为斜坡形式时,由于受力不对称,可能引起侧向推力作用,可通过两侧主体结构的较强刚度支撑、内部交叉组合自平衡方式进行消除。此外,高位下挂式双向交叉斜连廊钢桁架结构体系存在节点连接构造复杂、部件拼装复杂、体系受力性能复杂以及大跨度桁架的振动和频率处理复杂等问题,合理的高位下挂式双向交叉斜连廊钢桁架结构体系形式设计及组装方案可有效保障其承载性能和正常使用。

本节提出一种高位下挂式双向交叉斜连廊钢桁架结构体系及设计方法,以期应用于外部双向交叉斜坡道连廊布置及幕墙造型、底部大空间高位连廊通道功能的下挂式钢桁架结构体系设计及承载[75]。

5.5.2　创新体系构成及技术方案

(1)创新体系构成

图 5.5-1 是高位下挂式双向交叉斜连廊钢桁架体系的结构示意。

本技术方案提供的高位下挂式双向交叉斜连廊钢桁架体系包括下挂式钢桁架、侧向支撑结构、交叉斜连廊、交叉边界结构和两侧主体结构;下挂式钢桁架[图5.5-1(b)]位于中部大跨区顶部,由沿跨度方向的多榀大跨单层钢桁架组成,钢桁

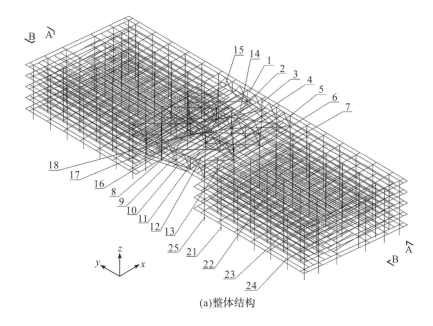

(a)整体结构

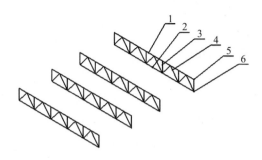

(b)下挂式钢桁架

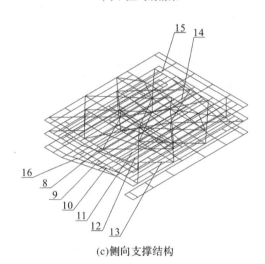

(c)侧向支撑结构

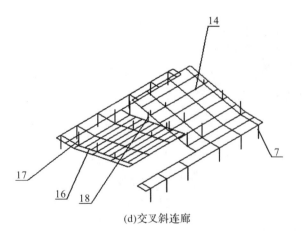

(d)交叉斜连廊

(e)交叉边界结构

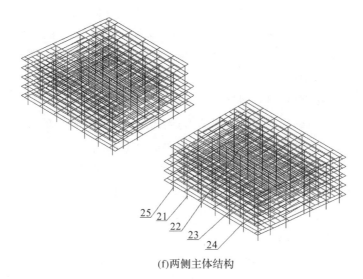

(f)两侧主体结构

1.桁架上弦梁;2.桁架下弦梁;3.桁架竖柱;4.桁架斜撑;5.上弦连接节点;6.下弦连接节点;7.转换落地钢柱;8.桁架上弦层;9.桁架下弦层;10.斜连廊楼面层;11.竖柱区刚接钢梁;12.斜撑区铰接钢梁;13.水平支撑斜杆;14.单层斜幕墙构架;15.室外屋顶构架;16.单层斜坡道连廊;17.桁架处钢吊柱;18.交界处钢吊柱;19.分离式交叉吊挂边界;20.合并式交叉吊挂边界;21.落地框柱;22.大跨框梁;23.框梁;24.悬挑框梁;25.钢管混凝土柱;26.斜交节点加劲板。

图 5.5-1　高位下挂式双向交叉斜连廊钢桁架体系结构示意

架下部吊挂交叉斜连廊,钢桁架两端则连接至两侧主体结构构成整体结构;侧向支撑结构[图 5.5-1(c)]位于中部大跨区水平布置,包括水平支撑钢梁和水平支撑斜杆,根据功能设置钢桁架上弦层支撑钢梁、钢桁架下弦层支撑钢梁和吊挂层斜连廊支撑钢梁。交叉斜连廊[图 5.5-1(d)]位于中部大跨区吊挂层,包括设置实心楼面的双层通高斜坡道连廊、设置镂空楼面的单层斜幕墙构架,在连廊中间宽度位置处设置交叉边界结构。交叉边界结构[图 5.5-1(e)]位于连廊中间宽度位置,由桁架下弦层吊挂交叉而成,包括分离式交叉吊挂边界形式、合并式交叉吊挂边界形式。两侧主体结构[图 5.5-1(f)]位于两侧布置,与大跨区下挂式钢桁架、交叉斜连廊刚性连接构成整体结构,交叉斜连廊构成两侧主体结构上下层的斜坡道通道。

图 5.5-2 是高位下挂式双向交叉斜连廊钢桁架结构的构成流程图,具体如下。

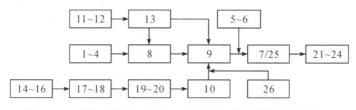

图 5.5-2　高位下挂式双向交叉斜连廊钢桁架结构的构成流程

1)桁架上弦梁(1)、桁架下弦梁(2)、桁架竖柱(3)、桁架斜撑(4)构成单榀平面钢桁架,多榀平面钢桁架间隔跨布置构成中部大跨区的下挂式钢桁架;下挂式钢桁架的两侧通过上弦连接节点(5)、下弦连接节点(6),刚性连接至两侧主体结构的转换落地钢柱(7)上,构成整体结构。

2)竖柱区刚接钢梁(11)、斜撑区铰接钢梁(12)组成水平支撑钢梁,水平支撑钢梁、水平支撑斜杆(13)构成侧向支撑结构;侧向支撑结构设置在桁架上弦层(8)、桁架下弦层(9)和斜连廊楼面层(10),与钢桁架正交布置。

3)交叉斜连廊北侧底部为镂空楼面布置的单层斜幕墙构架(14),顶部为镂空屋面布置的室外屋顶构架(15);交叉斜连廊南侧底部为实心楼面布置的单层斜坡道连廊(16),内部空间为双层通高设置;交叉斜连廊与桁架下弦梁(2)为斜交刚接连接,通过斜交节点加劲板(26)加强。

4)交叉斜连廊通过桁架处钢吊柱(17)吊挂在桁架下弦层(9)的下方,桁架处钢吊柱(17)对应下挂式钢桁架间隔跨布置;交叉斜连廊的北侧、南侧的交界处增设交界处钢吊柱(18)进行吊挂,交界处钢吊柱(18)位于桁架中部跨的中间位置。

5)交叉边界结构由桁架下挂层吊挂交叉而成,包括分离式交叉吊挂边界(19)、合并式交叉吊挂边界(20);对于分离式交叉吊挂边界(19),北侧斜连廊边界与南侧斜连廊边界相互脱离开;对于合并式交叉吊挂边界(20),北侧斜连廊边界与南侧斜连廊边界合并为一体。

6)依托转换落地钢柱(7)搭建两侧主体结构,均为落地钢框架,由落地框柱(21)、转换落地钢柱(7)、大跨框梁(22)、框梁(23)和悬挑框梁(24)组成,中部两跨构成大空间区;转换落地钢柱(7)位于中部大跨区两侧,间隔跨对应下挂式钢桁架布置,采用箱形截面钢管混凝土柱(25)。

(2)创新技术特点

本技术方案提供的高位下挂式双向交叉斜连廊钢桁架体系,构件组成模块明确,传力清晰,符合整体受力及承载模式的设计原则,能充分发挥整体体系的底部大空间、高刚度优点,实现外部双向交叉斜坡道连廊布置及幕墙造型以及底部大空间高位连廊通道建筑功能。

本技术方案的设计思路是基于下挂式钢桁架为核心支撑构架,通过侧向支撑结构实现钢桁架的侧向稳定支撑;通过交叉斜连廊、交叉边界结构实现双向交叉吊挂斜坡连廊构造;通过两侧主体结构进行竖向支撑,实现底部大空间、高位交叉斜坡连廊建筑造型,而构成整体受力模型;通过极限承载性能分析,控制体系变形、构件应力、舒适度等,保障结构体系的整体受力承载性能。

（3）具体技术方案

图 5.5-3、图 5.5-4 分别是高位下挂式双向交叉斜连廊钢桁架体系的整体平面图、整体正视图，即对应图 5.5-1(a)的 A-A 剖切示意、B-B 剖切示意。图 5.4-5 是下挂式钢桁架和交叉斜连廊的剖面示意。

如图 5.5-3～图 5.5-5 所示，下挂式钢桁架为中部大跨区的核心支撑构架，位于顶部楼层，采用单层平面钢桁架下挂结构形式，间隔跨布置多榀下挂式钢桁架以减少平面钢桁架的总数量，从而减少桁架斜撑(4)对内部建筑功能布置的影响。

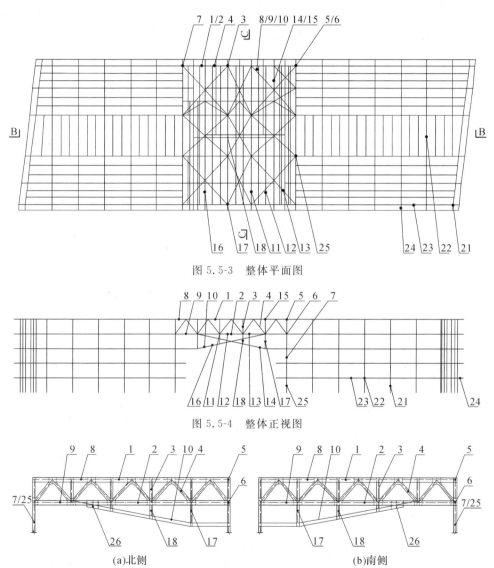

图 5.5-3　整体平面图

图 5.5-4　整体正视图

(a)北侧　　　　(b)南侧

图 5.5-5　下挂式钢桁架和交叉斜连廊剖面图

桁架斜撑(4)的结构形式有人字形、单斜撑或交叉斜撑。下挂式钢桁架为桁架主梁贯通,桁架上弦梁(1)、桁架下弦梁(2)均采用箱形截面钢梁,截面尺寸高度为700~800mm,桁架竖柱(3)、桁架斜撑(4)均为箱形截面,截面尺寸高度为400~500mm。

图5.5-6是中部大跨区的局部平面示意。

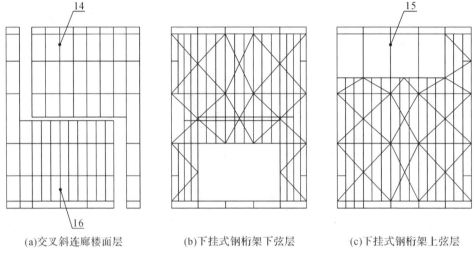

(a)交叉斜连廊楼面层   (b)下挂式钢桁架下弦层   (c)下挂式钢桁架上弦层

图5.5-6　中部大跨区局部平面示意图

如图5.5-3~图5.5-6所示,侧向支撑结构为中部大跨区下挂式钢桁架、交叉斜连廊的侧向支撑构件,包括水平支撑钢梁、水平支撑斜杆(13);水平支撑钢梁位于桁架上弦层(8)、桁架下弦层(9)和斜连廊楼面层(10),由竖柱区刚接钢梁(11)、斜撑区铰接钢梁(12)组成,均为大跨度的钢梁构件,与钢桁架正交布置,为下挂式钢桁架、交叉斜连廊提供侧向支撑,以避免下挂式钢桁架出现面外失稳。

南侧的2榀下挂式钢桁架之间,在桁架上弦层(8)(屋面层)设置水平支撑钢梁,即设置竖柱区刚接钢梁(11)、斜撑区铰接钢梁(12),并铺设屋面板;桁架下弦层(9)(楼面层)不设置水平支撑钢梁,即不设置竖柱区刚接钢梁(11)、斜撑区铰接钢梁(12),也不铺设楼面板,通高设置;在斜连廊楼面层(10)设置水平支撑钢梁,即设置竖柱区刚接钢梁(11)、斜撑区铰接钢梁(12),并铺设楼面板;南侧区域的斜连廊楼面层(10)的上方为2层通高设置,实现斜连廊空中通道的建筑功能。

图5.5-7是下挂式钢桁架弦层大跨钢梁的降梁节点构造示意。

如图5.5-3、图5.5-4、图5.5-6、图5.5-7所示,北侧的2榀下挂式钢桁架之间,

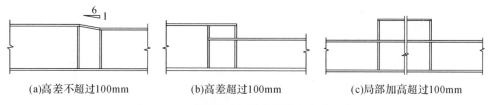

(a)高差不超过100mm　　　(b)高差超过100mm　　　(c)局部加高超过100mm

图 5.5-7　弦层大跨钢梁降梁节点构造示意

在桁架上弦层(8)(屋面层)仅设置竖柱区刚接钢梁(11),不设置斜撑区铰接钢梁(12),也不铺设屋面板,即为镂空设置;在桁架下弦层(9)(楼面层)设置水平支撑钢梁,即设置竖柱区刚接钢梁(11)、斜撑区铰接钢梁(12),且进行降板降梁方式并铺设屋面板,使北侧区域屋顶为开放式露天花园建筑功能,且满足最小侧向支撑需求;在斜连廊楼面层(10)仅设置竖柱区刚接钢梁(11),不设置斜撑区铰接钢梁(12),也不铺设屋面板,即为镂空设置;使北侧区域的交叉斜连廊仅为幕墙造型的支撑构架结构,并通过外包铝板等方式实现幕墙建筑外观效果。

竖柱区刚接钢梁(11)为大跨钢梁,采用箱形截面,截面尺寸高度为 600～700mm;斜撑区铰接钢梁 12 为大跨钢梁,采用 H 形截面,截面尺寸高度为600～700mm。

水平支撑斜杆(13)布置在桁架上弦层(8)、桁架下弦层(9),采用单跨或双跨交叉布置形式,以提高中部大跨区的水平抗扭性能;水平支撑斜杆(13)与下挂式钢桁架为斜交,设置在竖柱区刚接钢梁(11)与斜撑区铰接钢梁(12)之间,分段斜交进行支撑连接;水平支撑斜杆(13)采用圆钢管截面,截面直径为 100～300mm。

图 5.5-8 是图 5.5-6 交叉斜连廊与下挂式钢桁架的斜交连接节点构造示意。

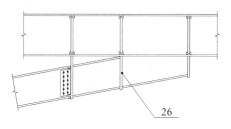

图 5.5-8　斜交连接节点构造示意

如图 5.5-5、图 5.5-6、图 5.5-8 所示,交叉斜连廊为中部大跨区的下挂式钢桁架的吊挂层,北侧底部为镂空楼面布置的单层斜幕墙构架(14),外侧通过包裹铝板材料等构成建筑幕墙造型,顶部为镂空屋面布置的室外屋顶构架(15),用于露天花园等建筑功能;南侧底部为实心楼面布置的单层斜坡道连廊(16),内部空间为双层通高设置,构成两侧主体结构的错层斜坡道连通结构;交叉斜连廊与下挂式钢桁架的桁架下弦梁(2)为斜交刚接连接,通过斜交节点加劲板(26)进行加强,斜交倾斜角度为 $10°\sim20°$。

交叉斜连廊通过桁架处钢吊柱(17)吊挂在桁架下弦层(9)的下方,桁架处钢吊柱(17)对应下挂式钢桁架间隔跨布置,采用 H 形钢截面;交叉斜连廊的北侧、南侧的交界处增设交界处钢吊柱(18)进行吊挂,交界处钢吊柱(18)位于桁架中部跨的中间位置,使交叉斜连廊的北侧、南侧构成平面对称布置。

图 5.5-9 是交叉吊挂结构构造示意。

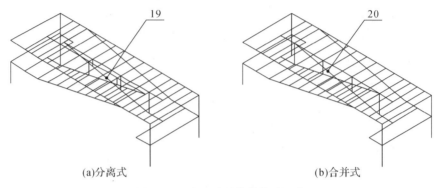

(a)分离式   (b)合并式

图 5.5-9 交叉吊挂结构构造示意

如图 5.5-1、图 5.5-9 所示,交叉边界结构位于交叉斜连廊的中间宽度位置,由桁架下挂层吊挂交叉而成,有分离式交叉吊挂边界形式(19)、合并式交叉吊挂边界形式(20)两种结构形式,具体要根据整体结构体系来确定;对于分离式交叉吊挂边界形式(19),北侧斜连廊的边界与南侧斜连廊的边界相互脱离开,即北侧、南侧区域错开单独设置,并分别通过交界处钢吊柱(18)进行吊挂,外包幕墙也相互脱离开,优点是构成吊挂附属结构,传力路径清晰,对下挂式钢桁架的整体刚度影响较小,适用于吊挂层数较少且荷载不大时的情况。

如图 5.5-1、图 5.5-7 所示,对于合并式交叉吊挂边界(20),北侧斜连廊的边界与南侧斜连廊的边界合并为一体,通过统一的交界处钢吊柱(18)进行吊挂,外包幕墙也相互合并为一体,优点是与下挂式钢桁架构成整体结构,并参与构成整体刚度,即对整体刚度的贡献不可忽略,适用于吊挂层数较多且荷载较大时的情况。

如图 5.5-1(f)、图 5.5-3、图 5.5-4 所示,两侧主体结构为落地钢框架结构,作为下挂式钢桁架、交叉斜连廊的两侧支撑结构,由落地框柱(21)、转换落地钢柱(7)、大跨框梁(22)、框梁(23)和悬挑框梁(24)组成,中部两跨为大跨度区域,构成大空间区域并便于建筑功能布置;转换落地钢柱(7)位于中部大跨区的两侧,间隔跨对应下挂式钢桁架布置,采用内部浇灌混凝土的钢管混凝土柱(25)进行加强,采用箱形截面,截面尺寸高度为 600~700mm。

5.5.3　工程应用案例

本创新体系可应用于外部双向交叉斜坡道连廊布置及幕墙造型、底部大空间高位连廊通道功能的下挂式钢桁架结构体系设计及承载,斜连廊钢桁架指最大跨度不小于 30m 的钢桁架。该体系已在杭州的邻居中心钱唐农园店项目中获得应用和借鉴,项目已于 2024 年竣工。

(1)工程概况

邻居中心钱唐农园店项目位于浙江省杭州市上城区四堡七堡单元。基地东至钱唐农园,南至规划河道、西至官东路,北至凤起东路。项目用地呈长方形,地块南北长约为 203m,东西长约为 81m。项目总建筑面积约为 2.8 万 m²,地上建筑面积为 14749m²,主要建筑功能为居住区公共配套服务设施,包括净菜超市、日间托养机构、养老院、公共厕所及未来社区配套用房等。地上 5 层,地下 1 层,地下局部有夹层。主屋面高度为 22.39m,属于多层建筑。主要柱网为 7.0m×9.0m、7.5m×9.0m、9.0m×9.0m 和 14.0m×9.0m;左、右侧建筑平面分别为 58.5m×51m、63.5m×51m,中部大跨连廊跨度为 39.0m,周边最大悬挑为 4.5m,右侧中部最大开洞为 58m×30m。各层层高为 6.1m(地下室)、4.8m(一层)和 4.4m(二至五层)。地上建筑采用钢框架体系,两侧区(钢框架)和中部大跨连廊区(钢桁架)连接构成整体结构。图 5.5-10 为建筑效果,图 5.5-11 为地上主楼的现场实景。

图 5.5-10　建筑效果

(2)设计参数

主体结构的设计基准期和使用年限均为 50 年,建筑结构安全等级为二级,结

(a)实景一

(b)实景二

图 5.5-11　现场实景

构重要性系数为 1.0,建筑抗震设防类别为重点设防类(乙类)。

1)屋顶覆土。屋顶覆土 500mm,局部 800mm,覆土容重不大于 $10kN/m^3$。

2)风荷载和雪荷载。承载力验算时,基本风压 w_0 按 50 年一遇标准取为 $0.45kN/m^2$,阻尼比为 0.04;舒适度验算时,基本风压取为 $0.30kN/m^2$,阻尼比为 0.02;风压高度变化系数采用 B 类地面粗糙度来获得,风荷载体型系数取为 1.3。基本雪压 w_1 按 50 年一遇标准取为 $0.45kN/m^2$;风荷载不与屋面活荷载同时组合。

3)地震作用。抗震设防烈度为 7 度(0.10g),设计地震分组为 Ⅰ 组,场地类别为 Ⅲ 类,特征周期取 0.45s,弹性分析阻尼比取 0.04。由于存在大跨桁架,因此需考虑竖向地震作用。

4)荷载工况组合。采用施工模拟三进行加载,桁架层调整为同时加载;由恒荷载、活荷载、风荷载(雪荷载)、水平地震和竖向地震共同组成荷载工况,按规定进行工况选取。

5)位移和变形限值。在恒荷载和活荷载共同作用下,主梁、桁架的竖向位移限值为 $L_0/400$,次梁的限值为 $L_0/250$;多遇地震下弹性楼层层间位移角限值为 1/250,其中 L_0 是梁的跨度。

(3)结构体系

1)结构选型

地上结构五层,主屋面高度为 22.39m,属于多层结构,采用钢框架结构体系,两侧区域(钢框架结构)和中部大跨连廊区域(钢桁架结构,39m,五跨)刚性连接构成整体结构。中部连廊区域桁架位于五层,为单层桁架,共计四榀,采用人字形斜撑形式的平面钢桁架;中部区域四层为桁架下方的交叉钢吊柱斜楼层;各榀桁架间距分别为 14m、16m 和 16.5m。

2)结构模型

地上结构模型如图 5.5-12 所示。地上结构根据《建筑抗震设计规范》(GB 50011—2010)对平面和竖向规则限值要求,存在局部大开洞(五层,30m×57.8m)、中部大跨度连体(钢桁架连廊,39.0m,5 跨)、四周大悬挑(4.5m)等可能引起楼板局部不连续、扭转不规则、侧向刚度不规则等不规则项,设计时需考虑竖向地震、双向地震作用,并做抗震专项论证,设计时采取相关抗震措施进行加强。地上结构为重点类设防(乙类),钢框架对应抗震等级为三级。考虑地下室顶板作为上部结构的嵌固部位,则地下一层各主楼的相关范围的抗震等级同上部结构,地下二层的抗震等级可降低一级。

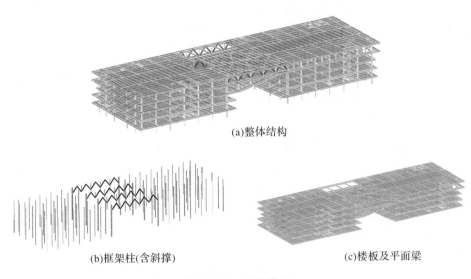

(a)整体结构

(b)框架柱(含斜撑)　　　　　　　(c)楼板及平面梁

图 5.5-12　结构模型

(4)结构措施

1)大悬挑、大跨度钢梁结构

大悬挑钢梁:位于周边,最大悬挑约为 4.5m,采用箱形钢梁,在满足楼层净高的同时,尽可能提高抗弯刚度;考虑竖向地震作用;应力比控制在 0.8 以内,正常使用时的挠度限值按 $L/200$,预起拱按跨度的 $1/1000\sim3/1000$ 选取。

大跨度钢梁:位于柱网 14.0m×9.0m 区(14m 跨)、中部连廊区两榀桁架之间的钢梁(16m、16.5m)采用 H 形钢截面,考虑竖向地震;应力比控制在 0.9 以内,挠度限值按 $L/400$,预起拱按跨度的 $1/1000\sim3/1000$ 选取。

2)大跨度钢桁架连廊结构

中部大跨钢桁架连廊的跨度为 39.0m,与两侧钢框架采用刚性节点连接成整体结构;采用单层人字形钢桁架,桁架下弦、上弦分别为箱形截面 800mm × 300mm、700mm×300mm,壁厚为 20～50mm;壁厚≥35mm 的板材采用高建钢;桁架柱间距为 8.0m、7.5m,桁架总高度为 4.4m(一层楼层高度)。钢桁架连廊区楼板采用弹性膜,以考虑钢梁构件的平面内轴力作用,即钢梁实际为压弯或拉弯构件。交叉连廊桁架剖面图如图 5.5-13 所示。

图 5.5-13　交叉连廊桁架剖面

分正常使用、施工阶段工况建立模型进行包络计算。第 1 模型中的钢连廊区采用 120mm 厚楼板(计楼板刚度),以考虑正常使用阶段的楼板部分刚度贡献;按规范要求,实际楼板参与平面内刚度为楼板刚度的 0.2～0.4。第 2 模型考虑施工阶段工况,即钢连廊区域采用 0 厚度楼板(不计楼板刚度),将楼板自重按附加恒载 26kN/m³×0.12m=3.12kN/m² 施加,进行复核。按两种工况模型(计楼板刚度、不计楼板刚度)进行包络计算,调整桁架弦杆截面。

钢连廊区域的桁架弦杆层(五层、屋顶层)增设水平斜支撑,以加强楼盖平面内刚度。钢连廊区域为大跨度区域,需考虑竖向地震作用;应力比控制在 0.9 以内,正常使用时的挠度限值按 L/400 控制,预起拱按跨度的 1/1000～3/1000 选取。两侧桁架构架应力比较大时,也可考虑内部灌注混凝土进行局部加强。

3)其他框架结构加强措施

结构两侧沿 y 向框架梁进行适当加强,提高整体体系抗扭刚度;中部连体两侧相连的框架梁、框架柱(包括 x 向、y 向)进行适当加强,以满足相邻结构内力大、抗震等级提高、结构突变的需要。

(5)性能分析

结构整体计算指标如表 5.5-1 所示,可知基本符合规范要求。其中,主体为多层结构,周期比略大,通过加强构造措施提高平面抗扭刚度;钢框架结构楼层层间最大位移与层高之比的允许值为 1/250;侧向刚度比、受剪承载力比均不考虑桁架层。

表 5.5-1　小震下结构整体性能指标

性能指标			地上钢结构	
			PKPM 结果	YJK 结果
分类	楼号	周期/s	1.8262	1.8478
振型	1	平动系数	0.93(0.01+0.92)	0.94(0.01+0.93)
		扭转系数	0.07	0.06
	2	周期/s	1.7304	1.7516
		平动系数	0.98(0.97+0.01)	0.98(0.97+0.01)
		扭转系数	0.02	0.02
	3	周期/s	1.6782	1.6993
		平动系数	0.10(0.01+0.09)	0.10(0.02+0.08)
		扭转系数	0.90	0.90
扭转与平动周期比			0.919	0.92
有效质量系数		x	96.91%	96.94%
		y	97.41%	97.42%
规定水平力下楼层最大层间位移与平均层间位移的比值(x、y±偶然偏心地震作用)		x	1.32<[1.50]（5 层 1 塔）	1.19<[1.50]（5 层 1 塔）
		y	1.40<[1.50]（4 层 1 塔）	1.30<[1.50]（4 层 1 塔）
楼层最大层间位移角		x	1/565<[1/250]（2 层 1 塔）	1/551<[1/250]（2 层 1 塔）
		y	1/524<[1/250]（2 层 1 塔）	1/514<[1/250]（2 层 1 塔）
x、y 方向本层塔侧移刚度与上一层相应塔侧移刚度 90%、110% 或者 150% 比值		薄弱层	3 层（桁架下转换层）	3 层（桁架下转换层）
		x	1.00	1.00
		y	1.00	1.00
本层与上一层的承载力之比		x	0.86>[0.80]	0.91>[0.80]
		y	0.86>[0.80]	0.91>[0.80]

第6章
复杂建筑网格钢结构细部构造
技术创新与工程实践

本章基于多个典型的钢结构项目(运河中央公园二期、湖州体育场、宁波国华金融大厦),针对复杂建筑网格钢结构进行细部构造的创新研发,指导项目的设计分析和施工过程,同时获得多项国家发明专利[79-81]。

6.1　多层通高大空间悬挑桁架结构

6.1.1　创新体系概述

桁架结构体系是由弦杆、竖杆和斜腹杆组成的网格状梁式结构体系,主要作为大跨度、大悬挑等建筑功能及特殊造型的结构支撑构架,具有自重轻、刚度大、跨度大和悬挑大等优点,被广泛应用于存在大跨度、大悬挑建筑功能及高位转换需求的大型复杂公共建筑中。

对于同时存在大悬挑和大跨功能的建筑,结合悬挑桁架和大跨桁架的整体受力模式是合理、有效的解决方案。当以大跨为主、悬挑为辅时,可通过双向多层大桁架结构来实现;当以悬挑为主、大跨为辅时,可通过在悬挑桁架区域内部设置大跨度小桁架来实现。桁架形式及桁架边界则可通过适当处理,以适用于复杂建筑边界及功能。悬挑区域的多层通高大空间是一种典型的悬挑为主、大跨为辅的建筑空间,两端有多榀竖向支撑悬挑桁架作为竖向支撑核心构架。由于悬挑范围大,竖向承载重,对竖向支撑悬挑桁架的刚度、承载均提出了较高要求。

多层通高大空间的屋顶大跨度由于存在重设备或覆土绿化等重荷载作用,因此引入内嵌正交向屋顶小桁架进行承载;大跨楼面荷载相对较轻,可引入预起拱的大跨钢梁进行承载,并通过侧向支撑钢梁以提供面外稳定支撑。曲面边界造型可通过设置桁架悬挑段并焊接幕墙网格式龙骨处理,屋顶坡度造型则通过桁架变高度调整上弦标高来实现。悬挑桁架根部落地支撑框柱受力较大,通过钢管砼柱或型钢砼柱来充分发挥混凝土的抗压性能。此外,多层通高大空间悬挑桁架结构存在节点连接构造复杂、部件拼装复杂、结构受力性能复杂以及大跨度、大悬挑区域的抗震和舒适度处理难等问题。

本节提出一种内嵌正交向小桁架的多层通高大空间悬挑桁架结构体系的形式及设计方法,以期应用于高位大悬挑区域多层通高大空间建筑功能及造型的复杂钢结构体系及承载[79]。

6.1.2　创新体系构成及技术方案

(1)创新体系构成

图 6.1-1 是内嵌正交向小桁架的多层通高大空间悬挑桁架结构的结构示意。

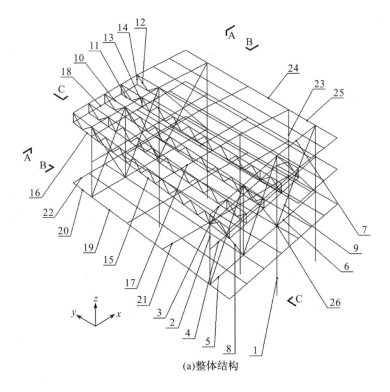

(a)整体结构

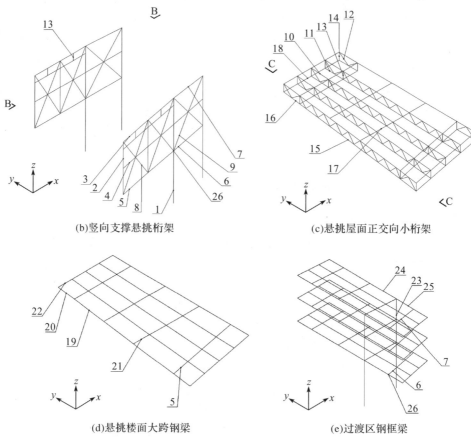

(b)竖向支撑悬挑桁架

(c)悬挑屋面正交向小桁架

(d)悬挑楼面大跨钢梁

(e)过渡区钢框梁

1.竖桁架落地框柱；2.竖桁架竖柱；3.竖桁架上弦悬挑梁；4.竖桁架中弦悬挑梁；5.竖桁架下弦悬挑梁；6.竖桁架过渡区楼面梁；7.竖桁架过渡区屋面斜坡梁；8.竖桁架悬挑区斜支撑；9.竖桁架过渡区斜支撑；10.小桁架上弦杆；11.小桁架下弦杆；12.小桁架斜腹杆；13.小桁架两端交界竖柱；14.小桁架两端封边竖柱；15.小桁架中部大跨段；16.小桁架两端悬挑段；17.上弦侧向支撑钢梁；18.下弦侧向支撑钢梁；19.大跨钢梁中部大跨段；20.大跨钢梁两端悬挑段；21.大跨钢梁侧向支撑钢梁；22.大跨钢梁两端封边钢梁；23.过渡区局部落地框柱；24.过渡区次大跨框梁；25.过渡区普通框梁；26.箱形转换接头；27.桁架节点加劲板；28.转换区加劲板。

图 6.1-1 多层通高大空间悬挑桁架结构示意

本技术方案提供的内嵌正交向小桁架的多层通高大空间悬挑桁架结构包括竖向支撑悬挑桁架、悬挑屋面正交向小桁架、悬挑楼面大跨钢梁和过渡区钢框梁；竖向支撑悬挑桁架[图 6.1-1(b)]位于多层通高大空间的两侧端部，由两榀延伸至过渡区的 X 形穿层悬挑桁架组成；悬挑屋面正交向小桁架[图 6.1-1(c)]位于大空间屋盖顶部，由多榀大跨度小桁架组成，并正交于竖向支撑悬挑桁架布置，与竖向支撑悬挑桁架共同构成中心支撑构架；悬挑楼面大跨钢梁[图 6.1-1(d)]位于大空间楼面底部，并正交于竖向支撑悬挑桁架布置，悬挑楼面大跨钢梁由多根大跨度钢梁组成,设置预起拱以保证挠度变形控制要求;过渡区钢框梁[图 6.1-1(e)]位于竖向支撑悬挑桁架的过渡区一跨,用以实现竖向悬挑区至常规框架区的过渡转换。

　　图 6.1-2 是内嵌正交向小桁架的多层通高大空间悬挑桁架结构的构成流程,具体如下。

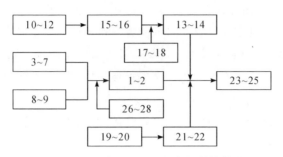

图 6.1-2　多层通高大空间悬挑桁架结构构成流程

　　1)竖桁架上弦悬挑梁(3)、竖桁架中弦悬挑梁(4)、竖桁架下弦悬挑梁(5)、竖桁架过渡区楼面梁(6)和竖桁架过渡区屋面斜坡梁(7)构成弦杆部分,进而与竖桁架悬挑区斜支撑(8)、竖桁架过渡区斜支撑(9)、竖桁架落地框柱(1)和竖桁架竖柱(2)共同组成单榀的竖向支撑悬挑桁架。

　　2)竖向支撑悬挑桁架的竖向荷载通过箱形转换接头(26)转移至竖桁架落地框柱(1)进行承载,竖向支撑悬挑桁架节点处设置桁架节点加劲板(27)和转换区加劲板(28)进行加强。

　　3)悬挑区域多层通高大空间的屋顶设置多榀悬挑屋面正交向小桁架,由小桁架上弦杆(10)、小桁架下弦杆(11)和小桁架斜腹杆(12)组成,构成小桁架中部大跨段(15)和小桁架两端悬挑段(16)。

　　4)悬挑屋面正交向小桁架侧向设置上弦侧向支撑钢梁(17)和下弦侧向支撑钢梁(18),以进行侧向稳定支撑,并通过小桁架两端交界竖柱(13)和小桁架两端封边竖柱(14)与竖向支撑悬挑桁架内嵌正交向连接,构成整体受力体系。

　　5)悬挑区域多层通高大空间的楼面设置多根大跨钢梁,由大跨钢梁中部大跨段(19)和大跨钢梁两端悬挑段(20)构成。

　　6)悬挑楼面大跨钢梁的侧向设置大跨钢梁侧向支撑钢梁(21)和大跨钢梁两端封边钢梁(22),以进行侧向稳定支撑,并与竖向支撑悬挑桁架连接,构成整体受力体系。

　　7)过渡区钢框架位于竖向支撑悬挑桁架的过渡区一跨范围内,由过渡区局部落地框柱(23)、过渡区次大跨框梁(24)和过渡区普通框梁(25)组成,以实现悬挑区至框架区的过渡转换。

（2）创新技术特点

本技术方案提供的内嵌正交向小桁架的多层通高大空间悬挑桁架结构,体系构造合理,可实现高位大悬挑区域多层通高大空间建筑功能及造型的复杂钢结构体系设计及承载,能充分发挥内嵌正交向小桁架的多层通高大空间悬挑桁架结构体系的大悬挑、大跨度复杂造型及高承载、高刚度性能优点。

本技术方案的设计思路是基于竖向支撑悬挑桁架和悬挑屋面正交向小桁架结合为中心支撑构架,通过悬挑楼面大跨钢梁实现大空间建筑功能,通过过渡区钢框架实现竖向悬挑大空间区至常规框架区的过渡转换,从而构成整体受力模式,达到在控制承载性能和抗侧刚度的前提下,实现高位大悬挑区域多层通高大空间建筑功能及造型;基于极限承载性能分析,通过整体刚度、承载力等指标控制,保障整体结构体系的合理有效。

（3）具体技术方案

图 6.1-3、图 6.1-4 和图 6.1-5 分别是内嵌正交向小桁架的多层通高大空间悬挑桁架结构的整体平面图、整体正视图和整体右视图,即对应图 6.1-1(a)的 A-A 剖切示意、B-B 剖切示意和 C-C 剖切示意。图 6.1-6 是单榀竖向支撑悬挑桁架的剖面示意。

如图 6.1-3～图 6.1-6 所示,竖向支撑悬挑桁架包括以竖桁架落地框柱(1)为界的悬挑区桁架和过渡区桁架;悬挑区桁架由竖桁架落地框柱(1)、竖桁架竖柱(2)、竖桁架上弦悬挑梁(3)、竖桁架中弦悬挑梁(4)、竖桁架下弦悬挑梁(5)和竖桁架悬挑区斜支撑(8)组成,竖桁架落地框柱(1)为通高贯通设置,竖桁架竖柱(2)呈竖向连接竖桁架上弦悬挑梁(3)、竖桁架中弦悬挑梁(4)和竖桁架下弦悬挑梁(5),竖桁架悬挑区斜支撑(8)呈 X 形连接在竖桁架上弦悬挑梁(3)、竖桁架中弦悬挑梁(4)和竖桁架下弦悬挑梁(5)之间;过渡区桁架由竖桁架过渡区楼面梁(6)、竖桁架过渡区屋面斜坡梁(7)和竖桁架过渡区斜支撑(9)组成,竖桁架过渡区屋面斜坡梁(7)位于竖桁架过渡区楼面梁(6)上方,竖桁架过渡区屋面斜坡梁(7)与竖桁架过渡区楼面梁(6)之间通过 X 形的竖桁架过渡区斜支撑(9)连接。

悬挑区桁架部分位于大悬挑区域,悬挑区桁架的楼屋面荷载传递至落地框柱进行承载,进而将竖向荷载转移至基础或地下结构;过渡区桁架的作用是提高悬挑桁架的承载性能,同时适当平衡落地框柱两侧的结构刚度差异。

竖向支撑悬挑桁架为双层桁架结构,采用 X 形穿层交叉斜支撑形式,桁架斜支撑与桁架弦杆的夹角为 30°～60°;此处的双层仅为结构层概念,每个单层相当于多个楼层实际高度。

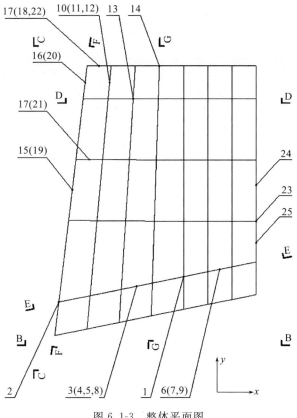

图 6.1-3　整体平面图

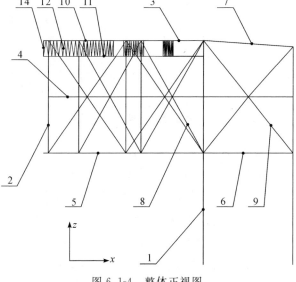

图 6.1-4　整体正视图

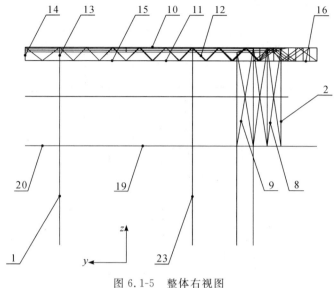

图 6.1-5　整体右视图

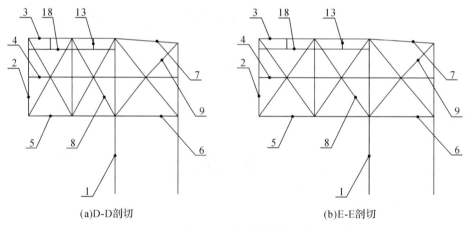

(a)D-D剖切　　　　　　　　　　　　　(b)E-E剖切

图 6.1-6　单榀竖向支撑悬挑桁架剖切图

悬挑桁架屋顶根据坡度为斜坡变标高形式,相应的斜支撑结构形式不变,但长度有所变化;竖桁架落地框柱(1)为通高贯通设置,竖桁架上弦悬挑梁(3)、竖桁架中弦悬挑梁(4)、竖桁架下弦悬挑梁(5)、竖桁架过渡区楼面梁(6)、竖桁架过渡区屋面斜坡梁(7)均为贯通形式,连接在竖桁架落地框柱(1)上;竖桁架落地框柱(1)是竖向承载主体构件,采用钢管混凝土或型钢混凝土截面以充分发挥混凝土的抗压性能,截面尺寸为 1000mm×1000mm;竖桁架上弦悬挑梁(3)、竖桁架中弦悬挑梁(4)、竖桁架下弦悬挑梁(5)、竖桁架过渡区楼面梁(6)、竖桁架过渡区屋面斜坡梁

（7）是受弯承载主体构件，截面尺寸为 300mm×800mm。

图 6.1-7 是单榀正交向小桁架和大跨钢梁的剖面示意。

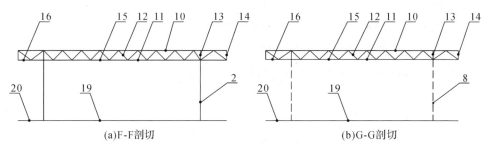

(a)F-F剖切　　　　　　　　　　　　　(b)G-G剖切

图 6.1-7　单榀正交向小桁架和大跨钢梁剖面示意

如图 6.1-3～图 6.1-5、图 6.1-7 所示，悬挑屋面正交向小桁架位于悬挑区屋顶，正交于竖向支撑悬挑桁架且平行布置多榀，悬挑屋面正交向小桁架，包括小桁架中部大跨段（15）和小桁架两端悬挑段（16）；小桁架中部大跨段（15）由小桁架上弦杆（10）、小桁架下弦杆（11）、小桁架斜腹杆（12）和小桁架两端交界竖柱（13）组成，小桁架两端悬挑段（16）由小桁架上弦杆（10）、小桁架下弦杆（11）、小桁架斜腹杆（12）和小桁架两端封边竖柱（14）组成，小桁架斜腹杆（12）采用 V 形斜腹杆形式，构成高度较小的梁式小桁架结构，以承载屋顶大跨度区域的重设备或覆土荷载等作用；小桁架斜腹杆（12）位于小桁架上弦杆（10）与小桁架下弦杆（11）之间，小桁架两端交界竖柱（13）位于小桁架中部大跨段（15）与小桁架两端悬挑段（16）交界处，小桁架两端封边竖柱（14）位于小桁架两端悬挑段（16）外端部。

小桁架两端悬挑段（16）设置上弦侧向支撑钢梁（17）和下弦侧向支撑钢梁（18），以提供侧向稳定支撑；小桁架中部大跨段（15）仅设置上弦侧向支撑钢梁（17），以提供侧向稳定支撑；上弦侧向支撑钢梁（17）与小桁架上弦杆（10）连接，下弦侧向支撑钢梁（18）与小桁架下弦杆（11）连接；正交小桁架的两侧为悬挑桁架形式，两端悬挑长度为 2～4m，上弦侧向支撑钢梁（17）和下弦侧向支撑钢梁（18）均采用 H 形截面，截面高度为 300～400mm；竖向支撑悬挑桁架和悬挑屋面正交向小桁架共同组成中心支撑构架。

悬挑屋面正交小桁架采用 H 形截面钢构件，桁架高度为 1.5～2.5m，桁架布置间距为 2～4m；小桁架采用整体吊装抬升、高空焊接拼装。

如图 6.1-1(d)、图 6.1-3～图 6.1-5、图 6.1-7 所示，悬挑楼面大跨钢梁位于悬挑区底部楼面，并正交于竖向支撑悬挑桁架且平行布置多根，悬挑楼面大跨钢梁包括大跨钢梁中部大跨段（19）和大跨钢梁两端悬挑段（20）；大跨钢梁中部大跨段（19）设置预起拱以保证挠度变形控制要求，同时承载大空间室内建筑功能，大跨钢梁预起拱为跨度的1/1000~3/1000，以保证挠度控制要求；大跨钢梁两端悬挑段(20)为悬挑钢梁形式，悬挑长度为2~4m；钢梁采用H形截面钢构件，钢梁高度为700~1000mm，钢梁布置间距为2~4m。

悬挑楼面大跨钢梁设置大跨钢梁侧向支撑钢梁(21)和大跨钢的两端封边钢梁(22)，采用H形截面钢构件，以提供侧向面外稳定支撑；竖桁架下弦悬挑梁(5)位于悬挑楼面大跨钢梁上；悬挑区域楼面板采用钢筋桁架楼承板，既方便施工，又能加快工期。

如图6.1-1(e)、图6.1-3~图6.1-5所示，过渡区钢框架位于竖向支撑悬挑桁架的过渡区一跨范围内，由过渡区局部落地框柱(23)、过渡区次大跨框梁(24)和过渡区普通框梁(25)组成，由过渡区次大跨框梁(24)和过渡区普通框梁(25)连接，过渡区局部落地框柱(23)连接各层框梁；过渡区钢框架可为钢梁、钢柱形式以适应整体钢结构体系，也可为钢筋混凝土梁、型钢混凝土柱混合形式以适应从悬挑区钢结构至常规区钢筋混凝土结构的过渡转换；竖桁架过渡区楼面梁(6)和竖桁架过渡区屋面斜坡梁(7)位于过渡区框架上；过渡区框架屋顶结构根据建筑造型和功能需要可采用斜坡形式。

图6.1-8是型钢混凝土竖向支撑柱的楼层转换连接节点[箱形转换接头(26)]的节点构造示意。图6.1-9是竖向支撑悬挑桁架或正交向小桁架的交叉支撑节点构造示意。

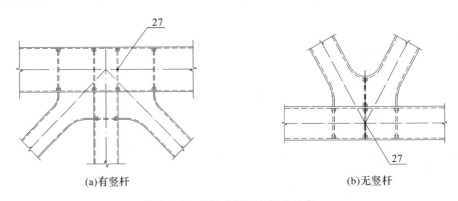

(a)有竖杆　　　　　　　　(b)无竖杆

图6.1-8　交叉支撑节点构造示意

如图6.1-1(a)、图6.1-8、图6.1-9所示，竖桁架落地框柱(1)为型钢混凝土柱构件时，在其与竖桁架弦杆悬挑梁(3~5)的连接处设置有箱形过渡转换接头(26)，接头节点区域设置转换区加劲板(28)进行节点加强；竖向支撑悬挑桁架和悬挑屋面正交向小桁架的斜支撑节点，采用桁架节点加劲板(27)进行加强，其厚度不小于对应构件壁厚度。

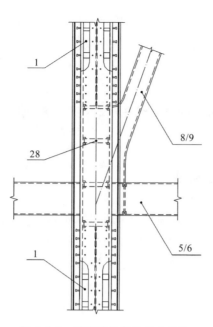

图 6.1-9 箱形转换接头节点构造

6.1.3 工程应用案例

本创新体系可应用于高位大悬挑区域多层通高大空间建筑功能及造型的复杂钢结构体系设计及承载,悬挑大空间为悬挑不小于 10m、跨度不小于 20m 的大跨建筑功能空间。该技术已在杭州运河中央公园二期项目(入口悬挑大空间部分为多层通高大空间悬挑桁架体系)中应用,项目已于 2020 年竣工,现已投入使用[70]。多层通高大空间悬挑桁架的现场施工实景如图 6.1-10 所示。

(a)实景一

(b)实景二

图 6.1-10 现场施工实景

内嵌正交向小桁架的多层通高悬挑大空间结构体系是新提出的结构体系创新,可有效实现多层大空间功能和整体悬挑功能,具有较好的优势和应用前景。

6.2　多杆件非中心交汇节点弧形管桁架

6.2.1　创新体系概述

管桁架是由曲线布置的较大截面贯通主管和多根与其相贯连接并规则性布置的较小截面支管构成的新型空间大跨度桁架结构,体系轻盈、受力合理、刚度较大、外观优美,主要应用于大跨度建筑中的屋盖结构。

管桁架屋盖结构的构件组合整体受力模式使其能够在较小自重的前提下跨越极大的空间跨度,通过曲线落地主管、多层叠合网壳的组合方式,给大跨度建筑外观造型、内部功能空间的设置带来更大的发挥余地。然而,在复杂管桁架组合体系中,多杆件(≥10 根)管桁架相贯连接的交汇节点存在交汇构件密集、夹角过小、搭接严重以及焊接拼装复杂等问题,可能造成节点核心区的局部承载削弱、变形过大、残余应力分布复杂等影响。因此,通过非中心交汇节点形式将支管相互错开是较为有效的解决方法,而合理的节点核心区加劲补强方案则可有效保证其承载性能。核心区加劲补强节点的承载破坏属于脆性失稳破坏,一旦主管、支管承受的轴力超过极限值,大幅度的失稳变形会引起结构后续不能持续承载,结构抗震延性相对不足。因而对其在轴压下的弹塑性承载性能应有更高的要求。

基于上述原因,提高多杆件空间管桁架非中心交汇节点的承载力及抗震性能的有效思路如下。①通过非中心交汇节点形式将部分相互搭接、截面较小的支管错开,使节点处支管截面完整,构件传力清晰明确;②通过加劲球管节点方式和截面代换技术方案,对相贯连接节点核心区进行加强,避免交汇支管构件过多引起的焊接夹角过小、相互搭接等问题,使非中心交汇管桁架节点始终处于强核心、弱构件的合理受力状态;③通过使用状态和极限状态分析,使非中心交汇加劲球管节点以弹性阶段承载为主,局部进入塑性阶段,提高其承载性能储备,防止节点出现轴压屈曲失稳的脆性破坏。

本节结合截面代换技术方案和极限状态分析,提出一种多杆件空间管桁架的非中心交汇加劲球管节点形式及设计方法,以期应用于大跨度屋盖结构复杂管桁架组合体系中多杆件的非中心交汇主支管有效连接及承载[80]。

6.2.2　创新体系构成及技术方案

（1）创新体系构成

图 6.2-1 是多杆件空间管桁架的非中心交汇加劲球管节点的结构示意。

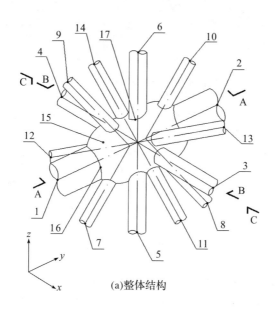

(a)整体结构

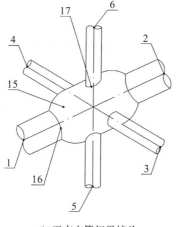

(b)正交支管相贯接头

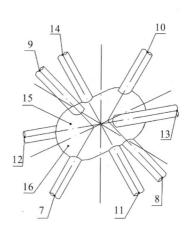

(c)斜交支管相贯接头

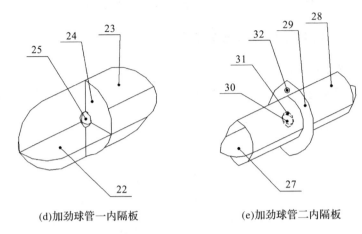

(d)加劲球管一内隔板　　　　　　(e)加劲球管二内隔板

1.第一径主管;2.第二径主管;3.第一环支管;4.第二环支管;5.第一竖下支管;6.第二竖上支管;7.第一径面下斜支管;8.第二径面下斜支管;9.第一径面上斜支管;10.第二径面上斜支管;11.第一环面下斜支管;12.第二环面下斜支管;13.第一环面上斜支管;14.第二环面上斜支管;15.加劲球管外壁壳;16.主管与球管相贯线;17.支管与球管相贯线;18.第一球管半球盖;19.第二球管半球盖;20.第一球管中柱管;21.第二球管中柱管;22.径向环板;23.竖向环板;24.环向环板;25.环板中心开孔;26.第一球管外壁透气孔;27.径向矩板;28.径向圆管;29.环向内隔环板;30.矩板中心开孔;31.环板中心开孔;32.环板透气孔;33.第二球管外壁透气孔。

图 6.2-1　非中心交汇加劲球管节点

本技术方案提供的多杆件空间管桁架的非中心交汇加劲球管节点包括加劲球管外壁壳(15)、内隔板加劲组合体、正交支管相贯接头和斜交支管相贯接头;加劲球管外壁壳(15)为非中心交汇节点的中心支撑构架,将正交支管相贯接头[图 6.2-1(b)]和斜交支管相贯接头[图 6.2-1(c)]相互分隔开;内隔板加劲组合体位于加劲球管外壁壳的内部,作为球管外壁壳的局部侧向支撑,包括两种内隔板加劲组合体形式[图6.2-1(d)~(e)];正交支管相贯接头为横截面、受力均相对较大的焊接圆钢支管接头,与加劲球管外壁壳对接相贯焊接;斜交支管相贯接头为多根横截面、受力均相对较小的焊接圆钢支管接头,位于加劲球管外壁壳的空间各个方位,并与其非中心交汇相贯焊接,焊接交界线为相贯线形式,通过非中心交汇形式以尽量避免支管与主管、支管与支管之间的局部搭接相贯焊接。

图 6.2-2 是多杆件空间管桁架的非中心交汇加劲球管节点的构成流程,具体如下。

1)加劲球管一:第二球管半球盖(19)、第二球管中柱管(21)、径向环板(22)、竖向环板(23)、环向环板(24)依次焊接先组成加劲球管一的半结构,再与由第一球管半球盖(18)、第一球管中柱管(20)、径向环板(22)、竖向环板(23)焊接组成的另一半结构对接焊接成加劲球管一。

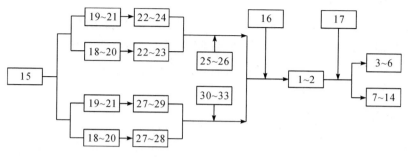

图 6.2-2　非中心交汇加劲球管节点构成流程

2)加劲球管二:第二球管半球盖(19)、第二球管中柱管(21)、径向矩板(27)、径向圆管(28)、环向内隔环板(29)依次焊接组成加劲球管二的半结构,再与由第一球管半球盖(18)、第一球管中柱管(20)、径向矩板(27)、径向圆管(28)焊接组成的另一半结构对接焊接成加劲球管二。

3)将径主管(1~2)分别对接相贯焊接至步骤1)或步骤2)生成的加劲球管的半球盖(18~19)上,主管与球管相贯线(16)为圆形。

4)将环支管(3~4)、竖支管(5~6)依次相贯正交焊接至步骤1)或步骤2)生成的加劲球管的中柱管(20~21)上,支管与球管相贯线(17)为圆形。

5)将斜支管(7~14)一次相贯斜交焊接至步骤1)或步骤2)生成的加劲球管的半球盖(18~19)和中柱管(20~21)上,焊接相贯线为非平面的相贯线,环支管(3~4)、竖支管(5~6)、斜支管(7~14)之间通过非中心交汇选取为间隙节点形式。

(2)创新技术特点

本技术方案提供的多杆件空间管桁架的非中心交汇加劲球管节点,组成模块明确,传力清晰,有效符合强核心、弱构件原则,能在充分发挥管桁架体系自重轻、刚度大的大跨度承载性能的同时,基于高承载力低延性设计思路来提高抗震性能,可实现大跨度屋盖结构复杂管桁架组合体系中多杆件非中心交汇位置的主弦管、支管有效连接。

本技术方案的设计思路是以加劲焊接球管外壁壳为中心支撑构架,将主弦管、正交支管、斜交支管分隔并呈现为间隙节点形式进行非中心交汇,基于截面代换的外壁壳中心支撑构架、内隔板加劲支撑板件构造设计方法,保证了本发明加劲球管节点有效符合强核心、弱构件的合理受力状态;基于非线性失稳破坏的极限分析,进一步保障节点力学承载性能,使其处于弹性阶段承载为主,局部进入塑性阶段的高承载力受力状态,以避免脆性破坏的出现。

（3）具体技术方案

图 6.2-3、图 6.2-4 和图 6.2-5 分别是多杆件空间管桁架的非中心交汇加劲球管节点的剖切正视图、剖切左视图和剖切俯视图，即对应图 6.2-1（a）的 A-A 剖切示意（yz 面）、B-B 剖切示意（xz 面）和 C-C 剖切示意（xy 面）。

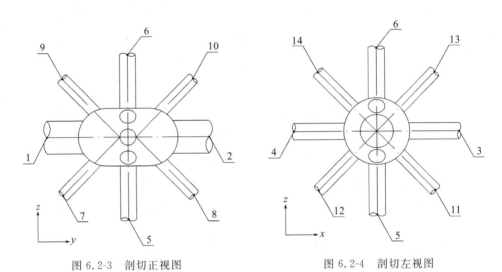

图 6.2-3 剖切正视图　　　　　　　图 6.2-4 剖切左视图

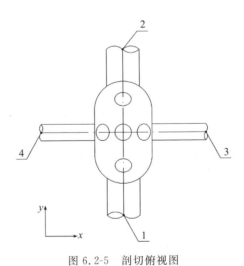

图 6.2-5 剖切俯视图

如图 6.2-3～图 6.2-5 所示，加劲球管外壁壳（15）的外形为球管状，由两端半球盖和中部圆柱壳焊接而成，它们一起构成中心支撑构架。加劲球管与主管同方向设置，主管位于两端半球盖两侧并相互断开，支管位于加劲球管的各个侧面，并与其相贯焊接连接。加劲球管外壁壳上开设一个直径为 30～50mm 的透气孔,以避免因节点内部气体热胀冷缩引起压强变化导致球管外壁壳的变形屈曲破坏。

　　基于截面代换技术方案,加劲球管的直径为主管直径的 1.5～2.0 倍;过大的加劲球管直径会引起材料的不必要浪费,过小的加劲球管直径则无法有效保证支管构件相互错开。因此,加劲球管外壁壳的厚度为主管壁厚的 1.5 倍,符合强核心、弱构件的设计理念。第一球管中柱管(21)、第二球管中柱管(22)的长度为加劲球管外壁壳(15)直径的 1.0 倍。

　　如图 6.2-1(d)～(e)所示,内隔板加劲组合体位于加劲球管外壁壳的内部,包括三向正交内隔环板组合体(对应加劲球管一)、内隔管-环板组合体(对应加劲球管二)这两种,以提供节点核心区的加强构造。

　　图 6.2-6 是加劲球管一[图 6.2-1(d)]的三向正交内隔环板节点构造示意,图 6.2-7 是加劲球管一的部件组装过程示意。

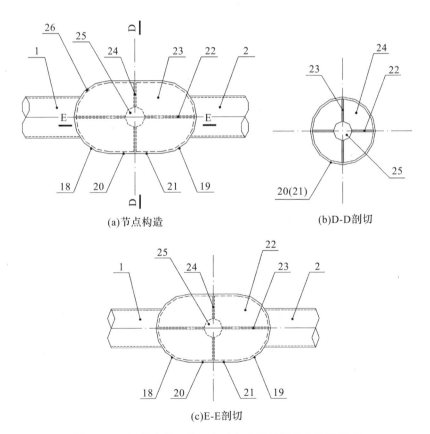

(a)节点构造　　　　　　　　　　(b)D-D剖切

(c)E-E剖切

图 6.2-6　加劲球管一的三向正交内隔环板节点构造示意

图 6.2-7　加劲球管一的部件组装过程示意

如图 6.2-6~图 6.2-7 所示,三向正交内隔环板组合体用于主管受力不大时(如轴压小于主管承载力的 60%)。由三块空间正交面内的环板正交组成,环板中心均开设圆孔,使节点内部各区格相互贯通,从而达到作为透气孔和节省材料作用。基于截面代换技术方案,内隔环板的厚度为主管壁厚的 1.5 倍;中心开孔直径为 200~300mm,以便板件的焊接拼接。

图 6.2-8 是加劲球管二[图 6.2-1(e)]的内隔管-环板节点构造示意,图 6.2-9 是加劲球管二的部件组装过程示意。

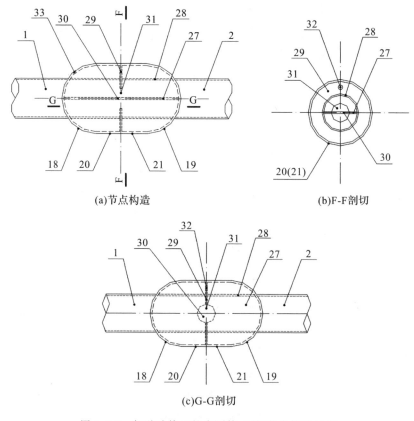

(a)节点构造　　　　(b)F-F剖切

(c)G-G剖切

图 6.2-8　加劲球管二的内隔管-环板节点构造示意

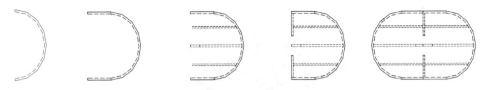

图 6.2-9　加劲球管二的部件组装过程示意

如图 6.2-8～图 6.2-9 所示,内隔管-环板组合体适用于主管受力较大的情况,如轴压荷载在主管承载力的 60%～80%,由内隔圆管、内隔矩板、内隔环板组成。内隔圆管的直径与主管直径相同,相当于主管在加劲球管节点内部的延续;内隔矩板与主管方向相同,位于内隔圆管内部,两端呈圆弧状,与半球盖焊接连接,中心开设圆孔;内隔环板垂直于主管方向,将内隔圆管分成两段,中心开设圆孔。基于截面代换技术方案,内隔矩板、内隔圆管、内隔环板的壁厚分别为主管的 1.0 倍、1.5 倍和 1.0 倍。内隔环板外环附近开设一个直径为 30～50mm 的透气孔。

由图 6.2-1(a)、图 6.2-3～图 6.2-5 所示,主管相贯接头位于管桁架的径向,主管与加劲球管的两端半球盖对接相贯焊接连接;主管可为直线或带有小弧度的弧形设置,以满足弧形空间管桁架的建筑效果;主管直径为 300～500mm,壁厚为 20～40mm。

支管相贯接头由正交支管相贯接头、斜交支管相贯接头组成;正交支管相对受力要大些,为中心交汇形式,包括环向支弦管、竖向支腹管;正交支管与加劲球管中柱管焊接交界线为圆形,正交支管之间为间隙节点形式。

斜交支管受力较小,在管桁架体系中表现为斜腹杆构件;为避免多杆件支管之间的搭接连接,斜交支管可采用非中心交汇形式;斜交支管包括 yz 面的斜交支管、xz 面的斜交支管、xy 面的斜交支管(图 6.2-5);斜交支管与加劲球管中柱管或两端半球盖相贯焊接连接,交界线呈现为非平面的相贯线形式,斜交支管之间优选为间隙节点形式。

支管直径小于主管直径,为 100～300mm,壁厚为 8～20mm,斜交支管与主管、斜交支管之间的夹角为 30°～60°。

本技术方案中,多杆件可用于支管杆件数量大于等于 10 根的情况,多杆件的节点交汇构件多、焊缝多、节点复杂,构造要求较高。

图 6.2-10 是非中心交汇加劲球管节点的线性摄动轴压失稳典型变形图,为正弦波形;图 6.2-11 是非中心交汇加劲球管节点的双重非线性轴压稳定荷载收敛曲线图,有极值点。

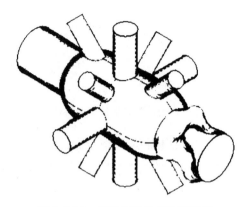

图 6.2-10　线性摄动轴压失稳变形

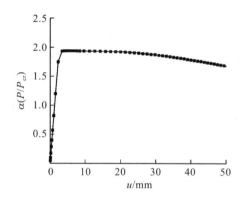

图 6.2-11　双重非线性轴压稳定荷载收敛曲线

如图 6.2-10 所示,非中心交汇加劲球管节点的首阶线性摄动轴压失稳变形为主弦管的正弦波形,该波形作为加劲球管节点的初始几何缺陷施加,缺陷幅值为斜柱构件边长的 1/150。

如图 6.2-11 所示,非中心交汇加劲球管节点的双重非线性轴压稳定荷载收敛曲线为极值点失稳破坏,失稳后不能持续承载。本例中,极限失稳荷载系数为1.94,具有较好的线弹性承载性能、抗震性能储备度较为充足。

6.2.3　工程应用案例

本创新节点可应用于大跨度管桁架屋盖钢结构体系的多杆件空间交汇连接结构,大跨度指建筑跨度大于 60m。该节点已在湖州南太湖奥体中心工程主体育场(湖州体育场)项目中获得应用,项目已于 2016 年竣工,现已投入使用[66]。多杆件非中心交汇节点的现场施工实景如图 6.2-12 所示。

(a)实景一   (b)实景二

图 6.2-12 现场施工实景

多杆件非中心空间交汇节点是新提出的创新节点形式,可有效实现弧形管桁架体系的空间多杆件(不少于 10 根杆件)节点连接功能和刚度承载性能,具有较大的优势和较好的应用前景。

6.3 K 形斜柱网格结构浇灌实验装置及检测方法

6.3.1 创新体系概述

斜交网格体系是由双向或三向的斜柱构件交叉、交汇且刚接成的超高层钢结构体系,具有自重轻、抗侧刚度大和高度高等优点,有良好的力学性能。斜交网格体系主要通过斜柱构件交叉形成的竖向网格来承受地震、风荷载等水平力作用。斜柱构件主要为轴力构件,因而可实现极大的抗侧刚度,斜交网格体系广泛应用于商业、办公等建筑功能的超高层大型公共建筑中。

斜柱构件一般采用箱形截面,出于空间利用和材料经济性考虑,斜柱构件和斜交节点内部往往浇灌混凝土,以达到在保证其刚度和承载性能的同时尽量减小构件截面;此时钢管和内部混凝土同时参与承载,内部混凝土的密实度质量是保证整体体系力学性能的重要因素。

斜柱网格体系由于柱子倾斜、斜交节点构造复杂和节点内部隔板较多等原因,实际工程中保证钢管内部混凝土的浇灌密实度主要涉及两个难点:一是混凝土浇灌工艺,二是密实度检测布置方案。侧向浇灌是保证斜交节点上部斜柱安装和内部混凝土侧向浇灌同时作业、加快施工进度的一种有效方法。制作实体模型试验装置进行侧向浇灌试验、布置实体模型横截面进行超声电子计算机断层扫描（CT）检测，可有效验证混凝土侧向浇灌工艺、密实度检测布置方案这两个施工难点的可行性和有效性，进而将其应用至实际工程结构中。

本节提出一种空间 K 形斜柱网格内部混凝土侧向浇灌模型试验装置及检测方法，以期应用于含复杂内隔板的 K 形斜交网格节点和斜柱网格构件的内部混凝土侧向浇灌施工工艺模拟与混凝土密实度检测工艺模拟[81]。

6.3.2　创新体系构成及技术方案

（1）创新体系构成

图 6.3-1 是 K 形斜柱网格内部混凝土侧向浇灌试验装置及检测方法的结构示意。

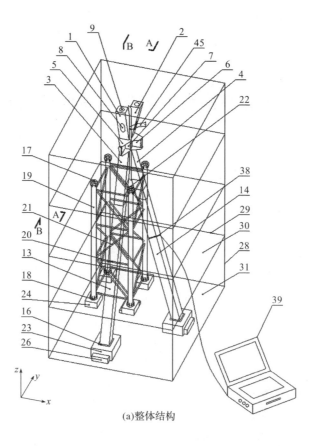

(a)整体结构

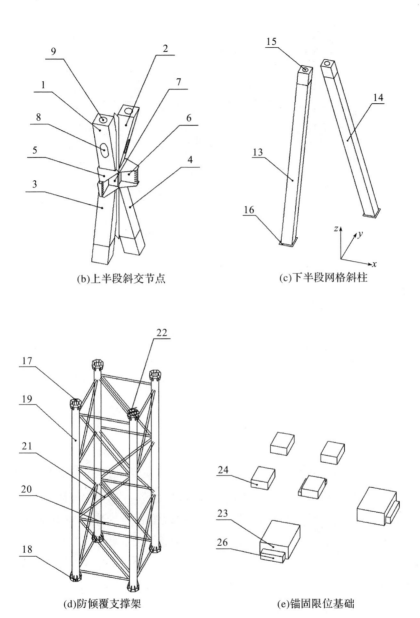

(b)上半段斜交节点

(c)下半段网格斜柱

(d)防倾覆支撑架

(e)锚固限位基础

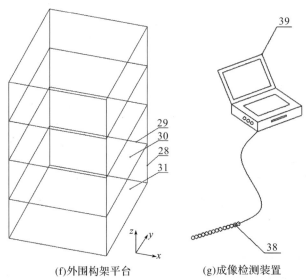

(f)外围构架平台　　　(g)成像检测装置

1.上斜柱端头一；2.上斜柱端头二；3.下斜柱端头一；4.下斜柱端头二；5.钢梁牛腿一；6.钢梁牛腿二；7.加劲板组合体；8.侧面浇灌孔；9.第一端面流通孔；10.上翼缘板流通孔；11.下翼缘板流通孔；12.第二端面流通孔；13.钢管斜柱一；14.钢管斜柱二；15.上端面流通孔；16.底部固定端板；17.上端部接头；18.下端部接头；19.桁架立柱；20.桁架水平梁；21.斜腹杆；22.顶部转换梁；23.第一柱脚基础；24.第二柱脚基础；25.底部预埋件；26.限位翻边；27.翻边植筋；28.竖向立杆；29.水平支撑杆；30.钢楼面板；31.斜钢梯；32.排列一激发器；33.排列一检波器；34.排列二激发器；35.排列二检波器；36.节点检测横截面；37.斜柱检测横截面；38.测线系统；39.超声CT系统；40.波速分布图；41.强度分布图；42.模型剖断面一；43.模型剖断面二；44.K型节点应用位置；45.浇灌装置。

图 6.3-1　空间 K 形斜柱网格内部混凝土侧向浇灌模型试验装置结构示意

本技术方案提供的空间 K 形斜柱网格内部混凝土侧向浇灌模型试验装置及检测方法，包括上半段斜交节点、下半段网格斜柱、防倾覆支撑架、锚固限位基础、外围构架平台和成像检测装置；上半段斜交节点[图 6.3-1(b)]位于上方，由斜柱构件端头和水平钢梁牛腿汇合斜交于核心区加劲板组合体构成空间 K 形节点，内部设置多道开有混凝土流通孔的内隔板；下半段网格斜柱[图 6.3-1(c)]位于下方，由两根斜交的钢管斜柱构件和斜柱底板组成，并与上半段斜交节点的斜柱构件端头对接构成空间 K 形斜柱网格整体结构模型；防倾覆支撑架[图 6.3-1(d)]位于后侧，为空间 K 形斜柱网格整体结构模型的侧向支撑结构，以防止其出现倾覆；锚固限位基础[图 6.3-1(e)]位于底部，包括下半段网格斜柱的底部柱脚基础、防倾覆支撑架的底部柱脚基础以及底部柱脚基础侧边的限位翻边，起到空间 K 形斜柱网格整体结构模型、防倾覆支撑架的竖向支撑和水平限位作用；外围构架平台[图 6.3-1(f)]位于外侧，包括竖向立杆、水平支撑杆、钢楼面板和斜钢梯，构成混凝土侧向浇灌和成像检测上人操作的工作平台；成像检测装置[图 6.3-1(g)]包括测线布置系统和超声 CT 成像系统,测线布置系统由激发器、检波器对侧布置组成,超声 CT 成像系统通过显示强度分布图成像结果来反映所侧向浇灌内部混凝土的密实度分布情况。

图 6.3-2 是空间 K 形斜柱网格内部侧向浇灌试验装置及检测方法的构成流程,具体如下。

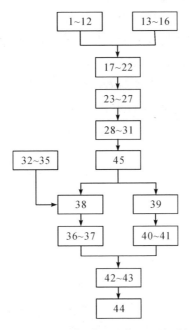

图 6.3-2　K 形斜柱网格内部浇灌试验装置及检测方法的构成流程

1)建立空间 K 形斜柱网格内部混凝土侧向浇灌模型试验装置,包括上半段斜交节点、下半段网格斜柱、防倾覆支撑架、锚固限位基础、外围构架平台和成像检测装置。

2)选取斜柱横截面检测位置,包括节点检测横截面(36)、斜柱检测横截面(37)。

3)斜柱横截面检测位置的成像结果,判定参数包括平均波速、波速离散度、合格率面积和最大缺陷尺度,波速分布图(40)通过平均波速测定直接获得,强度分布图(41)通过四项测定结果综合判定获得。

4)当四项判定参数均满足时,达到混凝土质量要求;当有一项不满足时,应根据具体情况进行综合判定;当有两项及以上不满足时,则为不合格。

5)将试验模型切割开进行裂缝、空洞补充检测方法,切割位置包括模型剖断面一(42)、模型剖断面二(43)。

(2)创新技术特点

本技术方案提供的空间 K 形斜柱网格内部浇灌试验装置及检测方法,其结构体系构造合理,工艺方法简单有效,可实现含复杂内隔板的 K 形斜交网格节点和斜柱网格构件的内部混凝土侧向浇灌施工工艺模拟与混凝土密实度检测工艺模拟,充分发挥空间 K 形斜柱网格内部侧向浇灌试验装置及检测方法的模型一致、条件相同和工艺合理有效的优点。

本技术方案的设计思路是基于侧向浇灌模型试验和检测分析,以上半段斜交节点和下半段网格斜柱结合为 K 形斜柱网格整体模型,通过防倾覆支撑架和锚固限位基础进行竖向支撑和柱脚固定限位,通过外围构架平台和成像检测装置实现混凝土侧向浇灌和强度分布成像检测而构成整体试验装置和检测模式;通过整体 K 形斜柱网格的强度分布成像、承载力控制、抗侧刚度和抗扭转性能等指标,进一步保障整体模型试验装置和检测方法的合理有效。

(3)具体技术方案

图 6.3-3、图 6.3-4 分别是 K 形斜柱网格内部混凝土侧向浇灌试验装置的侧视结构示意图、底部平面剖切图,即对应图 6.3-1(a)的 A-A 剖切示意、B-B 剖切示意。

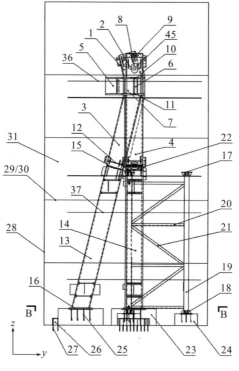

图 6.3-3 侧视结构示意

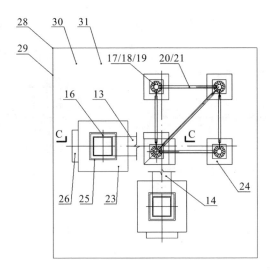

图 6.3-4　底部平面剖切图

如图 6.3-3～图 6.3-4 所示,上半段斜交节点位于上方,包括上斜柱端头一(1)、上斜柱端头二(2)、下斜柱端头一(3)、下斜柱端头二(4)、钢梁牛腿一(5)、钢梁牛腿二(6)和加劲板组合体(7);上斜柱端头一(1)、上斜柱端头二(2)均与加劲板组合体(7)的上方连接,下斜柱端头一(3)、下斜柱端头二(4)均与加劲板组合体(7)的下方连接;钢梁牛腿一(5)和钢梁牛腿二(6)安装在加劲板组合体(7)上。

下半段网格斜柱位于下方,包括两根斜交的钢管斜柱一(13)、钢管斜柱二(14)和底部固定端板(16);钢管斜柱一(13)、钢管斜柱二(14)分别与下斜柱端头一(3)、下斜柱端头二(4)对接。

防倾覆支撑架位于后侧,包括桁架立柱(19)、桁架水平梁(20)和斜腹杆(21);桁架立柱(19)之间由桁架水平梁(20)和斜腹杆(21)连接;桁架立柱(19)的顶部设置上端部接头(17),上端部接头(17)上设置顶部转换梁(22)。

图 6.3-5 是锚固限位基础侧视图,即对应图 6.3-4 的 C-C 剖切示意,其中图 6.3-5(a)、图 6.3-5(b)分别对应为下半段网格斜柱、防倾覆支撑架的底部。

如图 6.3-5 所示,锚固限位基础位于底部,包括第一柱脚基础(23)、第二柱脚基础(24)和限位翻边(26);限位翻边(26)设置在第一柱脚基础(23)和第二柱脚基础(24)的侧边。

如图 6.3-3～图 6.3-4 所示,外围构架平台包括竖向立杆(28)、水平支撑杆(29)、钢楼面板(30)和斜钢梯(31);竖向立杆(28)与水平支撑杆(29)垂直连接,钢楼面板(30)和斜钢梯(31)安装在竖向立杆(28)与水平支撑杆(29)之间。

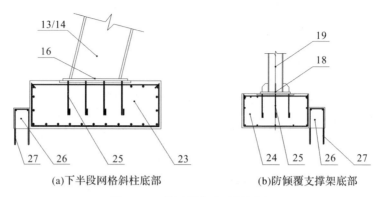

(a)下半段网格斜柱底部   (b)防倾覆支撑架底部

图 6.3-5　锚固限位基础侧视图

上斜柱端头一(1)和上斜柱端头二(2)的内侧壁板上设有侧面浇灌孔(8);上斜柱端头一(1)和上斜柱端头二(2)的顶部设置横隔板,并开设第一端面流通孔(9);下斜柱端头一(3)和下斜柱端头二(4)的底部设置横隔板,并开设第二端面流通孔(12);加劲板组合体(7)的上翼缘板处设有上翼缘板流通孔(10),加劲板组合体(7)的下翼缘板处设有下翼缘板流通孔(11);钢管斜柱一(13)和钢管斜柱二(14)的顶部对接处均设置端部横隔板,并开设上端面流通孔(15)。

如图 6.3-5 所示,底部固定端板(16)通过底部预埋件(25),固定于第一柱脚基础(23);防倾覆支撑架的底部设置下端部接头(18),通过底部预埋件(25),固定于第二柱脚基础(24),柱脚连接处设置加劲肋。

第一柱脚基础(23)的侧边设置限位翻边(26),且两个第一柱脚基础(23)侧边的限位翻边(26)相互垂直;整体结构模型重心对应处的桁架立柱(19)底部连接的第二柱脚基础(24),侧边设置两个方向垂直的限位翻边(26);限位翻边(26)的底部设置翻边植筋(27),并固定于刚性地面上。

如图 6.3-3～图 6.3-5 所示,上斜柱端头一(1)与上斜柱端头二(2)之间的斜交夹角为 20°～80°,下斜柱端头一(3)与下斜柱端头二(4)之间的斜交夹角为 20°～80°;钢管斜柱一(13)与钢管斜柱二(14)之间的斜交夹角为 20°～80°,斜柱的落地间距为 6.0～15.0m,单组斜交节点的覆盖楼层高度为 1～4 层。

上斜柱端头一(1)、上斜柱端头二(2)、下斜柱端头一(3)和下斜柱端头二(4)的端头截面均为箱形截面,截面边长为 500～1000mm;桁架立柱(19)为圆管截面,截面直径为 200～300mm;桁架水平梁(20)和斜腹杆(21)为圆管截面,截面直径为 100～200mm。

侧面浇灌孔(8)、第一端面流通孔(9)、上翼缘板流通孔(10)、下翼缘板流通孔(11)、第二端面流通孔(12)和上端面流通孔(15)为长圆形,直径为 200～400mm;

钢管斜柱截面为箱形截面,截面边长为 500～1000mm。

外围构架平台位于外侧,采用脚手架钢管和成品斜钢梯,围绕空间 K 形斜柱网格整体结构模型和防倾覆支撑架搭设。

图 6.3-6 是成像检测装置的测线布置示意;图 6.3-7 是检测横截面位置的示意;图 6.3-8 是检测方法实施例的超声 CT 成像结果示意,其中图 6.3-8(a)为波速分布示意,图 6.3-8(b)为强度分布示意。

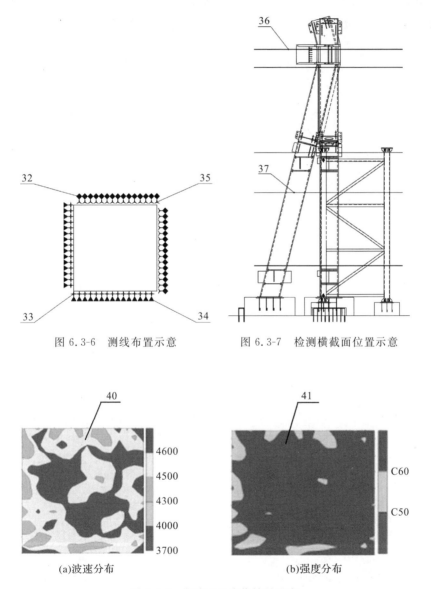

图 6.3-6　测线布置示意　　　　图 6.3-7　检测横截面位置示意

(a)波速分布　　　　　　　　(b)强度分布

图 6.3-8　超声 CT 成像结果示意

成像检测装置包括测线系统(38)和超声 CT 系统(39)。

如图 6.3-6 所示,测线系统(38)包括位于钢管一组对边的排列一激发器(32)、排列一检波器(33)和位于钢管另一组对边的排列二激发器(34)、排列二检波器(35);每个排列包含 20～40 个激发点或 20～40 个检波点,敲击点与接收点的间距均为 50～100mm。

如图 6.3-7 所示,节点检测横截面(36)包括上半段斜交节点与下侧斜柱接头的下横隔板下方附近、下翼缘板下方附近和上翼缘板下方附近三处典型位置;斜柱检测横截面(37)包括下半段网格斜柱底部的横隔板下方附近和斜柱中间段的下横隔板下方附近两处典型位置。

如图 6.3-8 所示,内部混凝土检测采用超声 CT 成像检测方法,检测的参数包括平均波速、波速离散度、合格率面积和最大缺陷尺度;波速分布图(40)通过平均波速测定直接获得,强度分布图(41)通过四项测定结果综合判定来获得。

对于混凝土密实度不足之处,采用钻孔压浆法补强,即在检测密实度不足位置钻孔后采用强度高一级混凝土进行高压注浆,而后补焊封回。

图 6.3-9 是补充检测时模型切割的剖断面布置示意,图 6.3-10 是角部空间 K 形节点应用位置示意。

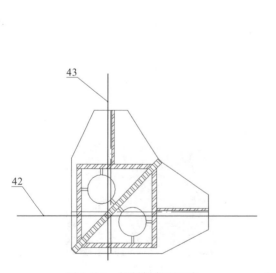

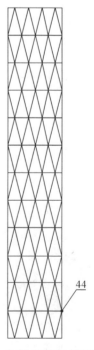

图 6.3-9　切割剖断面示意　　　　图 6.3-10　角部 K 形节点应用位置示意

如图 6.3-9 所示,作为一种补充检测方法,可进一步将试验模型切割开,以便更直观地查看钢管内部混凝土密实度情况,如裂缝、空洞等;切割位置包括模型剖断面一(42)、模型剖断面二(43)。

如图 6.3-10 所示,应用场景包括斜交网格体系的角部空间 K 形节点应用位置(44)或其他类似情况。

6.3.3　工程应用案例

本创新体系可应用于含复杂内隔板的 K 形斜交网格节点和斜柱网格构件的内部混凝土侧向浇灌施工工艺模拟与混凝土密实度检测工艺模拟。该试验装置及检测方法已在宁波国华金融大厦项目中获得应用,项目已于 2020 年竣工,目前已投入使用[51,82]。具体详见第 3.1.3 节,K 形斜柱网格结构浇灌模型实验装置的现场施工实景如图 6.3-11 所示。

(a)实景一　　　　　　　　　　　　　(b)实景二

图 6.3-11　现场施工实景

空间 K 形斜柱网格结构浇灌模型试验装置是新提出的浇灌足尺模型试验装置创新,可有效实现斜柱构件和斜交节点的混凝土浇灌密实度性能,具有较大的优势和应用前景。

参考文献

[1] 丁洁民,吴宏磊,赵昕.我国高度250m以上超高层建筑结构现状与分析进展[J].建筑结构学报,2014,35(3):1-7.

[2] 周绪红,单文臣,刘界鹏,等.支撑巨型框架-核心筒结构体系抗震性能研究[J].建筑结构学报,2021,42(1):75-83.

[3] 傅学怡,邸博,吴兵,等.高层、超高层建筑结构设计调平法及其应用[J].建筑结构学报,2018,39(5):84-90.

[4] 赵昕,蔡锦伦,秦朗,等.基于剪重比敏感性的超高层结构优化设计方法[J].建筑结构学报,2021,42(2):27-36.

[5] 甄伟,张磊,丁然,等.组合抗侧体系在大高宽比和长宽比超高层钢结构建筑中的应用与试验研究[J].建筑结构学报,2023,44(4):74-86.

[6] 张崇厚,赵丰.高层网筒结构体系的基本概念[J].清华大学学报(自然科学版),2008,48(9):19-23.

[7] 史庆轩,任浩,王斌,等.高层斜交网格筒结构体系抗震性能分析[J].建筑结构,2016,46(4):8-14.

[8] Kim J K, Lee Y H. Seismic performance evaluation of diagrid system buildings[J]. The Structural Design of Tall and Special Buildings,2012,21(10):736-749.

[9] 甄伟,盛平,王轶,等.北京保利国际广场主塔楼结构设计[J].建筑结构,2013,43(17):75-80.

[10] 方小丹,韦宏,江毅.广州西塔结构抗震设计[J].建筑结构学报,2010,31(1):47-55.

[11] 容柏生.国内高层建筑结构设计的若干新进展[J].建筑结构,2007,37(9):1-5.

[12] 张崇厚,赵丰.高层斜交网筒结构体系抗侧性能相关影响因素分析[J].土木工程学报,2009,42(11):41-46.

[13] Moon K S. Optimal grid geometry of diagrid structures for tall building[J]. Architectural Science Review,2008,51(3):239-251.

[14] 韩小雷,唐剑秋,黄艺燕,等.钢管混凝土巨型斜交网格筒体结构非线性分析[J].地震工程与工程振动,2009,29(4):77-84.

[15] 郭伟亮,滕军,容柏生,等.高层斜交网格筒-核心筒结构抗震性能分析[J].振动与冲击,2011,30(4):150-155.

[16] 董石麟,邢栋,赵阳.现代大跨空间结构在中国的应用与发展[J].空间结构,2012,18(1):3-16.

[17] 董石麟,涂源.索穹顶结构体系创新研究[J].建筑结构学报,2018,39(10):82-85.

[18] 冯远,向新岸,王恒,等.大开口车辐式索承网格结构构建及其受力机制和找形研究[J].建筑结构学报,2019,40(3):69-80.

[19] 范重,杨开,刘涛,等.厦门白鹭体育场巨拱支承大跨度屋盖结构设计研究[J].建筑结构学报,2023,44(9):27-39.

[20] 张爱华,甄伟,盛平,等.北京工人体育场开口单层扁薄拱壳罩棚钢结构整体稳定性能研究[J].2023,44(4):11-22.

[21] 罗尧治,闵丽,丁慧,等.自由形态空间网格结构建模技术研究综述[J].空间结构,2015,21(4):3-11.

[22] 冯若强,葛金明,叶继红.自由曲面索支撑空间网格结构形态优化[J].土木工程学报,2013,46(4):64-70.

[23] 颜卫亨,王剑,吴东红,等.局部开洞的折叠网壳结构表面风压分布研究[J].工程力学,2013,30(10):184-191.

[24] 马洪步,沈莉,张燕平,等.杭州国际博览中心结构初步设计[J].建筑结构,2011,41(9):22-27.

[25] 苗峰,郑晓清,董石麟,等.某复杂双层折板网壳的动力分析研究[J].钢结构,2016,31(4):35-38.

[26] 陈泽起.直接分析法在某空间折板结构中的应用[J].佳木斯大学学报(自然科学版),2020,38(4):30-35.

[27] 吴小宾,周佳,赵建,等.铜仁奥体中心体育场罩棚索膜协同工作关键问题研究[J].建筑结构学报,2023,44(S1):311-316.

[28] 傅文炜,罗尧治,万华平,等.基于表面应变的国家速滑馆拉索索力实测方法研究[J].土木工程学报,2022,55(9):9-16.

[29] 刘咏絮,崔夕忠,李玉刚,等.考虑初始几何缺陷的网壳结构整体稳定性可靠度分析[J].土木工程学报,2021,54(7):12-23.

[30] 支旭东,张婷,李文亮,等.屋面系统对单层球面网壳稳定性及地震响应的影响研究[J].土木工程学报,2017,50(2):19-26.

[31] 周绪红,周志彬,周期石,等.交错桁架钢框架结构抗震设计方法研究[J].湖南大学学报(自然科学版),2022,49(1):1-11.

[32] 张文津,李国强,孙飞飞.消能摇摆钢桁架-框架结构抗震性能[J].同济大学学报(自然科学版),2019,47(9):1235-1243.

[33] 丁汉杰,赵友清,朱伟,等.带大跨悬挑桁架的武林美术馆超限结构设计[J].建筑结构,2021,51(6):45-52.

[34] 刘劲松,裘涛.不同高位大跨钢桁架转换层对建筑结构抗震性能影响的研究[J].工程抗震与加固改造,2006,8(2):46-50.

[35] 傅学怡,高颖,肖从真,等.深圳大梅沙万科总部上部结构设计综述[J].建筑结构,2009,39(5):90-96.

[36] 温四清,吴军,邱剑.湖北省图书馆新馆 40m 跨高位转换桁架结构设计[J].建筑结构,2012, 42(7):1-4,44.

[37] 练贤荣,梁爱婷,钟玉柏,等.深圳太子广场项目结构体系设计与应用[J].建筑结构,2021, 51(3):1-4.

[38] 张巺华,甄伟,盛平,等.某带高位长悬挑桁架的超限结构设计[J].建筑结构,2020,50(20): 23-30.

[39] 鲍劲松.大跨度悬挑桁架结构在高层建筑中的应用[J].建筑结构,2021,51(13):172-173.

[40] 张敏,苗平洲.带空腹箱形钢桁架的连体结构设计[J].建筑结构,2013,43(20):59-63.

[41] 黄吉锋,邵弘,杨志勇.复杂建筑结构竖向地震作用的振型分解反应谱分析[J].建筑结构学报,2009,30(S1):110-114.

[42] 王辉,周正,戴根,等.下击暴流作用下低层建筑立面开洞对内外风压分布影响的研究[J].应用力学学报,2021,38(5):1903-1909.

[43] 董锐,梁斯宇,邱凌煜,等.基于均匀设计的海峡两岸高层建筑顺风向风荷载多因素分析[J].同济大学学报(自然科学版),2023,51(9):1383-1394.

[44] 杨学林,李晓良,茆诚,等.复杂超限高层建筑结构性能化设计研究与应用[J].建筑结构学报,2010,31(S2):5-11.

[45] 吴从晓,周云,邓雪松.高位转换隔震与耗能减震结构体系分析研究[J].土木工程学报, 2010,43(S1):289-296.

[46] 王震,杨学林,陈志青,等.一种箱型钢管焊接组成的 DK 型空间汇交节点及应用: ZL201910856578.X[P].2021-04-09.

[47] 王震,吴小平,赵阳,等.一种底部转换的立面大菱形网格巨型斜柱超高层结构及构成方法: ZL202110254506.5[P].2022-05-20.

[48] 王震,杨学林,赵阳,等.一种 O 型斜切边的多方位桁架-框架-核心筒组合超高层结构构成方法及应用:ZL202011509263.7[P].2021-12-24.

[49] 王震,吴小平,赵阳,等.一种基于立面弧形钢框架-支撑的双环组合超高层结构及构成方法: ZL202110254499.9[P].2022-04-29.

[50] 王震,丁智,瞿浩川,等.一种底部缩进的内圆外方双筒斜交网格超高层结构及构成方法: ZL202110416182.0[P].2022-05-17.

[51] 王震,杨学林,冯永伟,等.宁波国华金融大厦超高层斜交网格体系设计[J].建筑结构, 2019,49(3):9-14.

[52] 王震,杨学林,冯永伟,等.超高层钢结构中斜交网格节点有限元分析及应用[J].建筑结构, 2019,49(10):46-50.

[53] 瞿浩川,杨学林,冯永伟,等.钢管混凝土斜交网格外筒-RC 核心筒结构体系在罕遇地震作用下的弹塑性行为研究[J].建筑结构,2022,52(15):70-74.

[54] 建筑结构荷载规范:GB 50009—2012[S].北京:中国建筑工业出版社,2012.

[55] 高层建筑混凝土结构技术规程:JGJ 3—2010[S].北京:中国建筑工业出版社,2011.

[56] 建筑抗震设计规范:GB 50011—2010[S].北京:中国建筑工业出版社,2016.

[57] 丁浩,杨学林,黄运锋,等.特殊体型的杭州望朝中心结构设计[J].建筑结构,2022,52(15):20-27.

[58] 陈海啸,杨学林,冯永伟,等.OPPO全球移动终端研发总部结构设计[J].建筑结构,2022,52(15):28-33.

[59] 林星鑫.湖州太阳酒店主体结构设计与分析[J].建筑技术开发,2023,50(8):28-31.

[60] 何伟,谢董恩,郭振华,等.杭州奥体中心综合训练馆钢结构施工关键技术[J].钢结构(中英文),2020,35(10):15-21.

[61] 王震,程俊婷,赵阳,等.一种类椭圆内开口的大跨度外四切边双屋面叠合网壳体系及应用:ZL202010269392.7[P].2021-10-26.

[62] 王震,赵阳,丁智,等.一种V形树状墙柱支撑的大空间板柱-抗震墙结构及应用:ZL202011203480.3[P].2021-11-30.

[63] 王震,翟立祥,瞿浩川,等.一种内环交汇的外悬挑大跨弧形变截面箱形钢梁结构及构成方法:ZL202110416201.X[P].2022-05-10.

[64] 王震,赵阳,杨学林,等.一种双向斜交组合的轮辐式张拉索桁架体系及应用:ZL202010919366.4[P].2022-06-17.

[65] 王震,杨学林,叶俊,等.螺旋递升式大空间钢-混凝土混合结构:ZL202320236332.4[P].2023-06-27.

[66] 杨学林,赵阳,周平槐,等.南太湖湿地奥体公园体育场屋盖钢结构设计[J].建筑结构,2012,42(8):1-7.

[67] 丁菲,赵阳,杨学林,等.南太湖奥体公园体育场屋盖观光走廊人行舒适度研究[J].建筑结构,2012,42(8):8-11.

[68] 杨学林,周平槐,赵阳.南太湖湿地奥体公园游泳馆屋盖钢结构设计[J].建筑结构,2012,42(8):15-18.

[69] 李瑞雄,李亚明,姜琦.枣庄体育场索桁屋盖结构设计关键技术研究[J].建筑结构,2018,48(17):22-27.

[70] 王震,许翔,瞿浩川,等.螺旋递升式大空间钢-混凝土混合结构体系创新及设计[J].结构工程师,2023,39(5):193-200.

[71] 王震,杨学林,赵阳,等.一种用于大跨度大悬挑高位转换的穿层悬挑密柱桁架体系及应用:ZL202010086820.2[P].2022-02-22.

[72] 王震,赵阳,杨学林,等.一种立面弧形大开洞的钢支撑筒-下挂式桁架体系及应用:ZL202010919215.9[P].2022-06-17.

[73] 王震,赵阳,邢丽,等.一种用于螺旋递升式幕墙支撑的竖向长悬挑桁架结构及应用:ZL202011341851.4[P].2021-10-12.

[74] 王震,程俊婷,赵阳,等.一种弧形悬挑桁架斜拉索承组合大跨连廊结构及构成方法:ZL202111127456.0[P].2022-09-13.

[75] 王震,叶俊,赵阳,等.一种高位下挂式双向交叉斜连廊钢桁架结构及组装方法:2023108098257[P].2023-08-18.

[76] 王震,杨学林,林可瑶,等.某医院行政楼高位桁架转换结构体系设计[J].建筑结构,2020,50(3):13-19.

[77] 汤海江,郭磊,蒋永扬.杭州西站云门幕墙钢结构建造技术研究[J].浙江建筑,2023,40(6):47-51.

[78] 卢云军,焦俭,杨学林,等.杭州亚运会足球场黄龙体育中心主体育场改造设计[J].建筑结构,2022,52(15):85-90.

[79] 王震,赵阳,邢丽,等.一种内嵌正交向小桁架的多层通高大空间悬挑桁架结构及应用:ZL202011341853.3[P].2022-02-22.

[80] 王震,赵阳,杨学林,等.一种多杆件空间管桁架的非中心交汇加劲球管节点及应用:ZL202010428750.4[P].2022-09-06.

[81] 王震,程俊婷,赵阳,等.空间K型斜柱网格内部混凝土侧向浇灌模型试验装置及检测方法:ZL202210865827.3[P].2024-05-17.

[82] 王震,杨学林,赵阳,等.斜柱网格体系内部混凝土浇灌实体模型及检测试验研究[J].2023,53(6):124-130.

附录 A 已授权国家发明专利

[1] 王震,杨学林,陈志青,等.一种箱型钢管焊接组成的 DK 型空间汇交节点及应用: ZL201910856578.X[P].2021-04-09.

[2] 王震,吴小平,赵阳,等.一种底部转换的立面大菱形网格巨型斜柱超高层结构及构成方法: ZL202110254506.5[P].2022-05-20.

[3] 王震,杨学林,赵阳,等.一种 O 型斜切边的多方位桁架-框架-核心筒组合超高层结构构成方法及应用:ZL202011509263.7[P].2021-12-24.

[4] 王震,吴小平,赵阳,等.一种基于立面弧形钢框架-支撑的双环组合超高层结构及构成方法: ZL202110254499.9[P].2022-04-29.

[5] 王震,丁智,瞿浩川,等.一种底部缩进的内圆外方双筒斜交网格超高层结构及构成方法: ZL202110416182.0[P].2022-05-17.

[6] 王震,程俊婷,赵阳,等.一种类椭圆内开口的大跨度外四切边双屋面叠合网壳体系及应用: ZL202010269392.7[P].2021-10-26.

[7] 王震,赵阳,丁智,等.一种 V 形树状墙柱支撑的大空间板柱-抗震墙结构及应用: ZL202011203480.3[P].2021-11-30.

[8] 王震,翟立祥,瞿浩川,等.一种内环交汇的外悬挑大跨弧形变截面箱型钢梁结构及构成方法:ZL202110416201.X[P].2022-05-10.

[9] 王震,赵阳,杨学林,等.一种双向斜交组合的轮辐式张拉索桁架体系及应用: ZL202010919366.4[P].2022-06-17.

[10] 王震,杨学林,赵阳,等.一种用于大跨度大悬挑高位转换的穿层悬挑密柱桁架体系及应用: ZL202010086820.2[P].2022-02-22.

[11] 王震,赵阳,杨学林,等.一种立面弧形大开洞的钢支撑筒-下挂式桁架体系及应用: ZL202010919215.9[P].2022-06-17.

[12] 王震,赵阳,邢丽,等.一种用于螺旋递升式幕墙支撑的竖向长悬挑桁架结构及应用: ZL202011341851.4[P].2021-10-12.

[13] 王震,程俊婷,赵阳,等.一种弧形悬挑桁架斜拉索承组合大跨连廊结构及构成方法: ZL202111127456.0[P].2022-09-13.

[14] 王震,赵阳,邢丽,等. 一种内嵌正交向小桁架的多层通高大空间悬挑桁架结构及应用:
ZL202011341853.3[P].2022-02-22.

[15] 王震,赵阳,杨学林,等. 一种多杆件空间管桁架的非中心交汇加劲球管节点及应用:
ZL202010428750.4[P].2022-09-06.

[16] 王震,赵阳,丁智,等. 菱形十二面体堆积组合的空间曲面网壳结构及构成方法:
ZL202111197120.1[P].2023-03-24.

[17] 王震,庞崇安,赵阳,等. 一种十四面体堆积组合的空间曲面网壳结构及构成方法:
ZL202111197127.3[P].2023-03-10.

[18] 王震,叶俊,丁超,等. 双组落地悬挑斜桁架-悬索支承组合大跨连廊结构及组装方法:
ZL202211640379.3[P].2024-05-17.

[19] 王震,赵阳,陈志青,等. 异形平面双悬挑的窄翼缘变截面钢构架屋盖及组装方法:
ZL202210541832.9[P].2024-05-03.

[20] 王震,程俊婷,赵阳,等. 空间 K 型斜柱网格内部侧向浇灌试验装置及检测方法:
ZL202210865827.3[P].2024-05-17.

附录 B 已授权实用新型专利

[1] 王震,杨学林,冯永伟,等.一种箱型钢管焊接组成的 DK 型空间汇交节点:ZL201921506442.8[P].2020-11-13.

[2] 王震,杨学林,陈志青,等.一种箱型钢管焊接组成的 X 型立面汇交节点:ZL201922392195.X[P].2020-11-13.

[3] 王震,杨学林,陈志青,等.一种箱型钢管焊接组成的 Y 型立面汇交转换节点:ZL202020123679.4[P].2020-10-16.

[4] 王震,杨学林,赵阳,等.一种用于大跨度大悬挑高位转换的穿层悬挑密柱桁架体系:ZL202020162482.1[P].2021-05-14.

[5] 王震,赵阳,杨学林,等.一种圆形内开口的大跨度外三切边双屋面叠合网壳体系:ZL202020454503.7[P].2020-11-24.

[6] 王震,程俊婷,赵阳,等.一种类椭圆内开口的大跨度外四切边双屋面叠合网壳体系:ZL202020504553.1[P].2021-09-17.

[7] 王震,赵阳,杨学林,等.一种双向斜交组合的轮辐式张拉索桁架体系:ZL202021910508.2[P].2022-01-14.

[8] 王震,赵阳,杨学林,等.一种立面弧形大开洞的钢支撑筒-下挂式桁架体系:ZL202021920941.4[P].2022-01-14.

[9] 王震,赵阳,丁智,等.V 形树状墙柱支撑的大空间板柱-抗震墙结构:ZL202022498279.4[P].2021-08-10.

[10] 王震,赵阳,丁智,等.带折角双跨多曲面的连续弧形钢梁屋盖结构:ZL202022497292.8[P].2021-08-31.

[11] 王震,赵阳,邢丽,等.用于螺旋递升式幕墙支撑的竖向长悬挑桁架结构:ZL202022769805.6[P].2021-08-27.

[12] 王震,赵阳,邢丽,等.内嵌正交向小桁架的多层通高大空间悬挑桁架结构:ZL202022766564.X[P].2021-08-10.

[13] 王震,杨学林,赵阳,等.O型斜切边的多方位桁架-框架-核心筒组合超高层结构: ZL202023082609.8[P].2021-10-29.

[14] 王震,吴小平,赵阳,等.底部转换的立面大菱形网格巨型斜柱超高层结构: ZL202120503222.0[P].2022-04-12.

[15] 王震,吴小平,赵阳,等.基于立面弧形钢框架-支撑的双环组合超高层结构: ZL202120504853.4[P].2022-04-12.

[16] 王震,翟立祥,瞿浩川,等.内环交汇的外悬挑大跨弧形变截面箱型钢梁结构: ZL202120795507.6[P].2021-11-26.

[17] 王震,丁智,瞿浩川,等.底部缩进的内圆外方双筒斜交网格超高层结构:ZL202120795448. 2[P].2021-11-30.

[18] 王震,汪儒灏,赵阳,等.螺旋内缩的多圈递升式外坡道立面组合超高层结构: ZL202121642995.3[P].2022-03-22.

[19] 王震,程俊婷,赵阳,等.弧形悬挑桁架斜拉索承组合大跨连廊结构:ZL202122366864.3[P]. 2022-01-18.

[20] 王震,赵阳,丁智,等.菱形十二面体堆积组合的空间柱面网壳结构:ZL202122480350.0[P]. 2022-02-11.

[21] 王震,赵阳,丁智,等.菱形十二面体堆积组合的空间球面网壳结构:ZL202122479053.4[P]. 2022-02-18.

[22] 王震,赵阳,丁智,等.菱形十二面体堆积组合的空间双曲面网壳结构:ZL202122485224. 4[P].2022-02-18.

[23] 王震,庞崇安,赵阳,等.十四面体堆积组合的空间曲面网壳结构:ZL202122479976.X[P]. 2022-02-18.

[24] 王震,庞崇安,赵阳,等.十四面体堆积组合的空间双曲面网壳结构:ZL202122485445.1[P]. 2022-03-01.

[25] 王震,赵阳,陈志青,等.异形平面双悬挑的窄翼缘变截面钢构架屋盖:ZL202221206140. 0[P].2022-12-16.

[26] 王震,程俊婷,赵阳,等.空间K型斜柱网格内部混凝土侧向浇灌模型试验装置: ZL202221932308.6[P].2022-12-09.

[27] 王震,程俊婷,赵阳,等.一种平面X型斜柱网格内部侧向浇灌试验装置:ZL202222119048. 7[P].2023-06-02.

[28] 王震,赵阳,石雷,等.悬索-斜拉索组合式高位转换高层结构:ZL202320261608.4[P].2023- 06-13.

[29] 王震,杨学林,叶俊,等.螺旋递升式大空间钢-混凝土混合结构:ZL202320236332.4[P]. 2023-06-27.